支持
移动学习

办公自动化
全能一本通 全彩版

互联网＋计算机教育研究院 编著

人民邮电出版社
北 京

图书在版编目（CIP）数据

办公自动化全能一本通 / 互联网+计算机教育研究院
编著. -- 北京：人民邮电出版社，2017.11（2022.8重印）
ISBN 978-7-115-46725-6

Ⅰ．①办… Ⅱ．①互… Ⅲ．①办公自动化－应用软件
Ⅳ．①TP317.1

中国版本图书馆CIP数据核字(2017)第202594号

内 容 提 要

本书从办公人员的角度进行编写，以 Office 软件办公为主，以辅助软硬件办公、网络办公与安全为辅，全面介绍在自动化办公中需要掌握的操作和知识点。

与以往办公软件书籍相比，本书不仅讲解了使用 Office 的 3 个主要组件 Word、Excel和 PowerPoint 制作办公文档、表格和演示文稿的操作，还介绍了常用办公工具软件的使用、常用办公设备的使用与维护，以及网络办公应用、数据恢复与安全防护等内容。

本书可作为商务办公从业人员提高技能的参考用书，也可作为各类社会培训班的教材和辅导书。

◆ 编　著　互联网+计算机教育研究院
　 责任编辑　刘海溧
　 责任印制　彭志环

◆ 人民邮电出版社出版发行　　北京市丰台区成寿寺路 11 号
　 邮编　100164　　电子邮件　315@ptpress.com.cn
　 网址　http://www.ptpress.com.cn
　 固安县铭成印刷有限公司印刷

◆ 开本：700×1000　1/16
　 印张：20　　　　　　　　　　2017 年 11 月第 1 版
　 字数：453 千字　　　　　　　2022 年 8 月河北第 9 次印刷

定价：49.80 元（附光盘）

读者服务热线：(010)81055256　印装质量热线：(010)81055316
反盗版热线：(010)81055315

前言

PREFACE

在实际工作中，日常办公事务的处理可以概括为以下 4 个方面，分别是：制作设计各类文档、整理搜集资料、传输文件和打印输出文件。本书从这几个方面入手，对应介绍相关操作与知识点，帮助用户掌握制作与编辑各类 Word、Excel 和 PowerPoint 文档的方法，利用工具软件处理办公文件，通过网络搜索下载办公资料、传输办公文件，以及使用办公设备打印输出文件等。

■ 本书特点

本书以案例带动知识点的方式来讲解 Office 办公软件、常用办公应用工具、常用办公设备在实际工作中的应用。每小节均组织了行业案例，强调了相关知识点在实际工作中的具体操作，实用性强；每个操作步骤均进行了配图讲解，且操作与图中的标注一一对应，条理清晰；文中穿插有"操作解谜"和"技巧秒杀"小栏目，补充介绍相关操作提示和技巧；另外，每章结尾还设有"新手加油站"和"高手竞技场"，其中，"新手加油站"为读者提供了相关知识的补充讲解，便于读者课后拓展学习，"高手竞技场"给出了相关操作要求和效果，重在锻炼读者的实际动手能力。

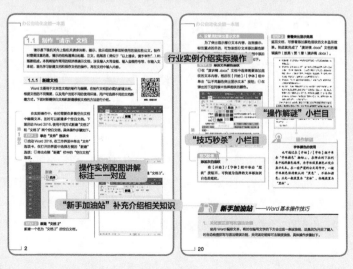

■ 本书配套资源

本书配有丰富的学习资源，以使读者学习更加方便、快捷。配套资源具体内容如下。

视频演示： 本书所有的实例操作均提供了教学微视频，读者可通过扫描二维码进行在线学习，也可通过光盘进行本地学习。此外，读者在使用光盘学习时可选择交互模式，也就是光盘不仅可以"看"，还提供实时操作的功能。

素材、效果文件： 本书提供了所有实例需要的素材和效果文件，素材和效果文件均以案例名称命名，便于读者查找。例如，如果读者需要使用第1章1.1节中的"请示"效果文件，按"光盘\效果\第1章\请示"路径打开光盘文件夹，即可找到该案例对应的效果文件。

海量相关资料： 本书配套提供Office办公高手常用技巧详解（电子书）、Excel公式与常用函数速查手册（电子书）、Office高手之路（电子书）、Word Excel PPT常用快捷键、十大Word Excel PPT进阶网站推荐等有助于进一步提高Word、Excel、PPT应用水平的相关资料。

为了更好地使用上述资源，保证学习过程中不丢失这些资料，建议读者将光盘中的内容复制到本地计算机硬盘中。另外，读者还可从 http://www.ryjiaoyu.com 人邮教育社区中下载后续更新的补充资料。

■ 鸣谢

本书由互联网＋计算机教育研究院编著，参与资料收集、视频录制及书稿校对、排版等工作的人员有简超、肖庆、李秋菊、黄晓宇、赵莉、蔡长兵、牟春花、李凤、熊春、李星、罗勤、蔡飔、曾勤、廖宵、何晓琴、蔡雪梅、罗勤、李婷婷等。另外，本书得以顺利编写完成，也得到了大学生创新创业数据服务云的大力支持，在此一并致谢！

编者

2017 年 6 月

CONTENTS 目录

第 1 部分
Office 软件办公

I

第 **4** 章

制作 Excel 表格 83

CONTENTS 目 录

第 2 部分
辅助软硬件办公

CONTENTS 目录

第 3 部分
网络办公与安全

第1部分

第1章

Word 基本操作

/ 本章导读

　　众所周知，Word 可用于制作和编辑办公文档，它在办公领域的地位无可替代。那么，如何快速有效地制作出 Word 文档，是每个办公人员需要初步掌握的技能。本章将对新建文档、输入文本、输入大写金额、编辑修改文本、设置文字和段落格式以及添加编号和项目符号等方法分别进行介绍。

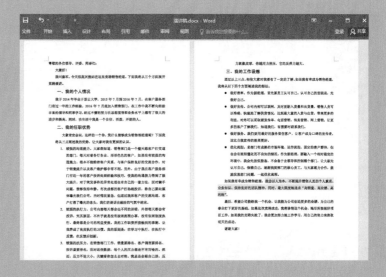

1.1 制作"请示"文档

请示是下级机关向上级机关请求决断、指示、批示或批准事项所使用的呈批性公文。制作时需要注意的是，请示的结构通常由标题、正文、结尾语（类似于"以上请求，请予审批"）和落款组成。本例将制作常用的经济类请示文档，涉及输入大写金额、输入金额符号等，在输入文本前，首先学习新建文档和保存文档的操作，再在文档中输入内容。

1.1.1 新建文档

Word 主要用于文本性文档的制作与编辑，在制作文档前必须先新建文档。根据文档的不同需要，以及用户当前不同的使用环境，用户可选择不同的文档新建方式。下面对新建空白文档和新建模板文档的方法进行介绍。

微课：新建文档

1. 新建空白文档

在实际操作中，有时需要在多篇空白文档中编辑文本，这时可以新建多个空白文档。下面启动 Word 2016，使用不同方式新建"文档 2"和"文档 3"两个空白文档，具体操作步骤如下。

STEP 1 单击"文件"选项卡

①启动 Word 2016，在工作界面中单击"文件"选项卡，在打开的界面中选择左侧的"新建"选项；②单击右侧"新建"栏中的"空白文档"选项。

STEP 2 新建"文档 2"

新建一个名为"文档 2"的空白文档。

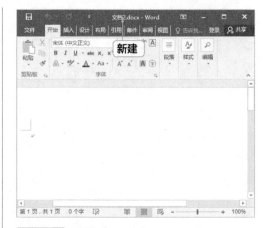

STEP 3 新建"文档 3"

在"文档 2"中按【Ctrl+N】组合键新建"文档 3"。

2. 新建模板文档

Word 中集成了各个行业工作中需要的一些模板文件，文档中已经预先设置好了文本的格式和相关的文本，用户可以直接套用，具体操作步骤如下。

STEP 1　选择模板分类

❶单击"文件"选项卡，在展开的菜单中选择"新建"选项；❷选择需要的模板类型，这里单击"业务"超链接。

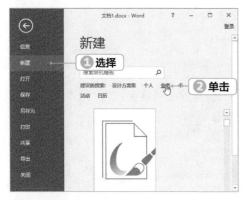

STEP 2　选择模板文档

开始联机搜索，在搜索出的模板文件列表中选择"业务计划"选项。

STEP 3　创建模板文档

在打开的界面中显示"业务计划"的说明信息，单击"创建"按钮。

STEP 4　开始下载模板文档

开始从网络中下载模板文件，完成后将自动打开创建的模板文档。

技巧秒杀

搜索模板文档

在新建页面中，可以通过在搜索框中输入关键字，如"报告""论文""贺卡"等快速搜索所需模板文件。

1.1.2 保存文档

新建一个文档后，需执行保存操作才能将其存储到电脑中，否则编辑的文档内容将会丢失。新建的文档可以直接进行保存，也可以将现有的文档进行另存为操作。

微课：保存文档

1. 保存新建的文档

新建的文档需要进行保存，只有保存在电脑中文件才不会消失。下面将新建的"文档2"保存到电脑的桌面，具体操作步骤如下。

STEP 1 单击"保存"按钮

在"快速访问工具栏"中单击"保存"按钮。

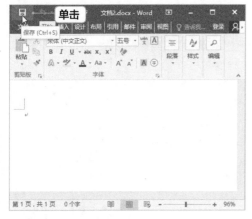

STEP 2 选择保存位置

在打开的"另存为"界面中双击"这台电脑"选项或单击"浏览"选项。

STEP 3 设置保存名称和位置

❶打开"另存为"对话框，在左侧的列表框中选择"桌面"选项，❷在"文件名"文本框中输入文件名称"经费请示"，❸单击"保存"按钮。

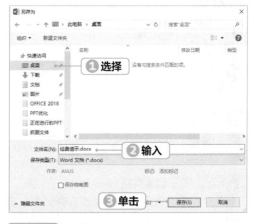

STEP 4 完成保存

完成保存返回文档，在标题栏中可以看到文档的保存名称。

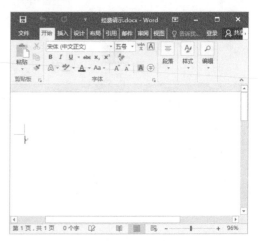

2. 将文档另存为

在办公中，有时需要将文档存储到其他位置进行编辑，此时可进行另存为操作。下面将文档名"经费请示"更改为"请示"后另存到电脑的其他位置，具体操作步骤如下。

STEP 1 浏览另存位置

单击"文件"选项卡，在打开的"另存为"界面中双击"这台电脑"选项。

STEP 2 设置另存位置和名称

❶打开"另存为"对话框，在地址栏中选择另存文档的位置；❷在"文件名"文本框中重新输入文件名"请示"；❸单击"保存"按钮。

STEP 3 完成另存

此时文档将以"请示"为名进行另存操作。

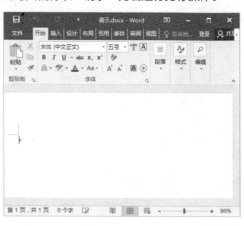

操作解谜

"另存为"界面右侧选项的含义与作用

在"另存为"界面右侧列表中包含"当前文件夹""今天""上周"等栏目。其中"当前文件夹"表示当前打开的文档的保存位置；而"今天"和"上周"等栏目则表示以前打开文档的常用保存位置，用户可单击栏目中的文件夹路径将文档快速保存至该文件夹。

3. 设置自动保存

在编辑文档的过程中，为了防止文档丢失，需要经常进行保存操作，而通过设置自动保存，可以在设置的时间内自动对文档进行保存，减少用户手动保存操作的次数。下面在"请示"文档中将自动保存间隔时间设置为"10 分钟"，具体操作步骤如下。

STEP 1 打开"Word 选项"对话框

在"请示"文档中单击"文件"选项卡，在弹出的列表中选择"选项"。

STEP 2 设置自动保存时间

❶在打开的"Word 选项"对话框中，选择左侧列表中的"保存"选项；❷在右侧单击选中"保存自动恢复信息时间间隔"复选框；❸在复选框后面的数值框中输入自动保存的时间；❹单击"确定"按钮完成设置。

技巧秒杀

设置自动保存的位置

在设置时不仅可设置自动保存时间，还可单击"浏览"按钮，设置文档自动保存的位置。

1.1.3 | 输入文本

微课：输入文本

文本是 Word 文档中最基本的组成部分，在新建一个文档后，首先需要在文档中输入文本。因此，了解文本的输入方法对使用 Word 非常重要。常见的文本输入包括输入普通文本、时间日期和特殊符号等。

1. 输入普通文本

普通文本是指通过键盘可以直接输入的汉字、英文和数字等。在 Word 中输入普通文本的方法很简单，只需将鼠标指针定位到需要输入文本的位置，然后切换到需要的输入法，即可输入。下面在"请示.docx"文档中输入普通文本内容，具体操作步骤如下。

STEP 1 插入光标

在打开的"请示.docx"文档中，在文档编辑区的中间位置双击鼠标左键，将光标定位到其中。

STEP 2 输入标题文本

切换到中文输入法，输入"关于参加药材展销会经费申请的请示"文本。

STEP 3　文本换行

输入完成后，在第 2 行行首位置双击鼠标左键，将光标切换到文本的第 2 行，输入"总公司："文本。

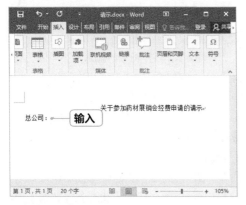

STEP 4　输入正文

按【Enter】键进行换行，再按4次空格键，然后输入"为把分公司的药材推销出去，"文本。

按 4 次空格键的原因

　　一般中文文本段落开始处都会空4个字符，因为按1次空格键会空1个字节，而每个中文字符占两个字节，所以在输入中文时，应在段落开始处按4次空格键使段落前空两格。也可通过设置段落缩进实现，具体操作将在后面的小节进行讲解。

STEP 5　输入其他文本

用同样的方法输入其他文本内容。

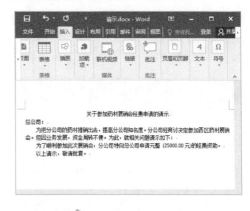

技巧秒杀

输入括号

　　括号这种常用的符号通常位于键盘数字键的上部，输入时，按【Shift+对应的数字】键即可。

2. 输入中文大写金额

　　使用 Word 编写文档时，常会遇到需要输入中文大写金额的情况。Word 提供了一种简单快速的方法，可将输入的阿拉伯数字快速转换为中文大写金额，具体操作步骤如下。

STEP 1　定位光标

在"请示.docx"文档中的"申请"文本后

面单击鼠标左键，将光标插入该位置。

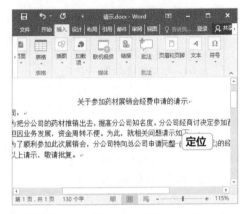

STEP 2 **打开"编号"对话框**

在【插入】/【符号】组中，单击"编号"按钮。

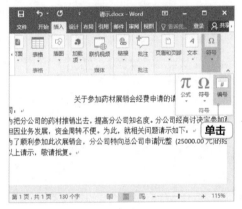

STEP 3 **转换中文大写金额**

❶打开"编号"对话框，在"编号"文本框中输入"25000"；❷在"编号类型"下拉列表框中选择"壹,贰,叁……"选项；❸单击"确定"按钮，即可将编号的数字以大写金额输入。

STEP 4 **输入中文大写金额**

在光标定位处输入"贰萬伍仟"中文大写金额文本，将繁体字"萬"修改为"万"。

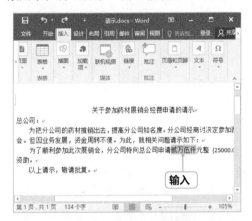

3. 输入特殊字符

在输入文本时，符号的输入是不可避免的，普通的标点符号可以通过键盘直接输入，而一些特殊符号的输入则只能通过特殊的方法来实现。下面在"请示.docx"文档中输入"货币"符号，具体操作步骤如下。

STEP 1 **定位光标**

❶在"请示.docx"文档中将光标定位到需要插入符号的位置；❷在【插入】/【符号】组中单击"符号"选项，在打开的下拉列表中选择"其他符号"选项。

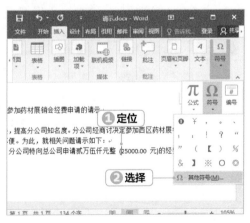

STEP 2　选择符号

❶打开"符号"对话框,在"符号"选项卡的列表框中选择所需的符号;❷单击"插入"按钮。

STEP 3　插入符号效果

在"符号"对话框中单击"关闭"按钮关闭该对话框,返回文档可以看到插入的符号效果。

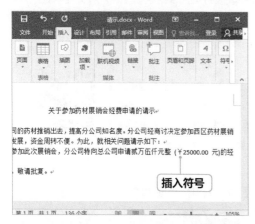

4. 插入日期和时间

如果要在 Word 中输入当前日期和时间,可直接手动输入,此外还可以通过插入日期与时间的功能快速输入不同格式的日期与时间,具体操作步骤如下。

STEP 1　定位光标输入署名

在"请示.docx"文档中正文文本末尾下一行右侧末尾双击鼠标左键定位光标,输入署名。

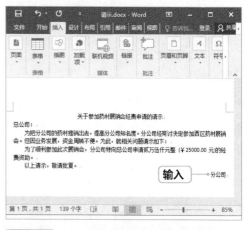

STEP 2　定位输入日期和时间的光标位置

❶在署名下一行右侧末尾双击鼠标左键定位光标;❷在【插入】/【文本】组中单击"日期和时间"按钮。

STEP 3　选择时间格式

❶打开"日期和时间"对话框,在"语言(国家/地区)"下拉列表框中选择"中文(中国)"选项;❷在"可用格式"列表框中选择需要的日期或时间样式,这里选择"2017年3月20日"选项;❸完成后单击"确定"按钮。

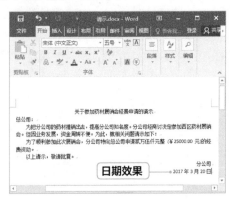

第 1 章 \ 请示 .docx ）。

STEP 4 插入日期和时间效果

返回文档可以看到插入的日期效果（效果\

1.2 编辑"演讲稿"文档

演讲稿是人们在工作和社会生活中经常使用的一种文档，常用于开业庆典、学术演讲和岗位竞争等公众场合。演讲稿的结构通常由称谓语、问候语、正文和结尾组成，它是进行演讲的依据，是对演讲内容和形式的规范和提示。因此，演讲稿不能出现字词错误、语句重复和语言表达不清等问题。本例将通过删除、移动、替换文本等操作修改素材文档，完成修改后，对文档格式进行简要设置，如字体和段落样式等。

第 1 部分

1.2.1 编辑文档内容

输入后的文档，或通过网络等途径获得的文档，需要进行编辑修改，保证文档正确性，如打开文档、选择文本、删除文本、文本的复制和移动、查找和替换等。这些编辑方式是 Word 的基本操作，使用频率较高，下面将详细介绍这些操作。

微课：编辑文档内容

1. 打开文档

要查看或编辑保存在计算机中的文档，必须先打开该文档，打开文档可使用多种方法实现，如可以在保存文档的位置双击文件图标，也可以在 Word 工作界面中打开所需文档。下面以在工作界面中打开"演讲稿 .docx"文档为例进行讲解，具体操作如下。

STEP 1 选择"打开"选项

❶单击"文件"选项卡，选择"打开"选项；

❷在"打开"界面中单击"浏览"按钮。

巧用"最近"栏

打开"打开"界面后，默认显示"最近"栏，在该栏中显示了最近打开过的文档选项，通过单击对应的选项可快速打开最近打开过的文档继续进行编辑。

STEP 2　选择打开文件

❶打开"打开"对话框，首先选择文档在计算机中的保存位置；❷选择需要打开的文档；❸单击"打开"按钮即可将选择的文档打开。

打开文档的其他方法

在文档的保存位置选择文档，然后按住鼠标左键不放，将文档向Word 2016工作界面的标题栏中拖动，当鼠标指针变为🗋形状时释放鼠标；或按【Ctrl+O】组合键，打开"打开"对话框，即可打开选择的文档。

2. 选择文本

选择文本是编辑文本过程中最基础的操作，只有选择了文本，才能对文本进行一系列编辑操作。在 Word 中，可以使用鼠标选择文档中的文本，还可以结合功能键选择文本。掌握选择文本的技巧可对文本做出快速选择，从而有效提升编辑效率。下面在"演讲稿.docx"

文档中进行文本选择操作，具体操作步骤如下。

STEP 1　选择任意文本

打开"演讲稿.docx"文档后（素材\第1章\演讲稿.docx），在需要选择文本的开始位置单击鼠标左键后，按住鼠标左键不放并拖曳到文本结束处释放鼠标，选择后的文本呈蓝底黑字的形式。

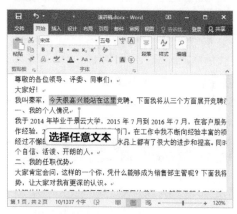

STEP 2　选择整行文本

除了使用拖曳选择一行文本外，还可将鼠标指针移动到该行左边的空白位置，当指针变成🔿形状时单击鼠标左键，即可选择整行文本。

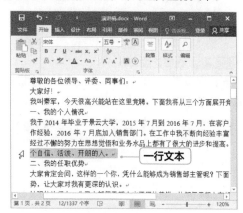

STEP 3　选择整段文本

将鼠标指针移动到段落左边的空白位置，当指针变为🔿形状时双击鼠标，或在该段文本中任意一点连续单击鼠标两次。

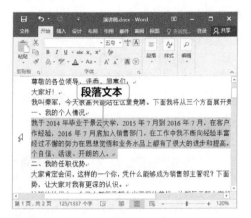

STEP 4 选择不连续文本

先选择一个文本，然后在按住【Ctrl】键的同时选择其他文本。

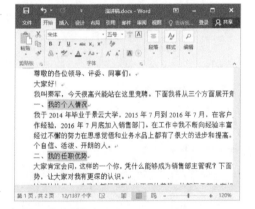

STEP 5 选择连续文本

将光标定位至所需文本前，按住【Shift】键并单击鼠标左键，可选择光标定位前后的连续文本。

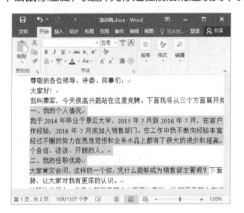

STEP 6 选择整篇文本

在文档中将鼠标指针移动到文档左边的空白位置，当指针变成形状时，使用鼠标连续单击3次，或直接按【Ctrl+A】组合键选择整篇文本。

3. 修改与删除文本

输入文本内容难免出现错误，为了保证文档的完整和正确性，需要将多余或重复的文本删除，将错误的文本修改为正确的文本。下面在"演讲稿.docx"文档中对文本进行删除和修改，具体操作步骤如下。

STEP 1 补充文本内容

将光标定位至第3行"竞聘"文本后，输入"销售经理"文本。

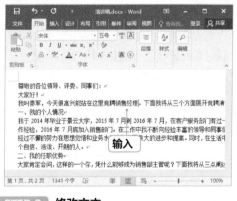

STEP 2 修改文本

❶在"我的个人情况"下方的段落中拖动鼠标选择"水品"文本；❷重新输入正确的"水平"

文本。

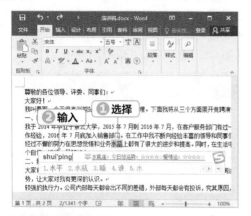

STEP 3　删除文本

选择需要删除的文本，按【Delete】键或【Back-space】键删除。

高，当语句顺序出现错误时，可通过移动文本快速调整文本顺序。下面在"演讲稿.docx"文档中通过剪切和拖动鼠标的方式移动文本，具体操作步骤如下。

STEP 1　剪切文本

①选择"较强的沟通能力。"段落文本；②在【开始】/【剪贴板】组中单击"剪切"按钮。

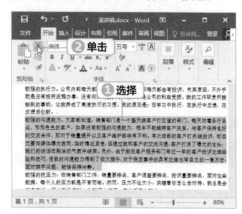

STEP 2　粘贴文本

①将光标定位到"较强的执行力"文本前；②在【开始】/【剪贴板】组中单击"粘贴"按钮，将段落文本移到"较强的执行力"段落的上一段，即先有沟通后有执行。

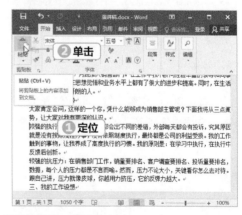

STEP 3　拖动鼠标移动

选择需要移动的"较强的沟通能力。"段落中的相应文本，按住鼠标向目标位置拖动，此时鼠标指针将变为 样式。

操作解谜

【Delete】键和【Backspace】键的使用

　　如果没有提前选择文本内容，则按【Delete】键删除光标定位后的文本，按【Backspace】键删除光标定位前的文本。

4. 移动文本

　　移动文本操作在编辑文本时的使用频率很

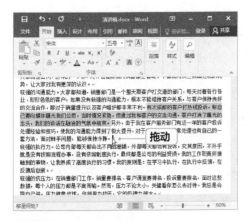

STEP 4　查看移动结果

释放鼠标，则可将选择的文本移动到鼠标指针停留的目标位置，调整文本顺序。

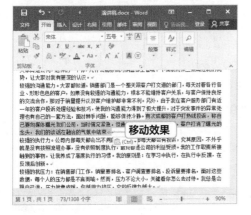

技巧秒杀

移动文本快捷键

　　按【Ctrl+X】组合键，剪切选择的文本，然后将文本插入点定位到目标位置后，按【Ctrl+V】组合键粘贴文本。

5. 复制文本

　　移动文本用于调整文本位置，复制文本则用于将相同文本输入到其他位置，减少重复输入，而原位置的文本保持不变。下面在"演讲稿.docx"文档中进行文本的复制，具体操作步骤如下。

STEP 1　**复制文本**

❶选择"通过以上三点"文本开头段落中的"如果我有幸成为销售主管,"文本；❷在【开始】/【剪贴板】组中单击"复制"按钮。

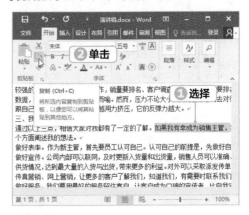

STEP 2　**粘贴文本**

❶将文本插入点定位到以"我会以人为本"文本开头段落的段首位置；❷在【开始】/【剪贴板】组中单击"粘贴"按钮。

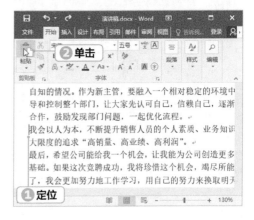

技巧秒杀

拖动或使用组合键复制文本

　　与移动文本相似，可拖动鼠标复制选择的文本，只是在拖动过程中需要按住【Ctrl】键；按【Ctrl+C】组合键复制文本，然后粘贴文本。

STEP 3 查看复制效果

完成粘贴后，可查看复制文本的效果。

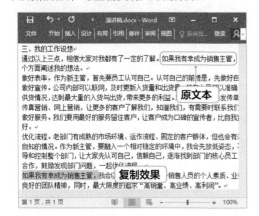

6. 查找和替换数据

在一个长文档中要查找某个字词的位置，或是将某个字词全部替换为其他字词，逐个查找并替换将花费大量的时间，且容易出错，此时可使用 Word 的查找与替换功能实现快速查找与替换。下面在"演讲稿 .docx"文档中查找和替换"主管"文本，具体操作步骤如下。

STEP 1 打开"查找和替换"对话框

①将文本插入点定位到文档的开头位置；②选择【开始】/【编辑】组，单击"查找"按钮右侧的下拉按钮，在打开的下拉列表中选择"高级查找"选项。

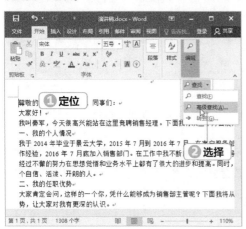

STEP 2 查找文本

①单击"查找和替换"对话框的"查找"选项卡，在"查找内容"文本框中输入查找内容，这里输入"主管"；②单击"查找下一处"按钮。

STEP 3 单击"替换"选项卡

系统将自动查找并以选择的状态显示出查找的文本，单击"替换"选项卡。

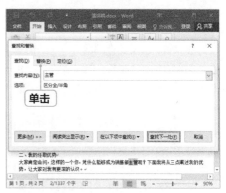

技巧秒杀

使用导航窗格查找文本

在【开始】/【编辑】组中单击"查找"按钮右侧的下拉按钮，在展开的下拉列表中选择"查找"选项，将会在界面左侧打开导航窗格，在文本框中输入需要查找的文本，在窗格中将显示出与查找文本相关的段落，同时在文档中将以黄底来显示找到的文本。

STEP 4 替换文本

①在"替换为"文本框中输入替换为的文本，这里输入"经理"；②单击"替换"按

钮替换第一处文本，这里单击"全部替换"按钮；❸在打开的提示对话框中显示替换的数目，单击"确定"按钮，确认替换所有"主管"文本。

STEP 5 查看效果

关闭"查找和替换"对话框，此时可看到文档

中需要替换的文本都被替换成了"经理"。

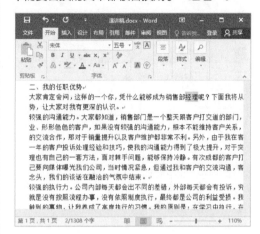

1.2.2　设置文档格式

一般来说，公文文档都具备一定的格式，如标题居中、首行缩进等。因此，完成文本的输入和修改后，通常要对文档进行格式化编辑，如设置字体格式、段落格式、底纹等，使文档更美观并且突出重点。下面分别介绍其实现方法。

微课：设置文档格式

1. 设置字符格式

设置字符格式主要包括对字体、字形、字号和颜色等文本外观进行设置，使文档更美观整洁。设置字符格式主要通过【开始】/【字体】组或"字体"对话框来实现，下面在"演讲稿.docx"文档中设置字符格式，具体操作步骤如下。

STEP 1 增大文档字号

按【Ctrl+A】组合键选择全篇文档，在【开始】/【字体】组中的"字号"下拉列表框中选择"小四"选项。

技巧秒杀

在浮动工具栏中设置字符样式

在文档中选择文本后，将弹出浮动工具栏，可通过该工具栏设置字符样式，与在功能组中设置文本的方法相同。

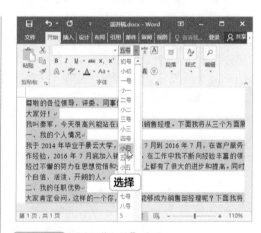

STEP 2 选择"字体"命令

按住【Ctrl】键的同时选择"一、我的个人情况""二、我的任职优势""三、我的工作设想"段落标题文本，然后单击鼠标右键，在弹出的快捷菜单中选择"字体"选项。

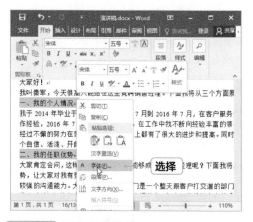

STEP 3　设置字体格式

❶打开"字体"对话框，在"中文字体"下拉列表框中选择"黑体"选项；❷在"字形"列表框中选择"加粗"选项；❸在"字号"列表框中选择"小三"选项；❹单击"确定"按钮。

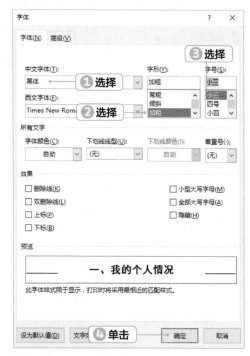

STEP 4　查看效果

返回文档，查看设置后的段落标题字体格式、字号大小、字体样式的效果。

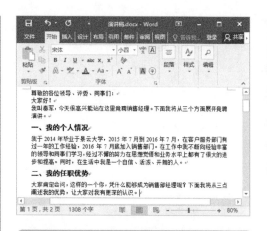

2. 设置段落样式

众所周知，文档通常会分为多个段落，为了让内容条理更加清晰，利于查看，需要设置段落样式，常用设置包括段落缩进、行间距以及对齐方式等。下面在"演讲稿.docx"文档中设置段落首行缩进 2 字符，行间距为 1.5 倍，具体操作步骤如下。

STEP 1　执行"段落"命令

按【Ctrl+A】组合键选择全篇文档，然后单击鼠标右键，在弹出的快捷菜单中选择"段落"选项。

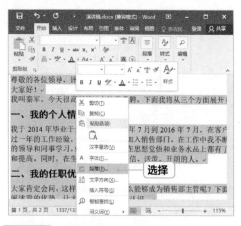

STEP 2　设置缩进和行间距

❶打开"段落"对话框的"缩进和间距"选项卡，在"特殊格式"下拉列表框中选择"首行缩进"选项；❷在"缩进值"文本框中输入"2 字符"；

❸在"行距"下拉列表框中选择"1.5倍行距"选项；❹单击"确定"按钮。

STEP 3 打开"段落"对话框

❶将光标定位到问候语文本段落；❷在【开始】/【段落】组中单击"段落设置"按钮。

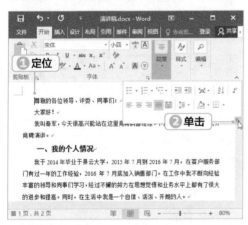

STEP 4 取消缩进并设置对齐方式

❶单击"段落"对话框的"缩进和间距"选项卡，在"特殊格式"下拉列表框中选择"无"选项；❷在"对齐方式"下拉列表框中选择"左对齐"选项；❸单击"确定"按钮，取消问候语的段落缩进，将其设置为与左边对齐。

STEP 5 查看设置段落效果

返回文档，查看设置段落首行缩进、行间距和对齐的效果。

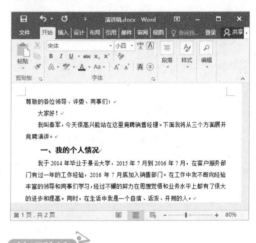

技巧秒杀

在"段落"组中设置对齐方式

　　将光标定位到段落文本中，在【开始】/【段落】组中单击相应按钮，可快速设置"左对齐""居中""左对齐""两端对齐"。

3. 设置项目符号和编号

编号的作用与项目符号相同，都用来组织文档，使文档层次分明、条理清晰。区别在于项目符号主要用于并列的各项内容；编号主要用于有前后次序的内容，在有的语境下，两者可以通用。下面在"演讲稿.docx"文档中添加项目符号和编号，具体操作步骤如下。

STEP 1　添加编号

❶ 选择存在递进次序的"较强的沟通能力。""较强的执行力。""较强的抗压力："段落，然后在【开始】/【段落】组中单击"编号"按钮右侧的下拉按钮；❷ 在打开的下拉列表中选择需要的编号样式。

STEP 2　查看编号效果

返回文档，查看应用编号的效果。

STEP 3　添加项目符号

❶ 选择"四个方面"下方的并列内容，然后在【开始】/【段落】组中单击"项目符号"按钮右侧的下拉按钮；❷ 在弹出的下拉列表中选择需要的项目符号样式。

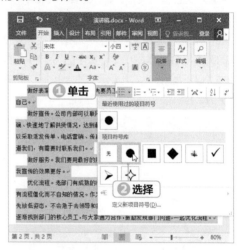

技巧秒杀

自定义项目符号的样式

在"项目符号"下拉列表中选择"定义新项目符号"选项，在打开的对话框中可将常用的符号或图片定义为项目符号的样式。

STEP 4　查看项目符号效果

返回文档，查看应用项目符号的效果。

4. 设置底纹突出显示文本

为了突出显示部分文本内容，达到提示、标注重点的目的，可为该部分文本添加颜色鲜明的底纹。下面在"演讲稿.docx"文档中添加黄色底纹突出显示文本，具体操作步骤如下。

STEP 1 添加文本颜色底纹

❶在"演讲稿.docx"文档中选择需要添加底纹的文本内容，然后在【开始】/【字体】组中单击"以不同颜色突出显示文本"按钮；❷在弹出的下拉列表中选择底纹的颜色。

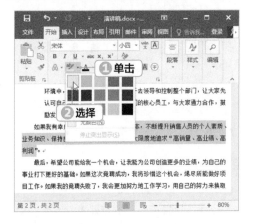

第 1 部分

技巧秒杀

添加灰白底纹

在【开始】/【字体】组中单击"底纹"按钮 A，可快速为选择的文本添加灰白色的底纹。

STEP 2 查看突出显示效果

返回文档，可查看添加颜色底纹的文本显示效果。到此就完成了"演讲稿.docx"文档的编辑操作（效果\第1章\演讲稿.docx）。

操作解谜

字体颜色的使用

也可通过在【开始】/【字体】组中单击"字体颜色"按钮 A，在弹出的下拉列表中选择颜色选项，为字体设置颜色以突出显示文本。在一些严谨的公文写作中，一般字体颜色保持默认的"黑色"，不添加颜色；正文一般设置为"宋体"，标题设置为"黑体"。

新手加油站 ——Word 基本操作技巧

1. 关闭更正拼写和语法功能

使用 Word 编排文本，有时在编写文字的下方会出现一条波浪线，这是因为开启了键入时自动检查拼写与语法错误功能，关闭该功能即可去除波浪线，具体操作步骤如下。

❶ 打开 Word 文档，单击 Word 工作界面左上角的"文件"按钮，在打开的界面的左侧选择"选项"选项。

❷ 打开"Word 选项"对话框，单击左侧的"校对"选项卡，在右侧的"在 Word 中更正拼写和语法时"栏中撤消选中"键入时检查拼写"复选框。

❸ 如果只需要取消当前使用文档的检查拼写与语法错误功能，可在"在 Word 中更正拼写和语法时"栏中单击选中"只隐藏此文档中的拼写错误"和"只隐藏此文档中的语法错误"复选框，设置完成后，单击"确定"按钮。

2. 输入带圈数字

带圈数字指数字被圆圈包围，一般用于排序和罗列项目，在实际办公或生活中经常遇到需要输入带圈数字的情形。要实现输入，可通过"符号"对话框插入 1~10 的数字，若是 10 以上的数字，则可通过"带圈字符"功能输入，具体操作步骤如下。

❶ 选择【插入】/【符号】组，单击"符号"按钮，在弹出的下拉列表中选择"其他符号"选项，打开"符号"对话框，在列表框中选择"①"带圈数字，单击"插入"按钮，以此输入带圈数字。

❷ 选择【开始】/【字体】组，单击"带圈字符"按钮。打开"带圈字符"对话框，选择"缩小文字"样式，在"文字"栏下方的文本框中输入"11"，单击"确定"按钮，以此输入 10 以上的带圈数字。

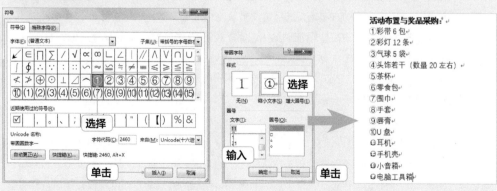

3. 快速选择文档中相同格式的文本内容

此时可利用"文本定位"功能选择文本，文本定位是指让用户能快速在文档中找到需要的位置，然后对相应的内容进行编辑操作。方法为：在文档的"开始"选项卡的"编辑"组中单击"选择"按钮，在打开的下拉菜单中执行"选择格式相似的文本"命令即可在整篇文档中选择相同样式的文本内容。

4. 选择性粘贴

从网上下载文本资料进行编辑时，常常会遇到这样的问题，明明选择的是网页中的一段文本，但复制到 Word 编辑窗口之后却出现了多余的表格线或其他内容。这些无用的信息其实是网页中隐藏的 HTML 表格或其他无关信息，可以用以下办法将其过滤掉。在浏览器中复制需要的网页文本，再转到 Word 编辑界面，选择【开始】/【剪切板】组，单击"粘贴"按钮下方的下拉按钮，在打开的下拉列表中选择"选择性粘贴"选项，打开"选择性粘贴"对话框，然后选择"无格式文本"选项粘贴内容。这种方式同样适用于将带有样式的 Word 文本移动或复制到目标位置。

第 1 部分

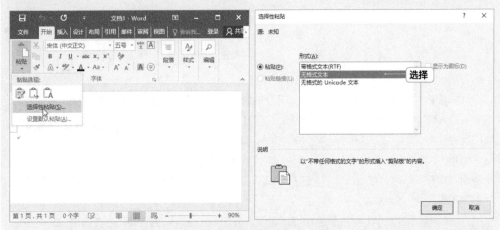

5. 使用格式刷应用字体和段落样式

如果需要快速地将一段文本的字体样式或段落样式应用于另一段文本，则可以使用格式刷进行设置。使用格式刷的方法是：选择需要被复制格式的文本，选择【开始】/【剪贴板】组，单击或双击"格式刷"按钮，再拖动鼠标选择需要修改格式的文本；将光标定位到段落中，使用格式刷可复制段落样式。

需要注意的是，单击"格式刷"按钮，格式刷只能应用一次文本样式；双击"格式刷"按钮则可多次应用文本样式，若想解除格式刷的状态，只需在"剪贴板"面板上再次单击"格式刷"按钮即可。

6. 利用标尺快速对齐文本

在 Word 中有一项标尺功能，单击水平标尺上的滑块，可方便地设置制表位的对齐方式，它以左对齐式、居中式、右对齐式、小数点对齐式、竖线对齐式的方式以及首行缩进、悬挂缩进循环设置，具体操作步骤如下。

❶ 选择【视图】/【显示】组，单击选中"标尺"复选框，即可在页面的上方（即工具栏的下方）显示标尺。

❷ 选择要对齐的段落或整篇文档内容。

❸ 单击水平标尺，并按住鼠标左键进行拖动，可将选中的段落或整篇文章的行首移动到水平对齐位置处；拖动上方的标尺，可将段落实现首行缩进；拖动下方的标尺，可将每行文本对齐到拖动到的标尺尺码位置处。

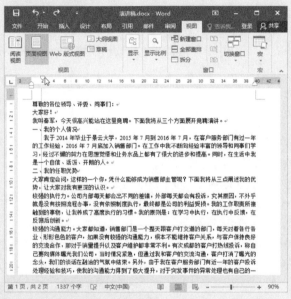

7. 清除文本或段落中的格式

选择已设置格式的文本或段落，在【开始】/【字体】组中单击"清除格式"按钮，即可清除所选文本或段落的格式。

 高手竞技场 ——Word 基本操作练习

1. 制作"通知"文档

新建"通知 .docx"文档，输入文本，并进行设置，要求如下。

● 新建并保存"通知 .docx"文档，输入文本内容。
● 设置标题为"黑体，小二"；正文样式为"宋体，小四"。
● 设置标题文本居中，署名和时间右对齐，并设置段落缩进 2 字符，行距 1.5 倍。
● 为"会议内容"添加编号。

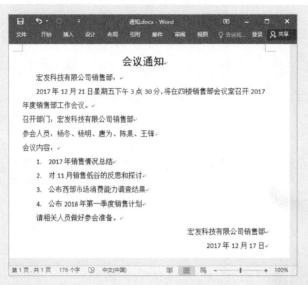

2. 编辑"表彰通报"文档

美化"表彰通报"文档，然后打印输出，要求如下。

● 将文本插入点定位到署名后，按【Enter】键换行，插入时间。

● 按【Ctrl+H】组合键，打开"查找和替换"对话框，将"××"替换为"刘俊"。

● 设置标题为"方正粗宋简体，小二，居中"。

● 将正文文本字号设置为"四号"，署名设置为右对齐，段落设置为"首行缩进"。

● 将"先进个人""20000"文本内容设置为"红色，加粗"，突出显示。

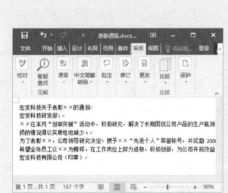

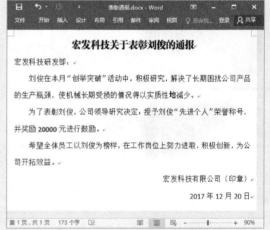

第 2 章

Word 图文混排与美化

/ 本章导读

在一些商务应用中，仅依靠文字进行阐述说明，不能达到理想效果。如宣传单、报价单、活动方案这类文档，配有相应图片或表格会更加具有说服力。当然，制作图文并茂的文档，可添加的元素不只是图片，还可添加艺术字、文本框、表格和形状等，不仅能够美化和丰富文档，还能在一定程度上体现专业性。本章将介绍如何通过各类元素实现图文混排。

2.1 制作活动宣传单

　　Word 具有灵活的排版和美化方式，通过它也能制作出简单、精美而独具特色的宣传单。宣传单的分类主要有公司形象宣传、产品宣传和活动宣传等，目的是推广产品，让消费者进行消费或参与活动增加人气。因此，宣传单的制作要新颖、表达要明确，夺人眼球。本例将制作主题为户外运动的活动宣传单，主要通过对图片、形状、艺术字和文本框这些 Word 中常用的元素进行编辑来实现。

2.1.1 图片的使用

　　图片的使用是美化 Word 文档的重头戏，特别是一些宣传或活动类场合，为了直观表达内容，形成视觉上的吸引力，图片更成为必不可少的元素。Word 2016 提供了多种插入图片的方式，用户不仅可以将电脑中保存的图片插入文档，还可以将网络中的图片直接应用到文档中，然后对插入的图片进行编辑。

微课：图片的使用

1. 插入联机图片

第
1
部
分

　　Office 官网提供了大量的图片，用户可以在联网的条件下选择需要的图片进行插入。虽然这种方式搜索到的图片较少，但是能够精确地搜索到优质的图片。下面将在"活动宣传单 .docx"文档中插入联机图片，具体操作步骤如下。

STEP 1　执行"联机图片"命令

打开"活动宣传单 .docx"素材文档（素材 \ 第 2 章 \ "活动宣传单 .docx"文档），选择【插入】/【插图】组，单击"联机图片"按钮。

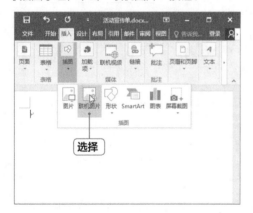

选择

操作解谜

素材文档页边距的设置

　　本例提供的素材文档对页边距已经进行了自定义，将默认的"上、下、左、右"页边距均减小设置为"1厘米"，因为宣传单通常需要打印出来，而页边距有太多留白将影响整体的美观。关于页边距设置和打印文档的操作知识将在后面章节详细介绍。

STEP 2　搜索图片

❶打开"插入图片"对话框，在搜索框中输入与宣传单主题相关的关键词，这里输入"户外"；
❷单击搜索框后面的"搜索"按钮。

❶输入　　❷单击

第 **2** 章　Word 图文混排与美化

搜索技巧

　　搜索时，需要输入与主题关联的关键词，这里可以输入"户外运动"精确搜索。当无法找到适合的图片时，则可扩大搜索范围，如输入"活动"或"户外"。同样，因为版权的问题，如果图片不能下载，则可通过修改关键词搜索类似图片。

STEP 3　**插入图片**

❶在搜索结果的列表框中单击鼠标选中所需图片；❷单击"插入"按钮。

STEP 4　**查看图片插入效果**

系统自动连接网络并开始进行下载，完成后将图片自动插入到文档中的光标处。

2. 插入计算机中保存的图片

　　插入计算机中保存的图片是最常用的一种

方法，它能弥补 Office 官网中无法获得合适图片的缺陷。通常可通过其他途径，如通过网络下载图片并将图片保存到自己的计算机中，然后进行插入。下面继续在"活动宣传单 .docx"文档中插入保存在计算机中的本地图片，具体操作步骤如下。

STEP 1　**定位插入图片位置**

❶将鼠标光标定位到需要插入图片的位置；❷在【插入】/【插图】组中单击"图片"按钮。

STEP 2　**插入图片**

❶打开"插入图片"对话框，在其中选择保存图片的位置；❷在中间列表框中选择图片（素材\第 2 章\户外 .jpg）；❸单击"插入"按钮。

STEP 3　**查看插入图片的效果**

返回文档可以看到插入图片后的效果。

3. 设置图片与文字的环绕方式

当用户在文档中直接插入图片后，图片是作为字符嵌套在文档中的，显得很"僵硬"，不能随意移动。如果要调整图片的位置，通常应先设置图片的文字环绕方式，再进行图片的调整操作。下面在插入图片的"活动宣传单.docx"文档中通过不同方法设置图片环绕方式，具体操作步骤如下。

STEP 1　设置图片环绕

❶单击鼠标选中图片；❷选择【格式】/【排列】组，单击"环绕文字"按钮；❸在打开的下拉列表中选择"浮于文字上方"选项。

STEP 2　通过快捷按钮设置图片环绕方式

❶选中插入的联机图片；❷单击右上角弹出

的"布局选项"按钮；❸在打开的下拉列表中选择"浮于文字上方"选项。

STEP 3　查看文字环绕效果

返回文档，可查看图片浮于文字上方的效果，此时，插入的本地图片被联机图片遮挡，因为图片是浮动的。

4. 调整图片大小和位置

调整图片的大小和位置是对图片进行编辑时最为频繁的操作。图片的大小根据页面文档进行设置，图片的位置则与文字内容或整体效果相联系，下面在"活动宣传单.docx"文档中调整插入图片的位置和大小，具体操作步骤如下。

STEP 1 移动图片位置

将鼠标移动到联机图片上，按住鼠标左键不放，向下拖动鼠标，移动图片位置。

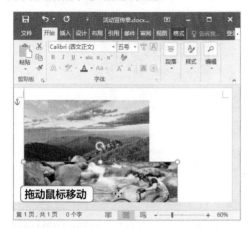

STEP 2 缩放图片

单击鼠标选择插入的本地图片，将鼠标指针移动到图片右下角的控制点上，当鼠标指针变成 ⬉ 形状时，按住鼠标左键并向左上方拖动鼠标。将鼠标拖动到一定位置后释放鼠标，即可将图片缩小到一定的程度。

STEP 3 精确对齐图片

❶使用相同方法再次调整联机图片的大小和位置，然后按住【Shift】键单击鼠标同时选中两张图片；❷在【格式】/【排列】组中单击"对齐"按钮；

❸在打开的下拉列表中选择"右对齐"选项。

STEP 4 查看调整效果

对齐图片后，查看最终的调整效果。

技巧秒杀

旋转图片角度

选择图片后，在【格式】/【排列】组中单击"旋转"按钮，可执行"向右旋转90°""向左旋转90°""水平旋转""垂直旋转"等操作，旋转图片角度。

5. 裁剪图片不需要的部分

裁剪图片在编辑图片时起到重要作用，使用裁剪工具可以裁剪删除插入图片的多余部分，保留所需的部分。下面在"活动宣传

第 **2** 章　Word 图文混排与美化

单 .docx"文档中进行图片裁剪操作，具体操作步骤如下。

STEP 1 单击"裁剪"按钮

选中本地图片，选择【格式】/【大小】组，单击"裁剪"按钮。

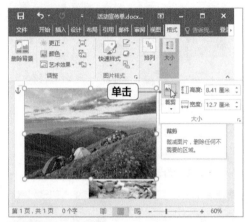

STEP 2 裁剪图片

此时在图片的四周将出现黑色的控点，拖动控点调整要裁剪的部分，这里将裁剪天空图像部分，再在文档中的任意部分单击即可完成裁剪图片的操作。

STEP 3 查看效果

裁剪图片完成后，需要将两张图片同时向上移动，效果如下。

6. 设置图片样式

图片的样式是指图片的形状、边框、阴影和柔化边缘等效果。设置图片的样式时，可以直接使用程序中预设的图片样式，也可以对图片样式进行自定义设置。下面继续在"活动宣传单 .docx"文档中设置，为插入的图片应用预置的图片样式，具体操作步骤如下。

STEP 1 设置图片样式

①选中两张图片，然后选择【格式】/【图片样式】组，单击"快速样式"按钮；②在打开的下拉列表中选择"柔化边缘矩形"选项，为图片设置外观样式。

STEP 2 查看应用样式后的图片效果

返回文档，可查看为图片应用样式后的效果。

第 2 章 Word 图文混排与美化

技巧秒杀

图片重设与替换

编辑图片后，如果对所做设置不满意，可在【格式】/【调整】组中单击"重设图片"按钮，在打开的下拉列表中选择"重设图片"选项放弃对图片所做的全部格式设置；选择"重设图片和大小"选项则可放弃对图片所做的格式设置和调整图片大小等操作。在【格式】/【调整】组单击"更改图片"按钮，重新插入图片，可替换当前图片，但保留格式和大小。

2.1.2 形状的应用

在 Word 2016 中通过使用多种形状绘制工具，可绘制出线条、矩形、椭圆、箭头、流程图、星和旗帜等图形。这些图形可用作背景美化，也可以描述一些组织架构和操作流程，将文本与文本连接起来。

微课：形状的应用

1. 绘制形状

在文档中适当地应用形状，可以丰富文档内容。下面在"活动宣传单 .docx"文档中绘制矩形，具体操作步骤如下。

STEP 1 选择形状

❶在【插入】/【插图】组中单击"形状"按钮；
❷在打开的下拉列表中选择矩形选项。

STEP 2 绘制矩形

将鼠标移动到文档中，此时鼠标指针变成十形状，按住鼠标左键不放并向下拖动鼠标，绘制所选的图形。

STEP 3 查看绘制的矩形

当图形大小达到适当程度时释放鼠标，即绘制出一个默认为蓝色底纹的矩形，并自动显示【绘图工具】/【格式】选项卡。

2. 设置形状大小和位置

　　初次绘制的形状通常不能满足要求，需要调整大小和位置。形状与图片具有相同的属性，可通过拖动鼠标进行调整，也可设置具体数值。下面在"活动宣传单.docx"文档中调整流程图的大小，具体操作步骤如下。

STEP 1　调整位置

❶按住【Shift】键并选中上方的图片和形状，在【格式】/【排列】组中单击"对齐"按钮；❷在打开的下拉列表中选择"顶端对齐"选项。

STEP 2　设置大小

选中形状，选择【格式】/【大小】组，在"高度"数值框中输入"19厘米"，在"宽度"数值框中输入"6厘米"。

STEP 3　查看效果

返回文档，可查看为形状设置的位置和大小的效果。

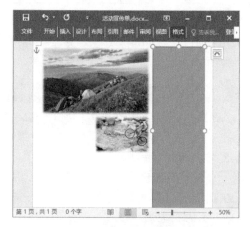

3. 设置形状样式

　　默认的形状样式，填充颜色不能很好地与文档中的文字或图片等对象搭配。此时，需要更改形状样式，如填充色和边框等。用户可应用Word预置的样式，也可自定义设置。下面在"活动宣传单.docx"文档中设置矩形的形状样式，具体操作步骤如下。

STEP 1　执行"其他填充颜色"命令

❶选中矩形，在【格式】/【形状样式】组中单击"形状填充"按钮；❷在打开的下拉列表框中选择"其他填充颜色"选项。

STEP 2 选择填充颜色

❶打开"颜色"对话框，单击"标准"选项卡；❷选择如图所示的颜色图标；❸单击"确定"按钮。

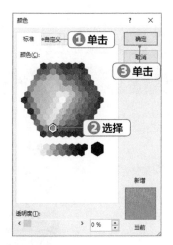

技巧秒杀

颜色的选择

在设置填充色时，可以多尝试几种颜色，然后返回文档，查看形状效果。如果不满意，重新设置，直到获得效果好的搭配色。

STEP 3 取消轮廓色

❶选中矩形，在【格式】/【形状样式】组中单

击"形状轮廓"按钮；❷在打开的下拉列表框中选择"无轮廓"选项。

4. 快速绘制其他形状

通常，在文档绘制一个形状时，可通过复制已经编辑好的形状来实现，然后重新设置形状的位置、大小和样式等。下面在"活动宣传单 .docx"文档中快速绘制一个矩形，具体操作步骤如下。

STEP 1 复制粘贴形状

选中编辑完成的矩形，按【 Ctrl+C 】组合键复制，然后按【 Ctrl+V 】组合键粘贴。

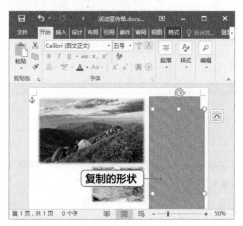

STEP 2 设置形状大小

选中复制的形状，选择【格式】/【大小】组，在"高度"数值框中输入"8 厘米"。

第
2
章

Word 图文混排与美化

STEP 3 移动形状位置

先将两个形状设置为左对齐，然后按【Shift】键将复制的形状垂直移动到下方。

第1部分

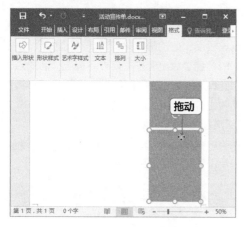

操作解谜

绿色参考线

移动形状等对象时，文档页边将显示绿色参考线，这是Word 2016新增的功能，帮助用户在调整图片、形状等对象时，很好地进行对齐。另外，按【Shift】键能够平行移动。

STEP 4 更改填充色

❶保持形状的选中状态，在【格式】/【形状样式】组中单击"形状填充"按钮，在打开的下

拉列表框中选择"其他填充颜色"选项，再在打开的"颜色"对话框的"标准"选项卡中选择如图所示的颜色图标；❷单击"确定"按钮。

STEP 5 查看形状效果

返回文档，可查看绘制的形状效果。

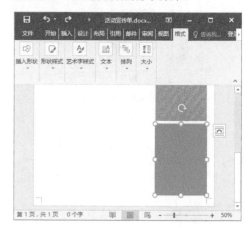

操作解谜

形状的其他填充选项

在形状中除了可以填充单一的颜色外，还可以设置渐变色、纹理以及使用图片进行填充，同样也可单击"形状填充"按钮，然后选择相应的选项进行设置。

2.1.3 使用艺术字

艺术字是指在 Word 文档中经过特殊处理的文字，在 Word 文档中使用艺术字可使文档呈现出不同的效果，使文本醒目、美观。宣传单中艺术字应用很广泛，一些商务文档，如公司简介、产品介绍也可以添加艺术字。使用艺术字后还可以对其进行编辑，使其呈现更多的效果，下面介绍插入与编辑艺术字的相关操作。

微课：使用艺术字

1. 插入艺术字

在文档中插入艺术字可有效提高文档的可读性，Word 2016 中提供了 15 种艺术字样式，用户可以根据实际情况选择合适的样式来美化文档。下面在"活动宣传单.docx"文档中插入艺术字，具体操作步骤如下。

STEP 1 选择艺术字样式

❶在【插入】/【文本】组中单击"艺术字"按钮；❷在打开的下拉列表中选择第 2 行第 2 个艺术字样式，插入艺术字。

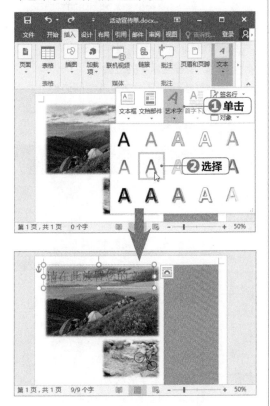

STEP 2 输入艺术字文本内容

❶选择文本框中的文本，输入"招募令"文本；❷在【开始】/【字体】组中为文本设置"汉仪超粗圆简，白色"字体格式，然后在"字号"下拉列表中输入"79"，设置字号大小。

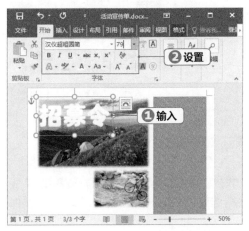

操作解谜

通过输入设置字号大小

"字号"下拉列表框中最大的字号选项为"72"，要设置更大的字号可直接输入字号的值；另外，在"字体格式"下拉列表框中可输入字体的名称，以便快速应用该字体格式。

2. 设置艺术字样式

设置艺术字样式是指对艺术字的文字内容进行设置。插入艺术字后，若对艺术字的效果不满意，可更改艺术字样式，或者可调整艺术字的文本填充颜色、文本轮廓颜色以及文本效果等。设置艺术字样式主要通过"艺术字样式"功能组实现，下面继续在"活动宣传单.docx"文档中设置艺术字样式，具体操作步骤如下。

STEP 1 设置艺术字文本轮廓颜色

❶选择艺术字，在【格式】/【艺术字样式】组中单击"文本轮廓"按钮；❷在打开的下拉列表中选择"浅蓝"选项。

STEP 2 设置艺术字文本效果

❶在【格式】/【艺术字样式】组中单击"文本效果"按钮；❷在打开的下拉列表中选择"映像"选项，然后在打开的子列表中选择"半映像，接触"选项。

STEP 3 查看效果

返回文档，可查看设置艺术字后的效果。

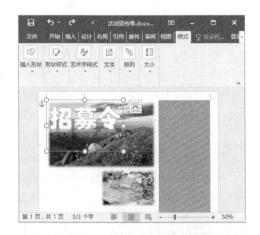

3. 调整艺术字位置和形状

艺术字的位置调整与图片和形状一样，可拖动鼠标移动艺术字的位置，而调整艺术字的形状则是指根据文档内容的安排使其呈横排或竖排显示。艺术字具有与图片相似的属性，因此，调整方法与调整图片位置和大小的方法相似。下面在"活动宣传单.docx"文档中调整插入艺术字的位置和形状，具体操作步骤如下 。

STEP 1 调整艺术字的位置

将鼠标指针移动到艺术字文本框的边框上，当鼠标指针变为✥形状时，按住鼠标左键不放，拖动鼠标，将艺术字移动到形状的上方。

STEP 2 调整艺术字形状大小

将鼠标指针移动到文本框右侧边框的中间控制

点上，按住鼠标左键不放，向左侧拖动鼠标，调整形状大小，使艺术字呈竖排显示。

STEP 3 查看设置效果

利用相同方法，再次移动艺术字的位置，使其与矩形水平居中对齐。

技巧秒杀

精确设置水平居中对齐

　　如果要精确设置艺术字与形状居中对齐，先选中艺术字和形状，在【格式】/【排列】组中单击"对齐"按钮，在打开的下拉列表中选择"水平居中"选项。

4. 快速插入其他艺术字

　　与快速绘制形状一样，可通过复制设置好的艺术字快速完成其他艺术字的插入和编辑。在办公中，这种方法事半功倍。下面在"活动宣传单 .docx"文档中快速插入和编辑其他艺术字，具体操作步骤如下。

STEP 1 设置艺术字字号

复制艺术字，然后在【开始】/【字体】组中将字号设置为"23"。

STEP 2 更改文本填充色

①选中艺术字，在【格式】/【艺术字样式】组中单击"文本填充"按钮；②在打开的下拉列表中选择"自动"选项，将文本填充颜色更改为黑色。

STEP 3 取消轮廓色

❶在【格式】/【艺术字样式】组中单击"文本轮廓"按钮；❷在打开的下拉列表中选择"无轮廓"选项。

STEP 4 取消映像设置

❶在【格式】/【艺术字样式】组中单击"文本效果"按钮；❷在打开的下拉列表中选择"映像"选项，然后在打开的子列表中选择"无映像"选项。

STEP 5 修改文字并调整位置和大小

选择艺术字文本框中的文本内容，将其修改为"登山"，然后拖动鼠标，将艺术字移动到"招募令"艺术字的右侧，并调整该艺术字的形状大小，使文本内容竖排显示。

STEP 6 插入其他相同艺术字

复制2个登山艺术字，将文本分别修改为"骑行"和"露营"，然后移动到"登山"艺术字下方，并与其右对齐。

STEP 7 插入其他艺术字

复制"招募令"艺术字，将字体设置为"方正大标宋简体，22"，然后将文本内容修改为"本次活动免费"，取消文本轮廓。

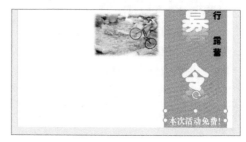

2.1.4 文本框的应用

在 Word 中，使用文本框可在页面任何位置输入需要的文本或插入图片，且其他插入的对象不影响文本框中的文本或图片，具有很大的灵活性。因此，在使用 Word 制作页面元素比较多的文档时通常使用文本框。下面介绍插入与编辑文本框的相关操作。

微课：文本框的应用

1. 插入文本框

要使用文本框，首先需要掌握其插入方法。在 Word 2016 中可以插入内置的文本框，然后对文本内容和文本框样式进行设置。除此之外，还可绘制横排或竖排的文本框，然后进行输入和编辑操作。下面将在"活动宣传单 .docx"文档中插入横排文本框，具体操作步骤如下。

STEP 1 执行插入操作

在【插入】/【文本】组单击"文本框"按钮，在打开的下拉列表中选择"绘制文本框"选项。

操作解谜

为什么没有内置的文本框样式

单击"绘制文本框"按钮，在打开列表中可能没有"内置"列表框。这是因为文档中选择了文本框或者输入了文本的形状等对象，只需在文档空白处单击鼠标，就可以显示出"内置"列表框。

STEP 2 绘制横排文本框

将鼠标指针移至文档中，此时鼠标指针变成十形状，在需要插入文本框的区域上按住鼠标左键并拖动鼠标，拖动到合适大小后释放鼠标，即可在该区域插入一个横排文本框。

STEP 3 在文本框中输入文字

❶绘制文本框后，光标默认插入文本框中，输入日期"2018.3.27"；❷在【开始】/【字体】组中为文本设置"Times New Roman，小初，加粗"字体样式。

操作解谜

文本框与艺术字的联系

通过上文介绍的艺术字的应用，可以发现，在文档中插入艺术字实际上同时插入了文本框，只是此时该文本框中的文字是艺术字样式。而插入文本框后，在其中输入的是普通的文本，打开的"格式"选项卡与艺术字的"格式"选项卡完全相同，通过编辑操作同样可将文本框中的文字设置为艺术字样式，或者与艺术字一样进行相同的样式设置。理清文本框与艺术字的区别和联系，有助于用户更熟练地在文档中使用文本框与艺术字。

2. 编辑文本框样式

初次创建的文本框肯定不能满足文档的需要，因此需要对创建的文本框进行相应的编辑操作，包括调整大小、位置以及格式效果等。鉴于设置文本框与设置艺术字的相似性，这里不再具体介绍，将直接进行文本框的样式设置，使其符合文档的要求。下面将在插入了文本框的"活动宣传单.docx"文档中编辑文本框样式，具体操作步骤如下。

STEP 1 设置形状填充色

❶在【格式】/【形状样式】组中单击"形状填充"按钮；❷在打开的下拉列表中选择"浅蓝"选项。

技巧秒杀

巧用最近使用的颜色

设置对象颜色后，在下拉列表中的"最近使用的颜色"栏中将加入该颜色选项，用户再次设置对象时可直接选用。

STEP 2 取消形状轮廓

❶在【格式】/【形状样式】组中单击"形状轮廓"按钮；❷在打开的下拉列表中选择"无轮廓"选项。

STEP 3 设置文本框中文本的艺术字样式

❶在【格式】中单击"艺术字样式"按钮；
❷在打开的下拉列表中选择第 2 行第 2 个艺术字样式。

STEP 4 设置文本颜色

在【开始】/【字体】组中为文本设置"加粗，白色"字体样式。

STEP 5 设置文本中部对齐形状

❶首先将蓝底的形状向下拖动调整大小。在【格式】/【文本】组中单击"对齐文本"按钮；
❷在打开的下拉列表中选择"中部对齐"选项，将文本在形状中居中显示。到此完成文本框样式的编辑。

3. 插入其他文本框

在熟悉文本框的绘制和编辑操作后，下面将继续在"活动宣传单 .docx"文档中插入其他文本框，具体操作步骤如下。

STEP 1 插入"活动标题"文本框

插入文本框，输入活动标题"青春伴我在 天空海阔 . 户外行"，取消形状的填充色和轮廓，将文本颜色设置为"红色"，再将字体格式设置为"方正粗宋简体"。

STEP 2 插入"活动描述标题"文本框

插入文本框，输入活动描述标题"蒙山一滨岛 . 七日户外行"，取消形状的填充色和轮廓，再将字体格式设置为"方正粗倩简体"。

STEP 3 插入其他文本框

❶插入文本框，在其中输入描述文字，设置字体为"方正大标宋简体，四号"；❷在绿色矩形上插入文本框，设置字体为"方正报宋简体，小二"。

STEP 4 插入公司标志图片

插入公司标志图片（素材\第2章\Logo.png），将图片设置为浮于文字上方，然后缩小图片，将其移动到左下角与边距对齐。在公司标志图片右侧插入文本框，输入"活动最终解释权归云家户外俱乐部所有"，字体格式设置为"方正大标宋简体"。

2.1.5 设置页面背景颜色

编辑文档时，在一些活跃的制作背景下，可以为文档的页面设置页面底纹效果，增加文档的趣味性，同时让文档更具有阅读性。在美化文档时，这是一种简单的设置方式。在设置页面底纹时，文档中的重点内容同样是文字，一般选择淡一些的颜色。下面在"活动宣传单.docx"文档中为其设置纯色底纹和边框效果，具体操作步骤如下。

微课：设置页面背景颜色

STEP 1 设置纯色底纹

❶在"活动宣传单.docx"文档中选择【设计】/【页面背景】组，单击"页面颜色"按钮；❷在打开的下拉列表中选择"蓝色，个性色5，淡色80%"选项。

第

1

部

分

STEP 2 查看宣传单最终效果

设置页面背景底纹后，完成宣传单的制作，最终效果如下（效果\第 2 章\活动宣传单 .docx）。

操作解谜

宣传单的字体搭配

　　宣传单中文本字体的选择应与艺术字样式和其他图片内容搭配呼应，结合户外运动主题，可选择圆润、厚重、强劲有力的字体，一般不会选择"宋体""楷体"这类较为规矩的字体。

2.2　制作报价单

　　报价单主要用于供应商给客户的报价，类似价格清单。它一般包含联系方式、产品的基本资料以及交款信息等，根据行业的不同，需提供的内容也不同。报价单不仅包含文本内容，还包含大量数据内容，如产品名称、型号及规格以及单价、金额等。通过 Word 制作报价单需要应用表格，本例主要涉及表格的插入、数据的输入、表格的编辑和简单美化等。

2.2.1　创建表格

　　表格主要用于将数据以一组或多组存储方式直观地表现出来，方便比较与管理，它以行和列的方式将多个矩形小方框组合在一起，形成多个单元格。在 Word 中插入表格的方法主要有自动插入表格和自定义表格。另外，在一些地方常需要绘制表头斜线；插入表格后，即可在表格中输入相应数据。下面将分别对这几个知识点进行介绍。

微课：创建表格

1. 快速插入表格

　　在文档中应用表格，首先应掌握创建表格的方法。快速插入表格是一种常用的创建表格的方法，通过该功能用户可以快速在文档中插入 8 行 10 列单元格内的表格，下面在"报价单 .docx"素材文档中通过快速插入表格的方式插入 8 行 6 列单元格，然后在表格中输入数据，具体操作步骤如下。

STEP 1 选择创建范围

❶打开"报价单.docx"文档(素材\第2章\报价单.docx),将光标定位到插入表格的位置,单击【插入】/【表格】组中的"表格"按钮;❷在打开的下拉列表中使用鼠标拖动,选择其中8行6列的方块。

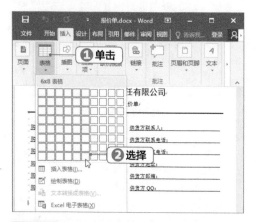

STEP 2 在第一个单元格中输入数据

此时将自动插入拥有8行6列单元格的表格,且文本插入点自动定位到第1个单元格中,在其中直接输入所需内容即可。

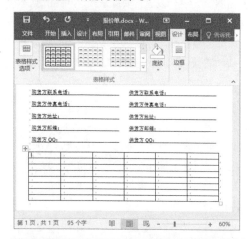

2. 插入自定义表格

快速插入表格的方式虽然简便,但只能插入8行10列单元格范围内的表格,如果要插入更多行列的表格,需要通过"插入表格"对话框自定义行数和列数执行插入操作。下面在"报价单.docx"文档中打开"插入表格"对话框,插入15行7列单元格,然后在表格中输入数据,具体操作步骤如下。

STEP 1 执行插入命令

❶在"报价单.docx"文档中将光标定位到插入表格的位置,单击【插入】/【表格】组中的"表格"按钮;❷在打开的下拉列表中选择"插入表格"选项。

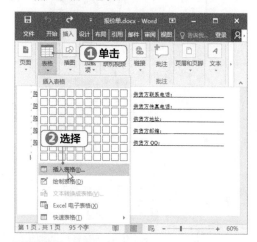

STEP 2 设置行列数

❶打开"插入表格"对话框,在"列数"和"行数"数值框中分别输入"7"和"15";❷单击"确定"按钮。

STEP 3 标题居中效果

此时将插入15行7列表格,文本插入点自动定位到第1个单元格中,使用鼠标单击单元格可将光标插入该单元格中，然后依次在相应位置输入下图所示的数据内容。

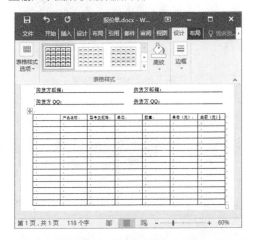

3. 绘制表头斜线

表头斜线即作为表头项目的分割线，绘制表头斜线是很多用户在实际制作表格中面临的一个难题。下面在插入自定义表格的"报价单.docx"文档中介绍绘制表头斜线的方法，具体操作步骤如下。

STEP 1 执行插入命令

将光标定位到任意单元格，显示出【设计】和【布局】选项卡，然后在【布局】/【绘图】组中单击"绘制表格"按钮。

STEP 2 绘制斜线

将鼠标指针移动到第 1 个单元格上，此时指针显示为绘图笔样式，按住鼠标左键不放，沿单元格上方顶点拖动到右下角的顶点。

STEP 3 完成绘制

释放鼠标完成表头斜线的绘制，效果如下。

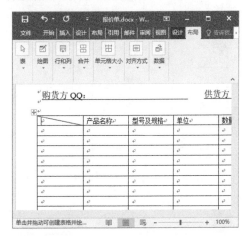

技巧秒杀

删除表头斜线

要删除表头斜线，需在【布局】/【绘图】组中单击"橡皮擦"按钮，此时鼠标指针显示为"橡皮擦"样式，在斜线上拖动鼠标或双击鼠标即可擦除斜线。此方法也适用于删除单元格的四周边框线。

第 **2** 章 Word 图文混排与美化

2.2.2 编辑表格

初次创建的表格，只是搭建了一个框架，它并未满足用户的需求，通常要对表格进行编辑处理，如在表格中插入行或列输入漏掉的数据，调整表格中行高或列宽使内容清晰显示等。

微课：编辑表格

1. 插入行或列

插入行或列是指在原有表格中插入新的行或列单元格，便于添加新的数据内容。下面在"报价单 .docx"文档中插入一列单元格，具体操作步骤如下。

STEP 1　在右侧插入列

❶将光标定位到插入单元格的相邻单元格中；❷选择【布局】/【行和列】组，选择一种插入方式，这里单击"在右侧插入"按钮，可在定位位置右侧插入一列单元格。

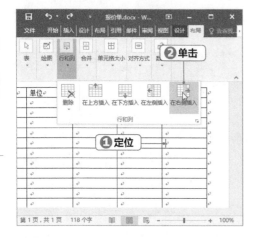

操作解谜

各插入按钮的作用

在【布局】/【行和列】组中，选项"在上方插入"和"在下方插入"表示在定位单元格的上方或下方插入一行单元格；"在左侧插入"则表示在定位单元格的左侧插入一列单元格。

STEP 2　在插入的列中输入数据

在定位单元格右侧插入单元格后，输入"备注"表头数据。

技巧秒杀

删除行或列

与插入对应，在【布局】/【行和列】组中单击"删除"按钮，在打开的下拉列表中选择"删除列"或"删除行"可删除定位单元格所在的列或行。

2. 设置数据字体和对齐

为了让表格美观和协调，需要对表格中的内容进行字体和对齐方式的设置。在表格中设置数据字体和对齐方式的方法与在文档中设置文本相似。字体样式可通过【开始】/【字体】组设置；而对齐方式则可在【布局】/【对齐方式】组中设置。下面继续在"报价单 .docx"文档中设置数据字体和对齐方式，具体操作步骤如下。

STEP 1 设置字体

将光标定位到第 1 行第 2 个单元格中，水平向右拖动鼠标选择表头数据，在【开始】/【字体】组中将字体样式设置为"黑体，小四"。

STEP 2 设置对齐方式

将光标定位到第 1 行第 1 个单元格中，拖动鼠标选择整个表格数据，选择【布局】/【对齐方式】组，单击"水平居中"按钮，使数据内容居中。

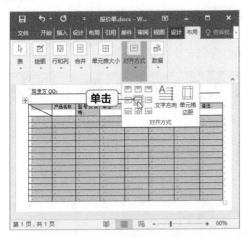

3. 调整行高和列宽

创建表格时，表格的行高和列宽都采用默认值，而在表格中输入内容的多少并不相等，

因此需要对表格的行高和列宽进行适当调整，使表格整齐划一。下面在"报价单 .docx"文档中调整行高和列宽，具体操作步骤如下。

STEP 1 拖动鼠标调整单元格列列宽

将鼠标指针移动到"型号及规格"单元格右侧的垂直边框线上，当指针变成 ┼ 形状时，按住鼠标左键不放向右拖动，调整单元格的列宽，使单元格中的文本在一行中全部显示。

STEP 2 调整其他单元格的列宽

使用相同方法，对其他单元格列的列宽进行适当调整，完成后的效果如下图所示。

操作解谜

拖动鼠标调整行高

将鼠标指针移到行单元格下方的边框线上，当鼠标指针变成 ┼ 形状时，按住鼠标左键不放向下拖动，可调整单元格的行高。

STEP 3 调整行高

选择需设置的单元格行，选择【布局】/【单元格大小】组，在"高度"数值框中输入更大的数值，这里输入"0.7 厘米"，此时每行单元格的行高均设置为 0.7 厘米。

STEP 4 查看调整行高和列宽的效果

通过拖动鼠标增加表头单元格行的行高，完成后的效果如下图所示。

4. 合并单元格

为了让表格呈现出规定的样式，使表格整体看起来更直观，可合并相应的单元格，即将多个相邻的单元格合并为一个单元格。下面在"报价单.docx"文档中进行合并单元格的操作，具体操作步骤如下。

STEP 1 合并单元格

❶拖动鼠标选择要合并的多个单元格；❷然后单击【布局】/【合并】组中的"合并单元格"按钮。

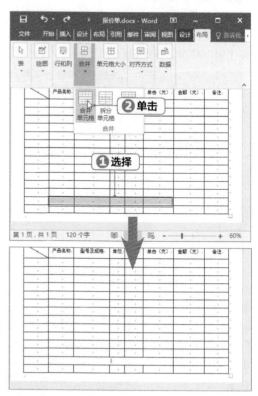

STEP 2 查看合并效果

使用相同方法合并其他单元格，并输入如下图所示的文字内容。

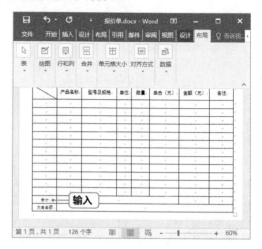

操作解谜

拆分单元格

选择合并后的单元格，在【布局】/【合并】组中单击"拆分单元格"按钮，打开"拆分单元格"对话框，在其中设置拆分后的行数和列数，可拆分合并后的单元格，同样也可拆分没有合并的单元格。

5. 设置表格的边框和底纹

创建和编辑完表格后，还可以进一步美化表格，主要包括设置表格边框样式和底纹，这些都可以通过"设计"选项卡设置实现。下面在"报价单.docx"文档中为整个表格设置边框和底纹效果，具体操作步骤如下。

STEP 1 设置边框线条粗细

❶选择要设置的单元格，这里选中整个表格，选择右侧【设计】/【边框】组，单击"笔划粗细"下拉列表；❷选择"1.0 磅"选项。

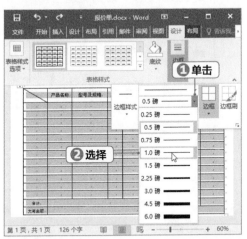

STEP 2 设置边框颜色

❶选择【设计】/【边框】组，单击"笔颜色"按钮；❷在打开的下拉列表中选择"黑色，文字 1，淡色 50%"选项。

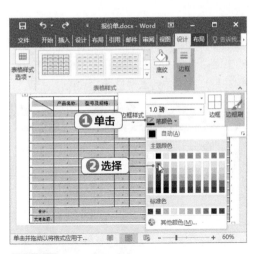

STEP 3 添加所有边框

❶在【设计】/【边框】组中单击"边框"按钮下方的下拉按钮；❷在打开的下拉列表中选择"所有框线"选项，为所有边框添加设置的样式。

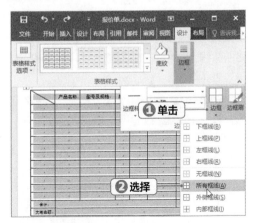

技巧秒杀

在对话框中设置边框

在【设计】/【边框】组中单击"边框样式"按钮下方的下拉按钮，在打开的下拉列表中选择"边框和底纹"选项，单击"边框和底纹"对话框中的"边框"选项卡，在其中可详细设置边框颜色、线条样式和边框样式等。

STEP 4 设置表头底纹

❶选择第1行单元格，在【设计】/【表格样式】组中单击"底纹"按钮下方的下拉按钮；
❷在打开的下拉列表中选择"浅蓝"选项。

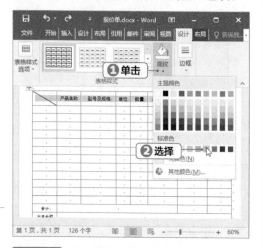

STEP 5 输入表头内容

添加底纹后，将第1行单元格数据的字体样式设置为"白色，加粗"，然后在第1个单元格的斜线上方和下方分别输入"项目"和"编号"表头内容。

STEP 6 设置数据表格底纹

使用相同方法，为表头下方的数据表格添加"灰色-50%，个性色3，淡色80%"颜色底纹。

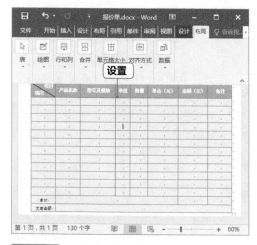

STEP 7 设置底纹

底纹设置完成后，在表格的下方输入条款备注文本，"报价单"的最终效果如下图所示（效果\第2章\报价单.docx）。

技巧秒杀

套用表格样式

在【设计】/【表格样式】组的列表框中选择一种表格样式。这些内置的表格样式包含了字体样式、对齐方式、边框和底纹的设置，套用样式后，表格将直接应用对应的样式。

第1部分

新手加油站 ——Word 图文混排与美化技巧

1. 不按比例调整图片大小

将鼠标指针移动到图片控制点框四边中间的控制点上，按住鼠标左键拖动，将不会按纵横比改变图片的大小。

2. 设置图片边框

在【格式】/【图片样式】组中单击"图片边框"按钮右侧的下拉按钮，选择颜色选项可为图片添加有颜色的边框，在打开的下拉列表中选择"粗细"选项，在其子列表中可设置边框粗细；选择"虚线"选项，在其子列表中可设置线条样式。

3. 删除图像背景

在编辑图片的过程中，若只需要其中的部分图像，又不想删除其他部分图像时，可通过"删除背景"功能对图片进行处理，方法为：选择所需图片，在【格式】/【调整】组中单击"删除背景"按钮，进入"背景消除"编辑状态，出现图形控制框，用于调节图像范围。需保留的图像区域呈高亮显示，需删除的图像区域则被紫色覆盖。单击"标记要保留的区域"按钮，当鼠标指针变为 ✐ 形状时，单击要保留的图像使其呈高亮显示，单击"保留更改"按钮即可删除图像背景。

4. 将图片裁剪为形状

在文档中插入图片后，Word 会默认将其设置为矩形，可以将图片更改为其他形状，让图片与文档配合得更加完美。先选择要裁剪的图片，然后在【格式】/【大小】组中单击"裁剪"按钮，在打开的下拉列表中选择"裁剪为形状"选项，再在打开的子列表中选择需要裁剪的形状即可。

5. 将图片调整为灰白显示

在一些特殊场合，可能需要老照片的效果，或取消图片的颜色显示。这些在 Word 2016 中可以通过调整图片的颜色来实现。方法为：选择图片后，在【格式】/【调整】组中单击"颜色"按钮，然后在打开的下拉列表中选择"颜色饱和度"栏中的"饱和度：0%"选项，或在"重新着色"栏中选择"灰度"即可。

6. 组合形状图形

当一个文档中的形状图形较多时，为了方便图形的移动、管理等操作，可将几个图形组合为一个图形。这样只要移动组合图形中的任意一个形状，所有形状都会跟着移动。

按住【Ctrl】键不放，依次选择需要组合的形状，然后选择【格式】/【排列】组，单击"组合"按钮，在打开的下拉列表中选择"组合"选项，即可将所选的形状都组合在一起。此时单击其中任意一个形状，就可以选择整个组合。

如果要取消组合，则先选择组合，然后单击鼠标右键，在弹出的快捷菜单中选择【组合】/【取消组合】命令；或选择【格式】/【排列】组，单击"组合"按钮，在打开的下拉列表中选择"取消组合"选项，即可将所选的组合取消。

7. 将表格转换为文本

将表格转换为文本是指将表格中的文本内容按原来的顺序提取出来，以文本的方式显示，但会丢失一些特殊的格式，具体操作步骤如下。

❶ 选择表格，在【表格工具】/【布局】/【数据】组中单击"转换为文本"按钮。

❷ 打开"表格转换成文本"对话框，单击选中"段落标记"单选项，然后单击"确定"按钮，即可将表格转换为文本内容显示在文档中。

8. 为文档设置水印

在文档中插入图片水印，如公司 Logo，可以使文档更加正式，同时也是对文档版权的一种声明。Word 2016 中提供了自定义水印功能，通过它不仅可以轻松插入自定义的文字水印，还可以插入自定义的图片水印，具体操作步骤如下。

❶ 选择【设计】/【页面背景】组，单击"水印"按钮，在打开的下拉列表中选择"自定义水印"选项。

❷ 打开"水印"对话框，单击选中"文字水印"单选项，在"文字"文本框中输入水印显示的内容，在"字体""字号"和"颜色"下拉列表框中设置字体格式，单击选中"半透明"复选框，然后单击"确定"按钮。

❸ 返回页面可以看到添加水印的效果。

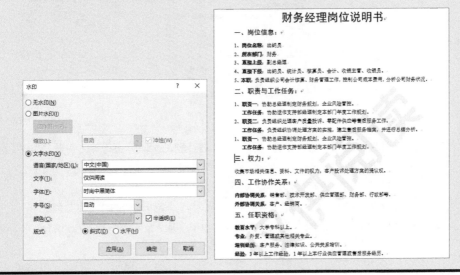

高手竞技场 ——Word 图文混排与美化练习

1. 制作"活动方案"图文效果

打开"活动方案.docx"文档（素材\第 2 章\活动方案.docx），制作图文混排的文档效果，要求如下。

● 在素材文档中插入背景图片（素材\第 2 章\背景图片.jpg），设置文字环绕方式并调整大小和位置。

● 插入联机图片，调整大小和位置。旋转图片，设置"柔化边缘椭圆"图片样式。

● 插入标题艺术字"员工生日会活动方案"，设置"倒 V 形"旋转文本效果。

● 插入文本框，将素材文档中的文字内容剪切至文本框中，字体设置为"华康雅宋体

W9(P)，四号"，然后设置文本框轮廓样式（效果\第2章\活动方案 .docx）。

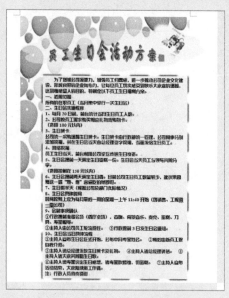

2. 美化"广告计划"文档

打开"广告计划 .docx"文档（素材\第2章\广告计划 .docx），进行美化编辑，要求如下。

- 在素材文档中插入背景图片（素材\第2章\背景 .jpg），衬于文字下方，在【格式】/【调整】组设置"亮度：+20%，对比度：-40%"。
- 插入标题艺术字"广告计划"，设置"发光"和"旋转 - 弯曲"文本效果。

插入3行3列表格，然后编辑美化表格样式（效果\第2章\广告计划 .docx）。

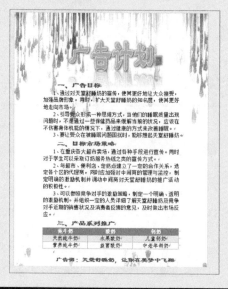

第1部分

第3章

Word 排版打印与审校

/ 本章导读

对文档进行排版设计能够满足不同行业、不同应用场合的需求。排版主要包括样式设计、页眉和页脚的应用等，比如一些长文档，往往会设计封面和目录来引导阅读。文档的审校则是文档制作完成后一个重要的过程，目的是检查文档出现的错误。而文档制作的最终目的是将文档打印到纸张，通过纸张进行文档的传递、查阅和保存。本章将对排版、打印和审校文档的知识进行介绍。

3.1 排版与打印"员工手册"文档

员工手册是员工的行动指南，包含企业内部的人事制度管理规范、员工行为规范等。员工手册承载着传播企业形象和企业文化的功能。员工手册的制作与排版要章节清晰、层次分明，便于阅读，因此需要将员工手册打印到纸张上。本例将涉及样式设计、制作目录与封面，以及插入页眉和页脚等操作，以此编排员工手册，然后进行页面布局设置，并将其打印到纸张上，以便传阅。

3.1.1 样式设计

样式是文本字体格式和段落格式等特性的组合。在排版中应用样式可以使用户不必反复设置相同的文本格式，只需设置一次样式即可将其应用到其他相同格式的所有文本中，提高工作效率。

微课：样式设计

第 1 部分

1. 应用样式

Word 2016 中保存了多种内置样式，只需选择相应的样式即可为文本套用该样式。下面将在"员工手册 .docx"文档中应用"标题 1"样式，具体操作步骤如下。

STEP 1　选择内置样式

❶打开"员工手册 .docx"文档（素材\第 3 章\员工手册 .docx），选择正文第一行"序"文本；❷在【开始】/【样式】组的下拉列表中选择"标题 1"样式。

STEP 2　为其他相似标题应用标题 1 样式

使用相同的方法在文档中为每一章的章标题、

"声明"文本、"附件："文本应用"标题 1"样式，完成后的效果如下图所示。

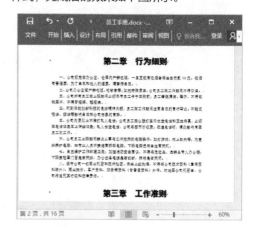

技巧秒杀

在"样式"窗格中选择

初次设置时，若在"样式"组的列表框中没有找到所需样式，可单击"样式"组右下角的"样式"按钮，打开"样式"窗格，里面有更多的样式选项，包括页眉和页脚样式、批注样式等。

2. 使用格式刷快速应用样式

格式刷是编排文档时经常使用的工具，通过格式刷能够快速将已经设置好的样式应用到需要设置的相似文本中。下面在"员工手册.docx"文档中首先应用"标题2"样式，然后通过格式刷快速将其他标题文本应用"标题2"样式，具体操作步骤如下。

STEP 1 应用子标题样式

❶选择标题 1 下的子标题，如"一、编制目的"；
❷在【开始】/【样式】组的下拉列表中选择"标题 2"样式。

STEP 2 启用格式刷

保持标题文本的选中状态，在【开始】/【剪贴板】组中双击"格式刷"按钮。

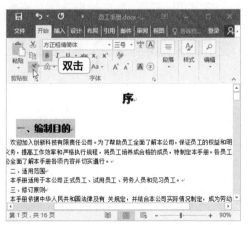

STEP 3 使用格式刷应用样式

此时，鼠标指针在文档编辑区显示为 ▲I 形状，拖动鼠标选择其他标题文本，即可快速应用相同样式。

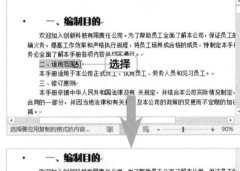

操作解谜

格式刷的使用方法

单击一次格式刷按钮只能使用一次格式刷，双击则可重复使用。

STEP 4 使用格式刷应用样式

继续使用格式刷为其他相似文本应用"标题 2"样式。

3. 修改样式

应用样式后，可能发现所选样式不适合该段文本，这时可对所应用的样式进行修改，如调整样式的字体、段落等，使其更加符合用户的要求。修改样式的操作与创建样式过程中的设置类似，下面在"员工手册.docx"文档中修改标题 2 的样式，具体操作步骤如下。

STEP 1　执行"修改"命令

❶将光标定位到任意一个使用"标题 2"样式的段落中；❷系统自动选择【开始】/【样式】组下拉列表中的"标题 2"选项，单击鼠标右键，在弹出的快捷菜单中选择"修改"选项。

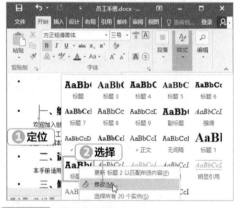

STEP 2　更改字体样式

❶打开"修改样式"对话框，在"格式"栏中选择字体为"黑体"，字号为"小三"，取消加粗；❷单击"格式"按钮，在打开的下拉列表中选择"段落"选项。

STEP 3　取消段落缩进

❶打开"段落"对话框，在"缩进"栏的"特殊格式"下拉列表框中选择"无"选项；❷单击"确定"按钮。

STEP 4　修改样式后的效果

返回"修改样式"对话框，单击选中"自动更新"复选框，单击"确定"按钮。返回文档，可看到文档中应用相同样式的文本格式已发生改变。

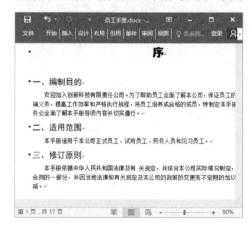

3.1.2 插入页眉和页脚

在一些文档中，为了便于阅读，使文档传达更多的信息，会添加页眉和页脚。通过设置页眉和页脚，可在文档每个页面的顶部和底部区域快速添加固定的内容，如页码、公司徽标、文档名称、日期、作者名等。

微课：插入页眉和页脚

1. 插入内置的页眉和页脚

页眉和页脚即每页文档的顶部或底部显示的内容，通过插入页眉和页脚可以让文档显得更加专业，同时更利于阅读者查看。在 Word 2016 中预设了多种内置的页眉和页脚样式，用户通过内置方式能够快速完成页眉和页脚的编辑。下面在"员工手册.docx"文档中插入"母版型"页眉和页脚内置样式，具体操作步骤如下。

STEP 1 插入"母版型"页眉

❶在"员工手册.docx"文档中选择【插入】/【页眉和页脚】组，单击"页眉"按钮；❷在打开的下拉列表中选择内置的页眉样式，这里选择"母版型"选项。

STEP 2 插入"边线型"页脚

❶光标自动插入到页眉区，内容显示为文档的标题文本"员工手册"，然后在"页眉和页脚工具"的【设计】/【页眉和页脚】组中单击"页脚"按钮；❷在打开的下拉列表中选择内置的页脚样式，这里选择"边线型"选项。

STEP 3 查看页眉和页脚效果

光标插入到页脚区，且自动插入页码，在"页眉和页脚工具"的【设计】选项卡中单击"关闭页眉和页脚"按钮退出页眉和页脚视图。返回文档，可看到设置页眉和页脚后的效果。

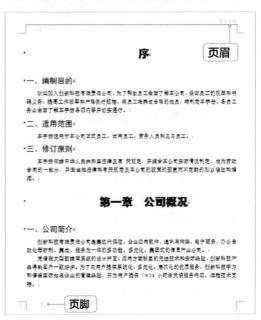

2. 编辑页眉和页脚

插入内置的页眉和页脚样式后，用户可进入页眉和页脚编辑状态，在其中设置页眉和页脚的内容，包括设置文本的字体、字号、颜色和位置等。同样，可使用该方法修改已经具有页眉和页脚的文档。下面在"员工手册 .docx"文档中编辑页眉和页脚中的文本内容，具体操作步骤如下。

STEP 1　进入页眉编辑状态

选择【插入】/【页眉和页脚】组，单击"页眉"按钮，在打开的下拉列表中选择"编辑页眉"选项或直接在页眉区双击鼠标都可进入页眉编辑状态。

技巧秒杀

进入与退出页眉和页脚的技巧

在 Word 中，可直接在页眉和页脚区域双击鼠标左键进入页眉和页脚的编辑状态，然后输入并编辑页眉和页脚内容。若要退出页眉和页脚，只需在文档编辑区任意位置双击鼠标左键即可。

STEP 2　编辑页眉内容

选择页眉中"标题"模块中的文本内容，在【开始】/【字体】组中将字号设置为"小四"，颜色设置为"天蓝色，个性色 3，深色 50%"，

在"段落"组中将其设置为"居中"显示。

STEP 3　设置页脚的对齐方式

在【插入】/【页眉和页脚】组中单击"页脚"按钮，在打开的下拉列表中选择"编辑页脚"选项，进入页脚编辑状态，将页码数字字号设置为"小四"，并设置对齐方式为"右对齐"，效果如下图所示。

3. 删除页眉中的横线

在直接进入页眉输入页眉内容或使用某些内置的页眉样式后，页眉处会出现一条横线，即使将页眉中的文本等内容删除也无法去除这条横线。既要保留页眉中的文本内容，同时又要删除横线，这是困扰很多用户的一个问题，可通过删除页眉样式中的边框来解决该问题。

下面将删除"员工手册 .docx"文档页眉中的横线，具体操作步骤如下。

STEP 1　打开"样式"面板

在"员工手册 .docx"文档的【开始】/【样式】组中单击"扩展"按钮。

STEP 2　执行修改页眉样式命令

❶打开"样式"面板后，找到"页眉"样式选项，将鼠标指针移动到该选项上，单击右侧的下拉按钮；❷在打开的下拉列表中选择"修改"选项。

STEP 3　执行"边框"命令

打开"修改样式"对话框，在左下角单击"格式"按钮，在打开的下拉列表中选择"边框"

选项。

STEP 4　设置边框样式

❶打开"边框和底纹"对话框，选择"边框"选项卡，在"设置"栏中选择"无"选项；❷单击"确定"按钮。

STEP 5　查看删除横线的页眉效果

返回"修改样式"对话框，单击"确定"按钮，此时将删除页眉中的横线，同时页眉中的文本内容保留原格式。

4. 设置奇偶页不同的页眉和页脚

第1部分

在一些长文档中，经常能见到奇数页和偶数页的页眉内容不同，如在奇数页显示公司名或作者名，在偶数页显示文档名称。要实现在文档中奇数页和偶数页的页眉显示不同的内容较简单，通过在页眉和页脚工具的"设计"选项卡中设置即可。下面在"员工手册.docx"文档中设置奇偶页的页眉不同，在奇数页中输入公司名称，在偶数页显示文档标题，具体操作步骤如下。

STEP 1 执行"奇偶页不同"

在页眉区域双击鼠标进入页眉编辑状态，然后在"页眉和页脚工具"的【设计】/【选项】组中单击选中"奇偶页不同"复选框。

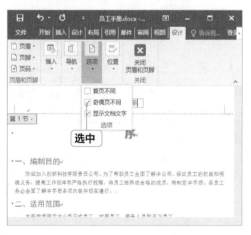

STEP 2 查看页眉变化

此时，奇数页的页眉保持不变，而偶数页的页眉样式自动更换，但其文本内容保持不变。

STEP 3 修改奇数页页眉文本内容

将奇数页的页眉"员工手册"更改为公司的名称"创新科技有限责任公司"（此时偶数页也将更改为"创新科技有限责任公司"），保持页脚内的页码右对齐。

STEP 4　插入空白页眉样式

❶将光标定位到偶数页页眉中，在"页眉和页脚工具"的【设计】/【页眉和页脚】组中单击"页眉"按钮；❷在打开的下拉列表中选择"空白"选项，插入空白页眉样式。

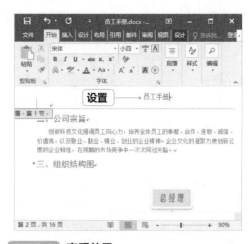

操作解谜

为什么插入空白页眉样式

　　如果设置文档中奇偶页页眉和页脚不同，在发生更改的偶数页页眉中需插入空白的页眉内容，然后编辑页眉内容。应用具有样式的页眉很容易发生错误，例如无法设置奇数页和偶数页不同的内容或页码出错。

STEP 5　设置偶数页页眉文本内容

在插入空白页眉的"在此处键入"模块中输入"员工手册"，然后将字体样式设置为与奇数页中文本字体的样式相同。

STEP 6　查看效果

将偶数页页脚样式设置为"边线型"，页码数字为"左对齐"。完成设置后，退出页眉和页脚编辑状态，查看奇偶页页眉和页脚不同的效果。

5. 使用分页符分页

分页符，顾名思义即对文档进行分页。在Word中，文字或图形填满一页时，将自动插入分页符并开始新的一页。然而在实际操作中，用户往往还需要根据工作的要求在特定的位置插入分页符来进行分页，避免手动分页的麻烦。下面在"员工手册.docx"文档中插入分页符使"附件"分页显示，具体操作步骤如下。

STEP 1 文档分页

❶文档分页时，应将光标定位到要分页的位置。这里将光标定位到"附件"标题的上一行；❷选择【布局】/【页面设置】组，单击"分隔符"按钮；❸在打开的下拉列表中选择"分页符"栏中的"分页符"选项。

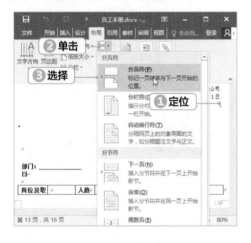

STEP 2 查看分页效果

此时光标后的文本被分到下一页中显示，同时在光标定位处显示分隔符符号，且分页符后将不能再输入文本。

 操作解谜

在文档中显示分隔符符号

默认情况下，分隔符符号不会显示在文档中。选择【文件】/【选项】组，在打开的"Word选项"对话框中，单击"显示"选项卡，在"始终在屏幕上显示这些格式符号"栏中单击选中"显示所有格式标记"复选框，单击"确定"按钮即可将分隔符符号显示出来。

3.1.3 制作封面与目录

编排如员工手册、报告等长文档时，为文档制作封面和目录非常有必要。封面中的文字虽然不多，却能直观地表现文档的性质，使接触到的人能快速了解一些基本信息；目录则是一种常见的文档索引方式，一般包含标题和页码两个部分，通过目录，用户可快速知晓当前文档的主要内容，以及需要查询的内容的页码。

微课：制作封面与目录

1. 插入封面

除了能使用手工绘制封面外，还可利用Word提供的封面库快速插入精美的封面。插入

预设的封面时，不管光标定位在文档的什么位置，插入的封面总是位于文档的第一页。下面在"员工手册.docx"文档中插入简洁的"镶边"封面，具体操作步骤如下。

STEP 1　插入"镶边"封面样式

①在"员工手册.docx"文档中选择【插入】/
【页面】组，单击"封面"按钮；②在打开的
下拉列表中选择"镶边"封面样式。

STEP 2　查看插入封面的效果

在文档的第一页插入封面，效果如下图所示。

2. 编辑封面内容

　　为文档插入封面后，需在其中输入文本，
将该文档的内容在封面中展现。而修改封面的
方法很简单，直接在封面的文本框中输入文本
或者选择封面中的图片或表格，在"格式"选
项卡中对其进行设置即可。下面将在插入封面
的"员工手册.docx"文档中输入封面内容，
具体操作步骤如下。

STEP 1　在"文档标题"模块中输入标题

①单击鼠标选取封面上方的"标题"模块；
②然后在其中输入标题文本"员工手册"，字
号增大为"初号"，颜色更改为"黑色"。

STEP 2　输入其他内容

选中并按【Delete】键删除"作者"和"公司
地址"模块，然后在"公司名称"模块中选择
公司名称文本，并将字体设置为"方正大标宋
简体"，字号为"小二"。

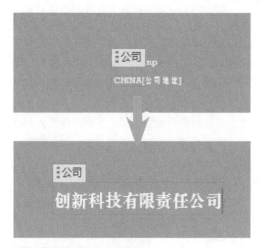

STEP 3　更改形状填充颜色

将封面中形状的填充颜色更换为"天蓝色，个性色3，深色50%"，完成封面的制作。

技巧秒杀

快速删除封面

若对文档中插入的封面效果不满意，需要删除当前封面，可在【插入】/【页面】组中单击"封面"按钮，在打开的下拉列表中选择"删除当前封面"选项。

3. 插入目录

Word 提供了添加目录的功能，无需用户手动输入内容和页码，只需对相应内容设置相应样式，然后通过查找样式，提取出内容及页码。所以，添加目录的前提是为标题设置相应的样式。下面在"员工手册 .docx"文档中插入自定义目录，并且该目录显示2级标题级别，具体操作步骤如下。

STEP 1　选择"自定义目录"选项

①将文本插入点定位到"员工手册 .docx"文档的"序"文本前，在【引用】/【目录】组中单击"目录"按钮；②在打开的下拉列表中选择"自定义目录"选项。

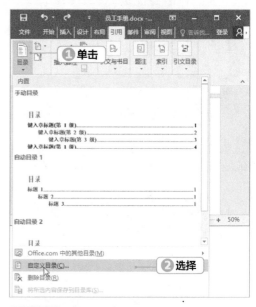

STEP 2　设置目录显示级别

①打开"目录"对话框，单击"目录"选项卡，在"常规"栏的"格式"下拉列表框中选择"正式"选项；②在"显示级别"数值框中输入"2"；③其他选项保持默认设置不变，单击"确定"按钮。

①选择

②输入

③单击

STEP 3　查看自定义的目录效果

返回文档编辑区，即可看到插入 2 级标题目录后的效果，此时可手动在目录的第 1 行前输入"目录"文本。

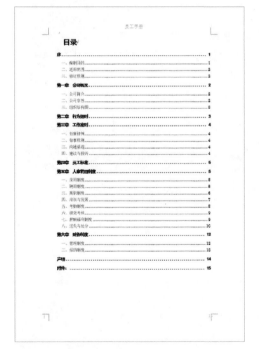

STEP 4　使用目录查看文档

在目录中按住【Ctrl】键，单击标题文本，将直接跳转到该标题内容所在的文档页面。

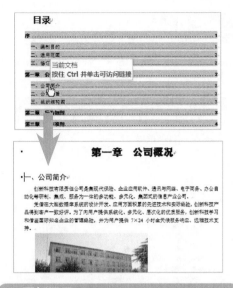

4. 更新目录

设置完文档的目录后，当文档中的标题文本被修改时，目录的内容和页码都有可能发生变化，因此需要对目录重新进行调整。而在 Word 2016 中使用"更新目录"功能可快速更正目录，使目录和文档内容保持一致。这里可以发现插入目录后，"序"所对应的页码为"1"，而实际上目录在第 1 页，"序"是从第 2 页开始，因此需要在"员工手册 .docx"文档目录文本下插入分页符，然后更新目录，具体操作步骤如下。

STEP 1　插入分页符

在"目录"最后一行的下一行定位光标，选择【布局】/【页面设置】组，单击"分隔符"按钮，在打开的下拉列表中选择"分页符"栏中的"分页符"选项，插入分页符，效果如下图所示。

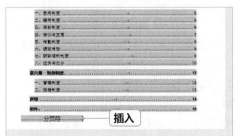

STEP 2 更新目录

❶在【引用】/【目录】组中单击"更新目录"按钮；❷打开"更新目录"对话框，默认选中"只更新页码"单选项，单击"确定"按钮。

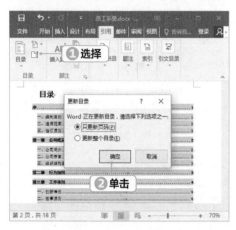

STEP 3 查看目录更新

更新完成后，可看到目录中的"序"对应页码更改为"2"。

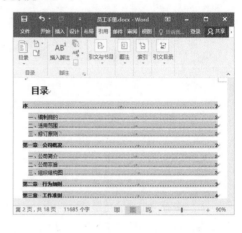

3.1.4 | 打印 Word 文档

文档编排完成后，通常需要将文档打印输出，以便传阅和保存。然而，在打印文档前，首先要对文档进行打印设置，使其在纸张中合理显示。打印设置主要包括纸张大小、纸张方向、页边距以及打印范围等；设置完成后，可在 word 中预览打印效果，确认效果后即可进行文档的打印，下面将分别进行介绍。

微课：打印 Word 文档

1. 设置打印页面

打印页面设置主要包括纸张、方向和页边距的设置。在 Word 文档中默认的纸张大小为"A4"，在实践中，常用的纸张大小为 A4、16 开、32 开和 B5 等，不同文档要求的页面大小也不同。纸张方向是指纸张的输出方向，包括横向和纵向。通俗地讲，页边距是指文字距离页面边缘的距离。用户在设置页边距时，可使用 Word 2016 提供的内置样式，也可以自定义页边距值。下面在"员工手册 .docx"文档中设置打印页面，具体操作步骤如下。

STEP 1 功能区设置

在打开的文档中选择【布局】/【页面设置】组，然后单击"纸张大小"按钮，在打开的下拉列

表中根据实际情况选择纸张大小的选项。

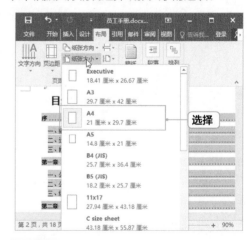

STEP 2 对话框设置

在【布局】/【页面设置】组中单击"功能扩展"

按钮，或在"纸张大小"下拉列表中选择"其他页面大小"选项，可打开"页面设置"对话框的"纸张"选项卡，然后在"纸张大小"下拉列表框中选择对应的纸张大小。

STEP 3 **选择"自定义边距"选项**

在【布局】/【页面设置】组中，单击"页边距"按钮，在打开的下拉列表中选择"自定义边距"选项。

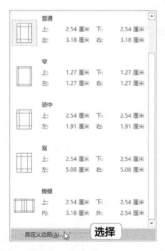

STEP 4 **设置页边距数值**

❶打开"页面设置"对话框的"页边距"选项卡，在对应数值框中输入边距数值，如这里分别在"上、下、左、右"数值框中输入"2.5 厘米、2.5 厘米、3 厘米、3 厘米"；❷单击"确定"按钮，

在文档中可发现对页边距进行了细微调整。

2. 预览文档打印效果

在打印前，通常需要预览文档打印到纸张上的效果。通过预览，确认是否还需要对文档进行打印调整。在 Word 2016 中，可以逐页浏览文档页面效果，也可缩放大小查看页面效果。下面将在"员工手册.docx"文档中讲解预览文档打印效果的方法，具体操作步骤如下。

STEP 1 **进入预览界面**

选择【文件】/【打印】组，或按【Ctrl+P】组合键，即可在打印界面右侧的预览窗格中查看文档打印效果，左下角显示了文档的总页数。

STEP 2 查看下一页打印效果

在预览窗格的左下方单击"下一页"按钮，可查看文档下一页的打印效果。

单击

STEP 3 缩放页面

在预览窗格的右下方拖动滑动条，或将光标定位到预览窗格的页面中，按住【Ctrl】键，滚动鼠标滚轮，缩放页面，可预览更多页面的打印效果，或放大页面显示打印效果。

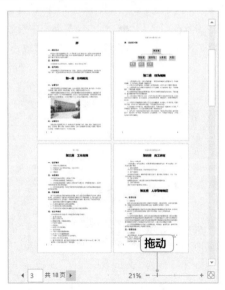

拖动

3. 设置打印页码范围

在工作中，常会遇到只打印出长文档的部分页面，或者因为缺失文档的部分页面，只将缺失的部分进行打印的情况。此时就需要用户在打印时设置打印的页码范围，从而打印所需部分。下面在"员工手册.docx"文档中设置打印除封面和目录外的第 3~18 页，具体操作步骤如下。

STEP 1 自定义打印范围

选择【文件】/【打印】命令，在打印界面"设置"栏的下拉列表中选择"自定义打印范围"选项。

选择

技巧秒杀

打印当前页

默认打印文档的所有页面，选择"打印当前页面"选项表示打印光标定位的页面。

STEP 2 设置打印范围

在"页数"文本框中可设置打印文档的页码范围，如打印 1~5 页，输入"1-5"；打印第 1 页和第 3 页，则输入"1,3"，以此类推，这里输入"3-18"，打印第 3~18 页。

4. 打印文档

打印前的设置完成后，即可开始打印文档，打印时可设置打印文档的份数和打印机属性。下面打印"员工手册.docx"文档，将打印份数设置为"3"，并设置彩色打印，具体操作步骤如下。

STEP 1 输入打印份数

❶选择【文件】/【打印】选项，在打印窗格的"份数"数值框中输入打印份数，这里输入"3"；❷在"打印机"下拉列表框中选择打印机，然后单击下方的"打印机属性"超链接。

STEP 2 设置打印方向

❶打开"打印机属性"对话框，选择"布局"选项卡；❷在"方向"下拉列表框中选择"纵向"选项，保持与文档页面方向一致。

STEP 3 使用彩色打印

❶在"打印机属性"对话框中选择"纸张/质量"选项卡；❷单击选中"彩色"单选项，使用彩色模式打印文档；❸单击"确定"按钮。

STEP 4 打印文档

返回"打印"界面，单击"打印"按钮打印文档（效果\第3章\员工手册.docx）。

操作解谜

彩色打印

要将文档的背景打印出来，需要选择【文件】/【选项】组，在打开的"Word 选项"对话框的"显示"选项卡中单击选中"打印背景色和图像"单选项，并且打印机需要有彩色打印功能。

3.2 审校"市场调查报告"文档

调查报告是对公司的生产、经营或管理进行调查后所做的报告，目的是总结、叙述调查结果并提出相关建议。书写报告时需实事求是，态度严谨，因为涉及的范围广，需交由同事或上级部门审核。另外，报告这类文档一般会有字数要求。本例对调查报告文档进行审校，涉及使用导航窗格查阅文档、拼音与语法的检查、字数统计以及添加批注和修订文档内容等操作。

3.2.1 使用导航窗口定位文档位置

导航窗格也称作文档结构图，它是一个完全独立的窗格，由文档中各个不同等级的标题组成，显示整个文档的层次结构。通过导航窗格可以对整个文档进行快速浏览和定位。导航窗格在 Word 中是一个强大的工具窗格，在审阅长文档时导航窗格的作用异常突出，通过它可快速定位所需位置。下面在"市场调查报告 .docx"文档中使用导航窗格快速查看标题内容和文档页面，具体操作步骤如下。

微课：使用导航窗口定位文档位置

第 1 部分

STEP 1　打开导航窗格

打开"市场调查报告 .docx"文档（素材 \ 第 3 章 \ 市场调查报告 .docx），选择【视图】/【显示】组，单击选中"导航窗格"复选框，此时将打开导航窗格的"标题"选项卡，可通览文档的标题结构。

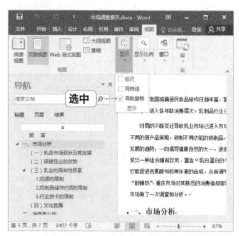

STEP 2　定位标题内容

在"标题"选项卡中单击某个文档标题，快速定位到相应的标题下查看文档内容，如单击"奶源的限制"标题，文档快速跳转到"奶源的限制"文本内容。

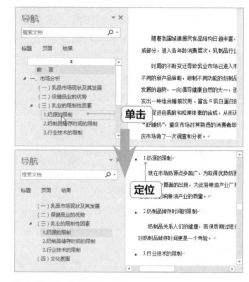

STEP 3　定位文档页面

❶在导航窗格中单击"页面"选项卡，可预览文档的页面；❷在其中单击页面缩略图可定位至该页面。

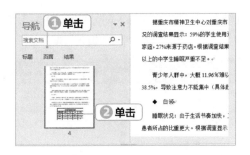

使用导航窗格完成跳转的前提

只有在文档中应用了各级标题样式，打开导航窗格后，在其中才会显示标题链接文本。因此，若通过导航窗格实现文本页面跳转，首先需设置标题样式。

3.2.2　使用大纲视图查阅文档

大纲视图就是将文档的标题进行缩进，以不同的级别展示标题在文档中的结构。当一篇文档过长时，可使用 Word 提供的大纲视图来帮助组织并管理长文档。与导航窗格相似，在大纲视图中更有利于查阅文档内容，同时可进行修改等操作。

微课：使用大纲视图查阅文档

1. 按标题级别查看

在大纲视图中，文档按照标题级别排列，查看时可快速按标题级别显示内容，有利于审阅。下面在"市场调查报告.docx"文档中按标题级别快速查看文档内容，具体操作步骤如下。

STEP 1　进入大纲视图

在【视图】/【视图】组中单击"大纲视图"按钮，进入大纲视图模式，此时将显示"大纲"选项卡。

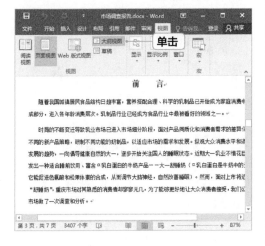

STEP 2　查看 1 级标题内容

在【大纲】/【大纲工具】组的"显示级别"下拉列表框中选择"1 级"选项，此时，在大纲视图中只显示 1 级标题内容。

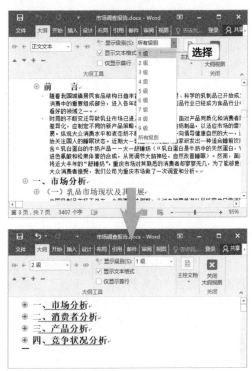

STEP 3 查看 2 级标题内容

在"显示级别"下拉列表框中选择"2 级"选项，此时显示 1 级和 2 级标题内容。

STEP 4 查看标题下的内容

在编辑区中，双击标题前面的 ⊕ 图标，此时将显示该标题下的正文内容。可分段查看文本内容，避免过多的文字内容造成视觉混淆。再次双击图标可隐藏正文内容。

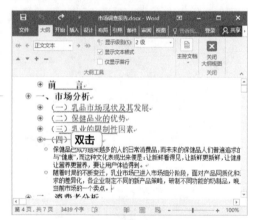

2. 更改标题级别

在大纲视图中，可以快速完成标题级别的更改。下面在"市场调查报告.docx"文档的大纲视图模式中将"前言"的标题级别由"2 级"提升为"1 级"，具体操作步骤如下。

STEP 1 进入大纲视图

❶将光标定位到"前言"文本中；❷在"大纲

工具"组的"正文文本"下拉列表框中选择"1 级"选项，或单击左侧的"提升"按钮。

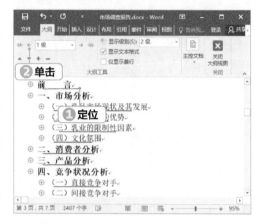

STEP 2 查看标题升级效果

此时，"前言"文本将与其他"1 级"标题文本位置对齐。完成查阅后，在"关闭"组中单击"关闭大纲视图"按钮，退出大纲视图，返回普通视图。

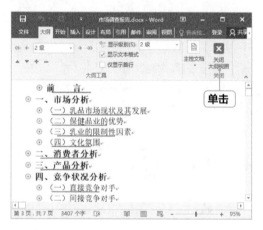

操作解谜

大纲视图中编辑和设置文档

在大纲视图中也可像在普通视图中一样，进行文档的编辑修改和格式设置等操作。

3.2.3 文本智能查错

在文档审校过程中，Word 2016 提供了多种智能查错方式，自动检查文本可能出现的错误，减少人工操作。常用的智能查错方式有检查拼写和语法错误、字数统计以及自动更正等，下面分别进行介绍。

微课：文本智能查错

1. 检查拼写和语法错误

在一定的语言范围内，Word 能自动检测文字语言的拼写和语法有无错误，便于用户及时检查并纠正错误。下面在"市场调查报告 .docx"文档中进行拼写和语法检查，具体操作步骤如下。

STEP 1 执行"拼写和语法"命令

❶ 将文本插入点定位到文档第 1 行行首；
❷ 选择【审阅】/【校对】组，单击"拼写和语法"按钮。

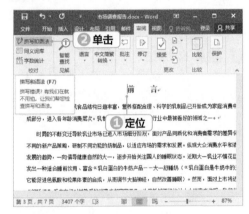

技巧秒杀

在输入文本时检查和修改语法错误

在 Word 中输入文本时，如果有语法错误，默认在输入的文本下显示波浪线。在波浪线上单击鼠标右键，在弹出的快捷菜单中执行"忽略一次"命令，将取消波浪线；也可根据波浪线提示修改。

STEP 2 忽略修改

在打开的"语法"窗格的"语法错误"文本框

中可查看文档中的语法错误，若确定上一个显示错误的语法无需修改，单击"忽略"按钮，忽略上一个语法错误并自动显示下一个语法错误。

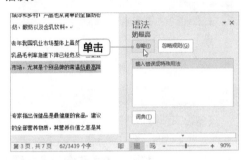

STEP 3 修改错误

当显示的语法错误需要修改时，可在文档中修改内容，这里将文档中显示波浪线的"现挤喝"更改为"现挤现喝"。

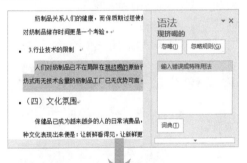

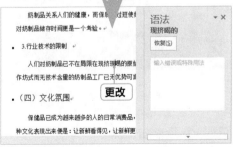

STEP 4 **完成拼写和语法检查**

单击"恢复"按钮，当文档中没有错误后，将关闭"语法"窗格，同时打开"拼写和语法检查完成"提示对话框，然后单击"确定"按钮完成拼写和语法检查。

2. 字数统计

在做论文或写报告时常常有字数要求，或在制作一些文档时，要求统计当前文档的行数，可是这类文档一般都很长，要手动统计非常麻烦。此时可利用 Word 提供的字数统计功能方便地对文章、某一页、某一段进行字数和行数统计。下面在"市场调查报告 .docx"文档中统计文档字数和行数，具体操作步骤如下。

STEP 1 **统计字数**

选择【审阅】/【校对】组，单击"字数统计"按钮。

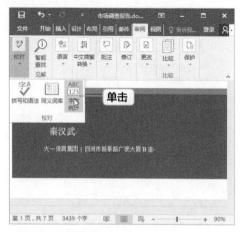

STEP 2 **查看统计信息**

在打开的"字数统计"对话框中可以看到文档的统计信息，如页数、字数、字符数、行数等，完成后单击"关闭"按钮。

3. 使用自动更正功能

Word 具有自动更正功能，在日常工作中使用该功能，能够有效提高编辑效率，并更正一些文档内容。下面在"市场调查报告 .docx"文档中使用自动更正功能，具体操作步骤如下。

STEP 1 **自动更正**

①单击"文件"选项卡，选择"选项"，打开"Word 选项"对话框，在左侧列表框中单击"校对"选项卡；②在"自动更正选项"栏中单击"自动更正选项"按钮。

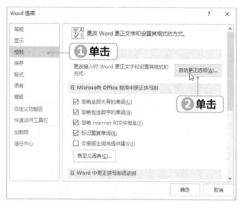

STEP 2 **取消句首英文字母大写**

①单击"自动更正"选项卡；② Word 2016 默认输入句首英文字母为大写，这里撤销选中"句首字母大写"复选框。

链接"复选框，取消输入网络路径时文本转换为超链接；❸单击"确定"按钮。

STEP 3 取消路径输入为超链接

❶单击"自动套用格式"选项卡；❷在"替换"栏中撤销选中"Internet 及网络路径替换为超

3.2.4 批注与修订文档内容

在工作中，有些文档需要上级审阅。上级审阅完毕后，通过 Word 的批注功能提出修改意见，或直接修订内容，编辑者可以按照批注对文档进行修订。修订后，编辑者需通过【审阅】/【更改】组对文本进行更改，下面将分别介绍批注、修订和更改的具体操作。

微课：批注与修订文档内容

1. 添加批注内容

上级在查看下级制作的文档时，如果需要对某处进行补充说明或提出建议，可添加批注内容。批注如同老师在修改作业时标注的错误说明一样，它主要用于提示他人或自己当前文本的错误、写作思路、如何修改和补充说明等情况。下面在"市场调查报告 .docx"文档中添

加批注，具体操作步骤如下。

STEP 1 插入批注框

❶选择要添加批注的文本，这里选择"（一）乳品市场现状及其发展"段落中的"乳品毛利率"文本内容；❷在【审阅】/【批注】组中单击"新建批注"按钮。

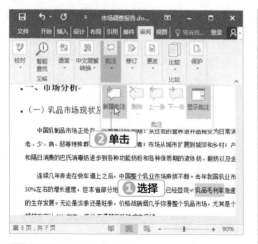

STEP 2　输入批注内容

在文档中插入批注框，并在批注框中输入所需的内容。

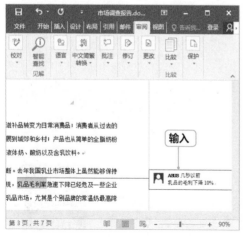

操作解谜

编辑者查看与删除批注

文档编辑者可在【审阅】/【批注】组中单击"下一条"或"上一条"按钮，跳转到上一条或下一条批注位置快速查看批注内容。根据批注修改文档后，将光标定位到批注框中，在"批注"组中单击"删除批注"按钮可删除该条批注。

STEP 3　插入其他批注

使用相同的方法在文档中继续插入批注框，并在批注框中分别输入所需的内容。

2. 修订文本内容

在审阅他人制作的文档时，可直接对其进行修改，并将修改的情况用不同颜色的文字和删除线表现出来，让原作者知道修改的内容。下面在"市场调查报告.docx"文档中对内容进行修订，具体操作步骤如下。

STEP 1　进入修订状态

选择【审阅】/【修订】组，单击"修订"按钮，在打开的下拉列表中选择"修订"选项。

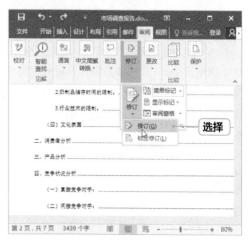

技巧秒杀

在审阅窗格中查看修订内容

选择【审阅】/【修订】组，单击"审阅窗格"按钮，打开"修订"窗格，在其中可查看所有批注和修订内容。

STEP 2　删除文本

选择文档中的"无论是淡季还是旺季，"文本，然后按【Delete】键，显示出文本被删除的状态。

> 中国乳制品市场正处在一个重要的转型期：从过去的营养滋补品转变老、少、病、弱等特殊群体扩大为所有消费者；市场从城市扩展到城郊和和隔日消费的巴氏消毒奶进步到各种功能奶粉和各种保质期的液体奶、酸~~
> 连续几年奔走在快车道上之后，中国整个乳业市场麻烦不断。去去我30%左右的增长速度，但本省部分地区供大于求的苗头已经显现，乳品毛的生存发展。~~无论是淡季还是旺季，~~价格战硝烟几乎弥漫整个乳品市场；幅甚至高达 50%左右，售价直逼甚至跌破成本底线。

STEP 3　更改文本

选择署名处的"50"文本，更改为"40"文本，此时可看到选择的"50"文本被划上了横线，而输入的"40"文本下方添加了下划线。

> 中国乳制品市场正处在一个重要的转型期：从过去的营养滋补品转变老、少、病、弱等特殊群体扩大为所有消费者；市场从城市扩展到城郊和和隔日消费的巴氏消毒奶进步到各种功能奶粉和各种保质期的液体奶、酸~~
> 连续几年奔走在快车道上之后，中国整个乳业市场麻烦不断。去去我30%左右的增长速度，但本省部分地区供大于求的苗头已经显现，乳品毛的生存发展。~~无论是淡季还是旺季，~~价格战硝烟几乎弥漫整个乳品市场；幅甚至高达 ~~50~~40左右，售价直逼甚至跌破成本底线。

STEP 4　添加文本

将文本插入点定位至"老中青"文本后面，并输入"消费"文本，此时可看到输入文本的下方添加了下划线。完成修订后，选择【审阅】/【修订】组，单击"修订"按钮退出修订状态。

> 随着时局的不断变迁，乳业市场已进入市场细分阶段，面对产品同质业制定不同的新产品策略，研制不同功能的奶制品，晚上奶成了当前市场
>
> **·二、消费者分析·**
>
> 如今牛奶的目标消费人群已十分广泛。面临着这样一个大的市场，"确，其消费定位锁定老中青消费人群。
>
> ◆ 青少年　**输入**

3. 接受与拒绝修订

审阅者对文档进行修订并返回给编辑者后，编辑者可以选择接受或拒绝修订建议，接受修订是指接受修改，拒绝修订是指不接受修改，返回为原内容。默认状态下，修订被嵌入在文档中，首先需要将修订显示出来。下面在"市场调查报告 .docx"文档中进行接受与拒绝修订内容的操作，具体操作步骤如下。

STEP 1　显示修订

打开文档后，选择【审阅】/【修订】组，在"显示以供审阅"下拉列表中选择"所有标记"按钮。

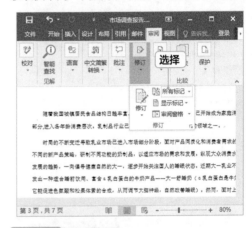

STEP 2　接受修订

❶选择【审阅】/【更改】组，单击"下一条"按钮；❷此时跳转到第一条修订内容处，在【审阅】/【更改】组中单击"接受"按钮下方的下拉按钮，在打开的下拉列表中选择"接受并移到下一条"选项，接受修订并移到下一条修订内容。

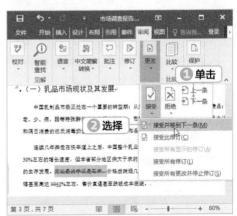

STEP 3 拒绝修订

在【审阅】/【更改】组中单击"拒绝"按钮下方的下拉按钮，在打开的下拉列表中选择"拒绝并移到下一条"选项，拒绝该次修订，返回原内容。

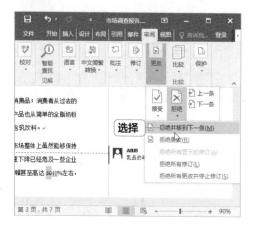

STEP 4 完成审校

在"消费"修订内容处，选择【审阅】/【更改】组，单击"接受"按钮下方的下拉按钮，在打开的下拉列表中选择"接受此修订"选项，接受修订，完成修订的编辑（效果\第3章\市场调查报告.docx）。

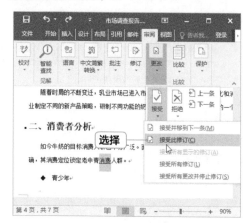

新手加油站 ——Word 排版打印与审校技巧

1. 将设置的样式应用于其他文档

为一个文档设置样式后，如果希望将这些样式应用到另外的文档，有一种很简单也很容易操作的方法，即将文档另存为一个扩展名为 .docx 的文档，名称可以为"空白模板"之类，然后删除其中的所有文字内容。再次打开这个文档，在里面输入需要的文字，然后就可以直接通过"样式"列表框选择已经设置过的样式。

2. 在"样式"窗格中显示或隐藏样式

打开一个 Word 文档，可能出现"样式"列表框中的样式较少的情况，如只有"标题 1"，而没有"标题 2""标题 3"等其他标题样式，这时可以将未出现的样式显示在"样式"列表框中，具体操作如下。

❶ 在【开始】/【样式】组中单击右下方的对话框扩展按钮，打开"样式"窗格。

❷ 单击"样式"窗格下方的"管理样式"按钮，打开"管理样式"对话框。

❸ 单击"推荐"选项卡，在样式列表中选择一种样式，如选择"标题 2"，然后单击下方的"显示"按钮，可在列表框中显示出"标题 2"，单击"使用前推荐"按钮和"隐藏"按钮，可将样式隐藏起来。完成设置后，单击"确定"按钮即可。

3. 设置修订内容的颜色和线型

选择【审阅】/【修订】组，单击"功能扩展"按钮，在打开的对话框中单击"高级选项"按钮，在打开的对话框中可设置修订内容的颜色、线型等。

4. 设置批注人的姓名

添加批注时，可以发现批注由两部分组成，一是冒号前，二是冒号后。冒号前表示批注者的名字及批注序号；冒号后表示批注的具体内容。在实际工作中，如果一个文档由多个人批注过，该如何知晓某个批注是谁的呢？其实可以对批注者的名字进行设置，在 Word 文档中，选择【文件】/【选项】组，打开"Word 选项"对话框，默认选择左侧的"常规"选项卡，在"对 Microsoft Office 进行个性化设置"栏的"用户名"和"缩写"文本框中输入个人的姓名。单击"确定"按钮。此后批注时，冒号前将显示设置好的缩写人名。

 高手竞技场 ——Word 排版打印与审校练习

1. 编排打印劳动合同

打开提供的素材文件"劳动合同 .docx"文档（素材\第 3 章\劳动合同 .docx），对文档进行编排，要求如下。

- 为文档中的"劳动合同"标题应用"标题"样式，字体样式修改为"方正大标宋简体，小一"。
- 将类似"第一条 试用期及录用"的章节标题应用"标题 2"样式，字体样式修改为"黑体，三号"。

- 应用"边线型"页眉样式和"信号灯"页脚样式。
- 为文档添加"怀旧"封面样式（进入页眉编辑状态，在【设计】/【选项】组中单击选中"首页不同"复选框，删除首页的页眉）和"自动目录1"目录样式。
- 在目录页插入分页符。
- 设置打印页面，然后预览效果并打印输出（效果\第3章\劳动合同.docx）。

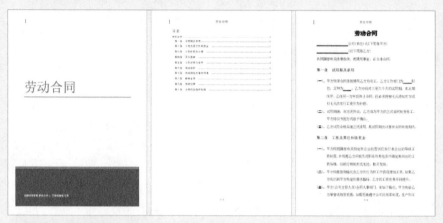

2. 审校"毕业论文"文档

在"毕业论文.docx"文档中（素材\第3章\毕业论文.docx）审校文档内容，要求如下。

- 打开素材文件，使用文档结构图查看文档。
- 在"摘要"页和"一、加强资金预算管理"段落添加批注。
- 在"降低企业成本途径分析"部分修订文本，删除重复的"产品"文本。
- 检查拼写与语法错误（效果\第3章\毕业论文.docx）。

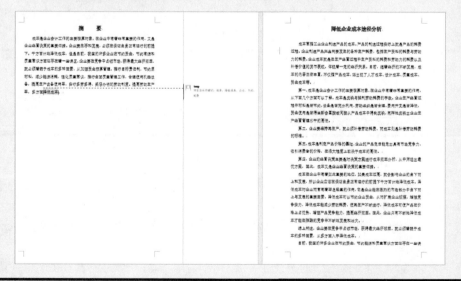

Office 软件办公

第4章

制作 Excel 表格

/ 本章导读

Excel 被广泛应用于生活和工作中，并起着相当大的作用。它可以帮助公司和个人完成日常表格内容的编辑工作，满足绝大部分办公需求。本章将介绍如何快速制作常规 Excel 表格。

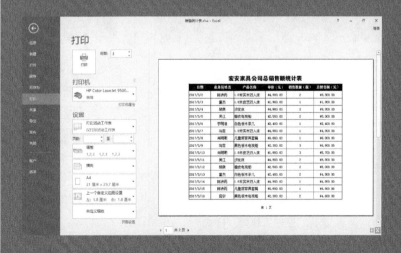

4.1 创建"员工信息登记表"工作簿

公司来了一批新员工,为了帮助公司领导对员工的情况有个基本的了解,上级要求制作"员工信息登记表",对员工的基本信息进行统计。下面将创建一个"员工信息登记表"工作簿,然后进行保存、打开和密码保护等工作表的基本操作。最后通过操作工作表,让工作簿的内容丰富起来,以便用户查看相关的表格。

4.1.1 工作簿的基本操作

Excel 在工作中多用于制作和编辑办公表格,它与 Word 类似,可以进行文字的输入、编辑、排版和打印,最主要的是进行数据的登记、计算,以及设计数据表格让数字信息一目了然。制作 Excel 表格,首先需要掌握工作簿的基本操作,主要是新建、打开和保存工作簿的方法,下面分别进行介绍。

微课:工作簿的基本操作

1. 新建工作簿

Excel 与 Word 是一个系列的软件,因此也可通过"开始"菜单启动并新建工作簿。除此之外,通常可在启动的 Excel 工作界面中单击"文件"按钮,通过"新建"界面新建空白工作簿,具体操作步骤如下。

STEP 1 **单击"文件"选项卡**
在启动的 Excel 工作界面中单击"文件"选项卡。

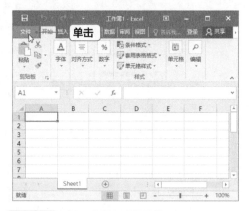

STEP 2 **选择"空白工作簿"样式**
❶在展开的面板中选择"新建"选项;❷在打开的界面中选择"空白工作簿"选项。

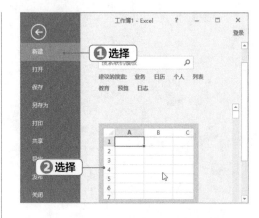

STEP 3 **新建工作簿 2**
此时完成新建操作,新建的工作簿将自动命名为"工作簿 2"。

2. 保存工作簿

保存工作簿是 Excel 中最基本的操作，同时也是进行一切数据输入、管理的前提。在表格中输入数据后，需要对工作簿进行保存，否则输入的数据将会丢失，具体操作步骤如下。

STEP 1 打开"另存为"界面

在新建工作簿的工具栏中单击"保存"按钮。

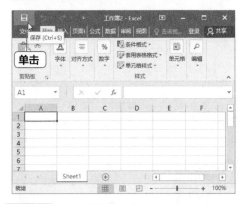

STEP 2 打开"另存为"对话框

在打开的"另存为"界面中双击"这台电脑"选项，或单击下方的"浏览"按钮。

技巧秒杀

直接保存与另存

首次保存表格，要求设置保存位置和名称，若保存已有的表格可直接单击"保存"按钮，也可执行"另存为"命令，将其另存到其他位置。

STEP 3 保存工作簿

❶在"另存为"对话框中选择保存文件的位置；❷在"文件名"文本框中输入工作簿名称"员工信息登记表"；❸单击"保存"按钮保存工作簿。

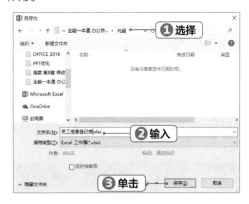

操作解谜

自动保存表格

使用了自动保存的表格在遇到问题时，再次启动Excel可自动打开上次未正确保存的表格。方法为：单击"文件"选项卡，选择"选项"选项，在打开的"Excel 选项"对话框中选择"保存"选项卡，然后在"保存工作簿"栏中单击选中"保存自动恢复信息时间间隔"复选框，并设置自动保存的间隔时间。

3. 多种方式打开已有工作簿

保存工作簿后，如果想要对工作簿进行编辑，就需要打开该工作簿。Excel 中打开已有工作簿的方式有多种，最常用的是双击文件图标打开、拖动到工作窗口打开以及通过"打开"对话框打开。下面使用这几种方法分别打开所需工作簿，具体操作步骤如下。

STEP 1 双击打开

打开工作簿的存储位置，直接双击文件图标。

STEP 2　打开的工作簿

此时启动 Excel 2016，打开"员工基本信息表 .xlsx"工作簿。

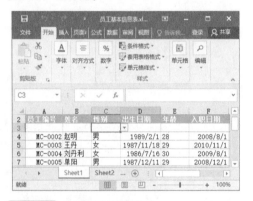

STEP 3　拖动打开工作簿

❶打开保存的工作簿文件夹，选择要打开的工作簿；❷按住鼠标左键不放，将其向 Excel 窗口的标题栏拖动，当鼠标指针下方出现⊞标记，释放鼠标。

STEP 4　查看打开的工作簿

此时将打开拖动的工作簿。

STEP 5　双击"这台电脑"选项

启动 Excel 2016 后，按【Ctrl+O】组合键，打开"打开"界面，双击"这台电脑"选项。

STEP 6　通过"打开"对话框打开

❶在"打开"对话框中，选择工作簿保存的位置；❷双击要打开的工作簿。

4. 保护工作簿

为了防止存放重要数据的工作簿在未经授权的情况下被修改,可利用 Excel 的保护功能设置密码来保护重要的工作簿。下面在新建的"员工信息登记表 .xlsx"工作簿中设置密码保护,具体操作步骤如下。

STEP 1　选择"用密码进行加密"选项

❶在"员工信息登记表 .xlsx"工作簿中选择【文件】/【信息】组,在打开的界面中单击"保护工作簿"按钮;❷在打开的下拉列表中选择"用密码进行加密"选项。

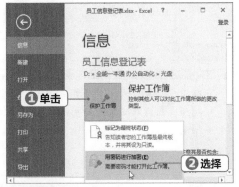

STEP 2　设置密码

❶打开"加密文档"对话框,在"密码"文本框中输入密码"12345";❷单击"确定"按钮。

技巧秒杀

撤销对工作簿的保护

如果要撤销对工作簿的保护,执行相同操作,单击"保护工作簿"按钮,在打开的"加密文档"对话框和"确认密码"对话框中依次删除密码即可。

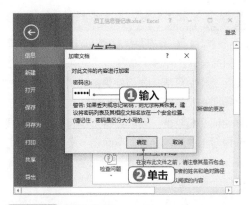

STEP 3　确认密码

❶在打开的"确认密码"对话框的"再次输入密码"文本框中输入相同密码;❷单击"确定"按钮。此后,打开表格时需要输入密码。

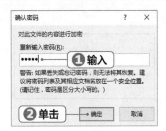

操作解谜

保护工作簿的结构

使用"保护工作簿"功能对工作簿进行设置,可防止对工作簿的结构进行修改,如复制、删除工作表等。方法为:选择【审阅】/【更改】组,单击"保护工作簿"按钮,打开"保护结构和窗口"对话框,单击选中"结构"复选框,在打开的对话框中依次输入相同密码。

4.1.2　工作表的基本操作

工作簿的组成部分是工作表,熟悉工作簿的各项操作后,需要掌握对工作表的操作,工作表是表格内容的载体,熟练掌握各项操作可以轻松输入、编辑和管理数据,下面将分别介绍插入、移动和复制以及为工作表重命名等操作。

微课:工作表的基本操作

1. 插入和重命名工作表

Excel 2016 在默认状态下，新建的工作簿中只有一张工作表，命名为"Sheet1"，而在实际工作中可能需要用到更多的工作表，此时就需要在工作簿中插入新的工作表，并且为了方便记忆和管理，通常会将工作表命名为与展示内容相关联的名称。下面在"员工信息登记表.xlsx"工作簿中插入和重命名工作表，具体操作步骤如下。

STEP 1 **执行"插入"命令**

在"员工信息登记表.xlsx"工作簿的"Sheet1"工作表名称上单击鼠标右键，在弹出的快捷菜单中选择"插入"选项。

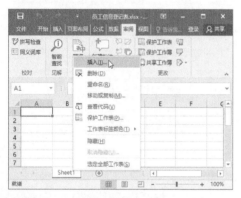

STEP 2 **选择插入工作表的类型**

❶在打开的"插入"对话框中单击"常用"选项卡；❷在下方的列表框中选择"工作表"选项；❸单击"确定"按钮。

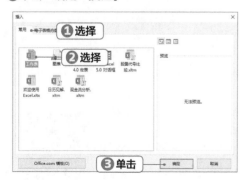

STEP 3 **插入空白工作表**

此时将在"Sheet1"工作表的左侧插入一张空白的工作表，并自动命名为"Sheet2"。

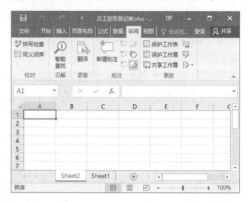

技巧秒杀

通过功能区直接插入空白工作表

在【开始】/【单元格】组中单击"插入"选项，在打开的下拉列表中选择"插入工作表"选项，可直接在当前工作表中插入空白工作表。

STEP 4 **执行"重命名"命令**

在"Sheet2"工作表名称上单击鼠标右键，在弹出的快捷菜单中选择"重命名"选项。

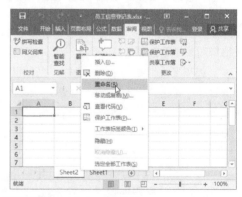

STEP 5 **输入工作表名称**

此时工作表标签呈可编辑状态，在其中输入工作表名称即可，这里输入"员工信息登记"。

第1部分

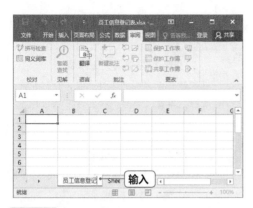

STEP 6 完成重命名

输入完成后按【Enter】键即可，使用相同方法，将"Sheet1"工作表重命名为"职业生涯"。

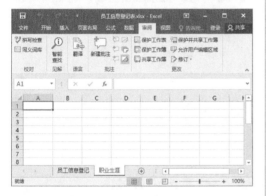

技巧秒杀

双击标签重命名

　　在工作表名称上双击，可直接进入编辑状态，然后重命名工作表。

2. 移动、复制和删除工作表

　　在实际工作中，有时会将某些表格内容集合到一个工作簿中，此时利用移动或复制工作表的方法可有效提高工作效率。而对于工作簿中不需要的工作表，可予以删除。下面将素材中的"员工信息登记.xlsx"和"员工基本信息表.xlsx"工作簿中的工作表移动或复制到"员工信息登记表.xlsx"工作簿中，然后删除该工作簿中多余的工作表，具体操作步骤如下。

STEP 1 选择"移动或复制工作表"选项

❶打开"员工信息登记"和"员工基本信息表"工作簿（素材\第4章\员工信息登记.xlsx、员工基本信息表.xlsx），在"员工基本信息表"工作簿中选择【开始】/【单元格】组，单击"格式"按钮；❷在打开的下拉列表中选择"移动或复制工作表"选项。

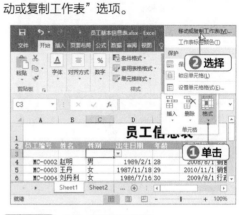

STEP 2 移动或复制工作簿

❶打开"移动或复制工作表"对话框，在"工作簿"下拉列表框中选择"员工信息登记表.xlsx"选项；❷在"下列选定工作表之前"列表框中选择"（移至最后）"选项；❸单击选中"建立副本"复选框，复制工作表；❹单击"确定"按钮。

STEP 3 移动到不同工作簿中

❶在"员工信息登记.xlsx"工作簿中选择"信息登记"工作表，然后按住鼠标左键不放，拖动鼠标，将"信息登记"工作表移至"员工信息登

记表"工作簿的工作表标签处（若复制则需按住【Ctrl】键拖动）；❷释放鼠标左键，可看到移动工作表后的效果。

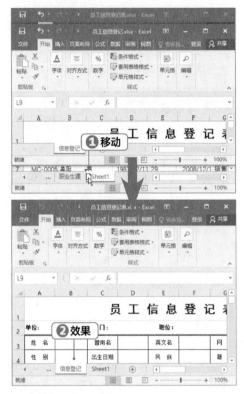

第1部分

STEP 4　删除工作表

在空白的"员工信息登记"工作表标签上单击鼠标右键，在弹出的快捷菜单中选择"删除"选项，删除工作表。

操作解谜

删除包含数据的工作表

在删除包含数据的工作表时，将打开提示对话框，单击"删除"按钮即可确认删除包含数据的工作表。

STEP 5　在同一个工作簿中移动工作表

在"员工信息登记表.xlsx"工作簿中选择"职业生涯"工作表，然后按住鼠标左键，拖动鼠标，将"职业生涯"工作表移至工作表最后（若复制则需按住【Ctrl】键拖动）。

STEP 6　查看新建后的效果

在"员工信息登记表.xlsx"工作簿中将"Sheet1"工作表重命名为"基本信息"。至此，已经新建了包含"信息登记""基本信息""职业生涯"3个工作表的"员工信息登记表"工作簿。

3. 隐藏和显示工作表

为了防止重要的数据信息外泄，可以将含有重要数据的工作表隐藏起来，需要使用的时候再将其显示出来。下面在"员工信息登记表.xlsx"工作簿中介绍隐藏和显示工作表的方法，具体操作步骤如下。

STEP 1　执行"隐藏工作表"命令

❶在工作簿中按住【Ctrl】键不放并选择"基本信息"和"职业生涯"工作表，在【开始】/【单元格】组中单击"格式"按钮，在打开的下拉列表中选择"隐藏和取消隐藏"选项；❷在打开的列表中执行"隐藏工作表"命令。

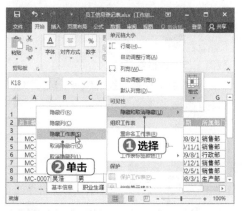

STEP 2　隐藏工作表

返回工作簿，此时可发现"基本信息"和"职业生涯"工作表被隐藏起来。

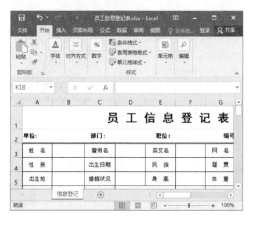

STEP 3　取消隐藏

在任何工作表的名称标签上单击鼠标右键，在弹出的快捷菜单中选择"取消隐藏"命令。

STEP 4　显示工作表

❶打开"取消隐藏"对话框，在"取消隐藏工作表"列表框中选择要取消隐藏的工作表；❷单击"确定"按钮，重新显示"基本信息"工作表。

4. 设置工作表标签颜色

Excel中默认的工作表标签颜色是相同的，为了区别工作簿中各个不同的工作表，除了可对工作表进行重命名外，还可以为工作表的标签设置不同颜色加以区分。下面在"员工信息登记表"工作簿中将"信息登记"工作表标签的颜色设置为"红色",具体操作步骤如下。

❶在"员工信息登记表.xlsx"工作簿的"信息登记"工作表标签上单击鼠标右键,在弹出的快捷菜单中选择"工作表标签颜色"选项;

❷在弹出的子菜单中选择"红色"选项。

STEP 2 查看标签颜色效果

此时工作表标签显示为所选的颜色,完成后保存工作簿即可(效果\第4章\员工信息登记表.xlsx)。

技巧秒杀

取消工作表标签的颜色

要取消工作表标签的颜色,只需单击鼠标右键,在弹出的快捷菜单中选择"无颜色"选项。

4.2 编辑"办公用品信息表"工作簿

"办公用品信息表"主要用于对办公用品的信息进行登记,一般包括办公用品的名称、规格、单位、单价等内容,以便掌握公司办公用品的基本使用情况。本例主要涉及数据的输入与编辑等操作,如在多个单元格中输入相同数据、填充有规律的数据,以及修改、复制、替换数据等。

4.2.1 输入数据

在 Excel 表格中,数据是构成表格的基本元素,常见类型包括数字、文本、日期和时间等。除了直接输入数据外,还可在 Excel 中通过填充数据的方式输入相同或有规律的数据。下面分别介绍输入一般数据、输入相同和有规律的数据的方法。

微课:输入数据

1. 输入常规数据

在单元格中输入数据时,首先选择单元格或双击单元格,然后直接输入数据,按【Enter】

键确认输入。输入各类普通数据的方法包括以下5种。

● 输入一般数字:选择需要输入数字的单元

格，在其中直接输入所需数据后按【Enter】键即可。单元格中可显示的最大数字为 999 9999 9999，当超过该值时，Excel 会自动以科学记数方式显示。

● 输入文本内容：默认状态下，Excel 中输入的中文文本都将呈左对齐方式显示在单元格中。当输入文本超过单元格宽度时，将自动延伸到右侧单元格中显示。

● 输入负数：输入负数时可在前面添加 "−" 号，或是将输入的数字用圆括号括起。如输入 "−1" 或 "（1）"，在单元格中都会显示为 −1。

● 输入分数：输入分数的规则为 "0+ 空格 + 数字"，如输入 "0 4/5" 时可得到 "4/5"，此时为真分数；如输入 "0 5/4" 将得到 "1 1/4"，此时为假分数。输入分数时，在编辑栏中将显示为小数，如 "0.8" "1.25"。

● 输入小数：输入小数时，小数点的输入方法为直接按小键盘中的【Del】键。输入的小数过长时在单元格中将会显示不全，此时可在编辑栏中进行查看。

2. 在多个单元格中输入相同的数据

在制作工作簿时，有时需要输入一些相同的数据，手动输入这些数据会浪费工作时间。为此，Excel 专门提供了快速填充数据的功能，可以大大提高输入数据的准确性和工作效率。另外，也可在选择多个单元格后同时输入数据。下面在 "办公用品信息表 .xlsx" 工作簿中利用不同的方式输入"单位"，具体操作步骤如下。

STEP 1 填充相同数据

❶打开"办公用品信息表 .xlsx"工作簿（素材\第 4 章\办公用品信息表 .xlsx），在 C3 单元格中输入单位"个"；❷将鼠标指针移动到 C3 单元格的右下角，当鼠标指针变为＋字形状时，按住鼠标左键不放并拖动到目标单元格位置，这里拖动至 C6 单元格。

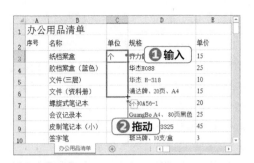

STEP 2 通过组合键输入相同数据

❶选择 C7:C15 单元格区域，输入"本"；❷按【Ctrl+Enter】组合键，在选择的单元格中将同时输入"本"。

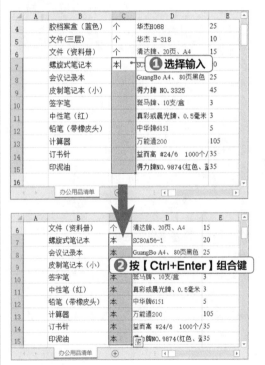

技巧秒杀

填充输入相同的日期

在单元格中输入日期时，如输入 "5 月 7 日"，拖动鼠标，此时将以 "5 月 8 日" "5 月 9 日"的方式进行输入。

3. 填充有规律的数据

在 Excel 中，除了使用鼠标左键拖动自动填充相同数据外，还可通过"序列"对话框快速填充等差序列、等比序列、日期等特殊的数据。下面在"办公用品信息表.xlsx"工作簿中输入编号，具体操作步骤如下。

STEP 1　选择"系列"命令

❶打开"办公用品信息表.xlsx"工作簿（素材\第4章\办公用品信息表.xlsx），在 A3 单元格中输入编号"101"；❷选择 A3:A15 单元格区域，在【开始】/【编辑】组中单击"填充"按钮，在打开的下拉列表中选择"序列"选项。

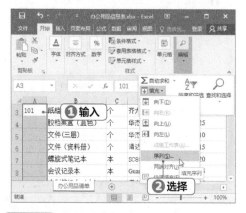

STEP 2　等差序列填充

❶打开"序列"对话框，在"序列产生在"栏中单击选中"列"单选项；❷在"类型"栏中选择要填的类型，这里单击选中"等差序列"单选项；❸在"步长值"文本框中输入"5"；❹单击"确定"按钮。

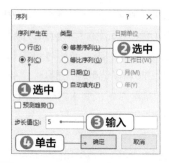

STEP 3　查看填充效果

返回工作簿，可看到 A3:A15 单元格区域已填充了数据。

 操作解谜

使用鼠标填充有规律的数据

在该例中，填充编号数值时，可在按住【Ctrl】键的同时拖动鼠标，将直接以"1"为单位进行递增填充；或先在C3和C4单元格中输入"101"和"106"，然后拖动鼠标，也可按照以"5"为单位的方式递增填充。

4.2.2　编辑数据

如果在输入数据的过程中出现输入错误，需要对数据进行修改，这个过程就是数据编辑。数据的编辑不是只对错误的数据进行修改这么简单，还包括设置数据的格式以及数据的删除、查找与替换等，掌握适合的方法，将对表格的编辑带来便利，下面分别介绍编辑数据的多种方法。

微课：编辑数据

1. 修改数据

在输入数据时，难免会输入错误的数据信息，发现错误后就需要对其中的数据进行修改。在修改的过程中选择适当的修改方法，将使修改过程变得简单，从而提高编辑表格的效率。通常通过编辑栏修改数据或在单元格中修改数据。下面在"办公用品信息表.xlsx"工作簿中修改"单位"数据，具体操作步骤如下。

STEP 1　在单元格中修改

在"办公用品信息表.xlsx"工作簿中双击需要修改数据的单元格，将光标定位到单元格中，然后重新输入数据。

STEP 2　在编辑栏中修改

选择需要修改数据的单元格，然后将光标定位到编辑栏中，拖动鼠标选择需要修改的数据，然后重新输入。

操作解谜

在单元格与编辑栏中修改数据的区别

通过单元格修改数据更加直观，而在编辑栏中可修改长文本数据。

STEP 3　查看修改结果

利用相同方法修改其他"单位"数据，最终效果如下图所示。

技巧秒杀

删除单元格中的数据

需要删除数字、文本等一般数据和符号时，可先选择数据所在的单元格，然后按【Delete】键，或在单元格中选择数据内容，按【Delete】键或【Backspace】键删除。

2. 移动和复制数据

在制作数据量较大且部分数据相同的表格时，如果重复输入将浪费很多时间，此时可利用 Excel 提供的剪切或复制功能进行快速编辑。下面在"办公用品信息表.xlsx"工作簿中利用移动、复制功能修改"备注"内容，具体操作步骤如下。

STEP 1　剪切数据

❶在"办公用品信息表.xlsx"工作簿中选择需要复制的单元格，这里选择 F3 单元格；❷选

择【开始】/【剪贴板】组，单击"剪切"按钮，剪切单元格数据。

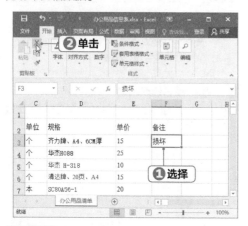

STEP 2 **粘贴数据**

❶选择目标单元格，这里选择 F5 单元格；❷选择【开始】/【剪贴板】组，单击"粘贴"按钮，粘贴单元格数据。

第1部分

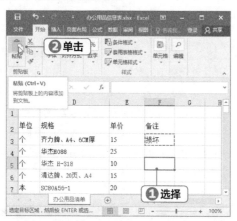

STEP 3 **使用鼠标右键复制数据**

选择 F5 单元格，单击鼠标右键，在弹出的快捷菜单中执行"复制"命令。

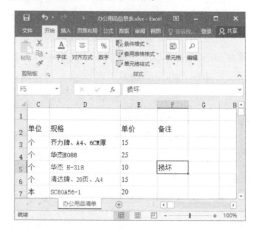

STEP 4 **查看效果**

选择 F8 和 F11 单元格，选择【开始】/【剪贴板】组，单击"粘贴"按钮，粘贴单元格数据，最终效果如下图所示。

技巧秒杀

剪切、复制与粘贴的快捷键

选择需要复制或剪切的单元格，按【Ctrl+C】组合键复制或按【Ctrl+X】组合键剪切单元格数据。然后选择目标单元格，按【Ctrl+V】组合键完成粘贴或移动操作。

操作解谜

复制与移动的区别

复制操作是指将选择的单元格数据内容复制到其他单元格，而源数据保持不变，仍保留在原位置。剪切操作是指将数据内容移动到其他单元格位置，而源数据被删除。

3. 查找和替换数据

　　编辑单元格中的数据时，有时需要在大量的数据中进行查找和替换操作，如果使用逐行逐列的方式进行查找和替换将非常麻烦，此时可利用 Excel 的查找和替换功能快速定位到满足查找条件的单元格，迅速将单元格中的数据替换为需要的数据。下面在"办公用品信息表 .xlsx"工作簿中查找和替换"文件"文本，具体操作步骤如下。

STEP 1　打开"查找和替换"对话框

❶在"办公用品信息表 .xlsx"工作簿中选择任意一个单元格，选择【开始】/【编辑】组，单击"查找和选择"按钮；❷在打开的下拉列表中选择"查找"选项。

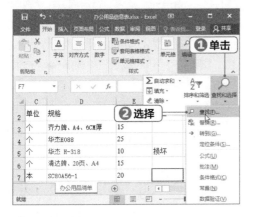

技巧秒杀

查找和替换的快捷键

　　在工作簿中，按【Ctrl+F】组合键可打开"查找和替换"对话框的"查找"选项卡；按【Ctrl+H】组合键则可打开"查找和替换"对话框的"替换"选项卡。

STEP 2　查找第一个数据

❶打开"查找和替换"对话框的"查找"选项卡，在"查找内容"下拉列表框中输入查找内容，这里输入"文件"；❷单击"查找下一个"按钮，查找当前工作表中第一个符合条件的单元格。

STEP 3　查找所有数据

单击"查找全部"按钮，在"查找和替换"对话框下方的列表框中将显示当前工作表中所有符合条件的单元格，在单元格栏中将显示单元格所在的行列位置。

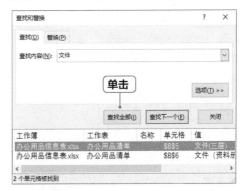

技巧秒杀

查找和替换表格区域内的数据

　　设置了查找内容与替换为内容后，如果只想对工作表中的某个区域进行替换，此时可返回工作界面，选择单元格区域，然后再次打开"查找和替换"对话框，系统默认保留查找和替换内容，直接进行替换操作即可。对于工作表中设置了数字格式的数据，查找的内容将以实际数值为准，并不是应用格式后的显示内容。

第 4 章　制作 Excel 表格

STEP 4 替换数据

❶单击"替换"选项卡，在"替换为"下拉列表框中输入替换的数据，这里输入"文件夹"；❷单击"全部替换"按钮；❸在打开的对话框中显示替换的个数，单击"确定"按钮，确认替换。

STEP 5 查看效果

关闭"查找与替换"对话框，返回工作界面，即可看到替换后数据的效果。

4. 设置数据类型

不同领域对单元格中数字的类型有不同的需求，因此Excel提供了多种数字类型，如数值、货币、日期等，这些类型都可通过"设置单元格格式"对话框进行设置。下面在"办公用品信息表.xlsx"工作簿中设置"单价"的数字格式，具体操作步骤如下。

STEP 1 执行"设置单元格格式"命令

在"办公用品信息表.xlsx"工作簿中选择E3:E15单元格区域，单击鼠标右键，在弹出的快捷菜单中选择"设置单元格格式"选项。

STEP 2 设置货币格式

❶打开"设置单元格格式"对话框，在"数字"选项卡中的"分类"列表框中选择"货币"选项；❷在"小数位数"后的数值框中输入"2"；❸在"货币符号"下拉列表框中选择"￥"选项；❹单击"确定"按钮。

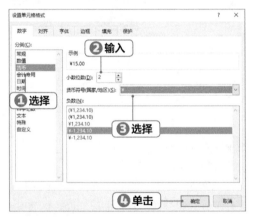

技巧秒杀

应用内置的数字格式

选择单元格区域后，在【开始】/【数字】组的下拉列表中选择相应选项可为数据快速应用内置的数字格式。

STEP 3 查看效果

查看将数字设置为"货币"格式后的效果。

	B	C	D	E	F
4	胶档案盒（蓝色）	个	华杰H088	¥25.00	
5	文件夹（三层）	个	华杰 H-318	¥10.00	损坏
6	文件夹（资料册）	个	清达牌、20页、A4	¥15.00	
7	螺旋式笔记本	本	SC80A56-1	¥20.00	
8	会议记录本	本	GuangBo A4、80页黑色	¥25.00	损坏
9	皮制笔记本（小）	本	得力牌 NO.3325	¥45.00	
10	签字笔	支	斑马牌、10支/盒	¥3.00	
11	中性笔（红）	支	真彩或晨光牌、0.5毫米	¥3.00	损坏
12	铅笔（带橡皮头）	支	中华牌6151	¥5.00	
13	计算器	台	万能通200	¥105.00	
14	订书针	盒	益而高 #24/6 1000个/小	¥35.00	

办公用品清单

操作解谜

输入以"0"开头的数字

默认状态下，以"0"开始的数据，在单元格中输入后不能正确显示，此时可以通过相应的设置避免这种情况发生。方法为：选择要输入如"0101"类型数字的单元格，然后打开"设置单元格格式"对话框，选择"数字"选项卡，在"分类"列表框中选择"文本"选项，然后单击"确定"按钮即可。

4.2.3 单元格的基本操作

在输入数据的过程中出现输入错误该怎么办呢？当然要对数据进行修改，修改的过程涉及单元格的各项基本操作，下面分别介绍单元格的操作方法。

微课：单元格的基本操作

1. 单元格的选择技巧

单元格是工作表的重要组成元素，是数据输入和编辑的直接场所，编辑各类表格时，选择单元格区域是一项频繁操作。根据需要选择最合适、最有效的单元格选择方法，会提高编辑制作表格的效率。下面将介绍几种选择单元格区域的常用方法。

- 选择单个单元格：直接使用鼠标单击需要选择的单元格。
- 选择相邻的单元格区域：首先选择目标区域内左上角的单元格，然后按住鼠标左键不放并拖动至目标区域，释放鼠标即可选择拖动过程中框选的所有单元格；或在选择左上角单元格后，按住【Shift】键不放，单击右下角最后一个单元格，即可选中所需区域且所选单元格区域背景呈蓝色显示。
- 选择不相邻的单元格区域：按住【Ctrl】键，同时选择其他单元格或区域，即可选择多个不相邻的单元格，被选择的单元格区域背景将呈蓝色显示。

- 选择整行/列单元格：单击行号或列标即可选择整行/列。与选择单元格区域类似，利用【Ctrl】或【Shift】键可选择相邻或不相邻的多行/列。
- 选择当前数据区域：先单击数据区域中的任意一个单元格，然后按【Ctrl+A】组合键即可选择当前数据区域。

2. 合并与拆分单元格

为了使制作的表格更加专业和美观，有时需要将表格中的多个单元格合并为一个单元格。在修改表格内容时，可能需要将合并的单元格拆分，再重新选择区域合并。下面在"办公用品信息表.xls"工作簿中练习合并和拆分单元格的操作，具体操作步骤如下。

STEP 1 合并标题

在"办公用品信息表.xlsx"工作簿中选择 A1:F1 单元格区域，在【开始】/【对齐方式】

组中单击"合并后居中"按钮。

STEP 2 查看合并效果

此时,标题所在单元格区域已合并。

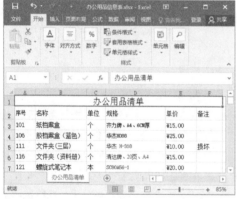

操作解谜

不连续的单元格不能合并

需要注意的是,在进行单元格合并操作时,只能合并连续相邻的单元格,而不连续的单元格是不能进行合并操作的。

STEP 3 选择"设置单元格格式"命令

在表格中添加内容后,需要重新合并新的标题区域,在合并前需要拆分单元格,只需在合并单元格的标题上单击鼠标右键,在弹出的快捷菜单中选择"设置单元格格式"选项。

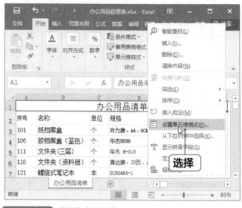

STEP 4 拆分单元格

❶打开"设置单元格格式"对话框,在"文本控制"栏中撤销选中"合并单元格"复选框;❷单击"确定"按钮。

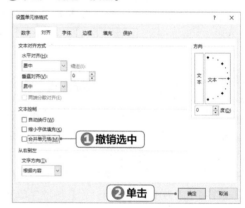

技巧秒杀

再次单击"合并后居中"按钮取消合并

在实际操作中,对于已经合并的单元格,可先选择该单元格,再次单击"合并后居中"按钮取消合并单元格。本例是为了讲解不同的设置方法。

STEP 5 重新合并

❶此时合并的标题区域被拆分,标题将显示在A1单元格中;❷选择A1:G1单元格区域,将标题重新合并,此时可看到合并与拆分单元格前后的对比效果。

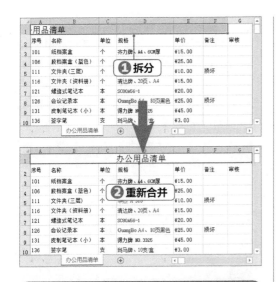

3. 插入和删除单元格

对工作表进行编辑时，如果需要在原表格的基础上添加遗漏的数据，可在工作表中插入所需单元格区域，然后输入数据；如果有重复或不再需要的数据，则可将数据所在的单元格删除。下面在"办公用品信息表.xlsx"工作簿中将第 12 行单元格删除，在第 7 行单元格上方插入整行单元格，并输入新的"笔筒"数据，具体操作步骤如下。

STEP 1 选择"删除"命令

在"办公用品信息表.xlsx"工作簿中的 B12 单元格上单击鼠标右键，在弹出的快捷菜单中选择"删除"选项。

STEP 2 删除整行单元格

❶打开"删除"对话框，在"删除"栏中单击

选中"整行"单选项；❷单击"确定"按钮。

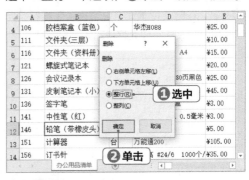

STEP 3 插入行

❶在第 7 行任意位置的单元格上单击鼠标右键，在弹出的快捷菜单中选择"插入"选项，打开"插入"对话框，在"插入"栏中单击选中"整行"单选项；❷单击"确定"按钮。

操作解谜

"插入"和"删除"对话框中各选项的作用

在"插入"和"删除"对话框中各单选项的作用分别是：单击选中"右侧单元格左移"单选项，删除选择的单元格后，右侧的单元格将向左侧移动到删除的单元格位置；单击选中"下方单元格上移"单选项，删除选择的单元格后，下方的单元格将向上移动到删除的单元格位置；单击选中"整行"单选项，将删除单元格所在的整行；单击选中"整列"单选项，将删除单元格所在的整列。

STEP 4　在插入的整行单元格中输入数据

❶此时，在第 7 行单元格上方插入了整行单元格；❷然后在该行单元格中输入相应数据。

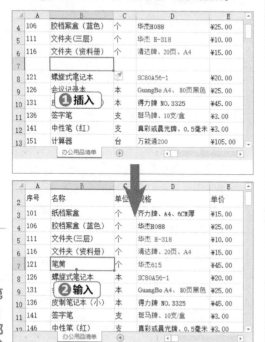

技巧秒杀

插入数据单元格

选择某行或某列数据单元格进行复制，单击鼠标右键，在弹出的快捷菜单中执行"插入复制的单元格"命令，可快速插入复制的单元格区域。

4. 设置单元格行高和列宽

当工作表中的行高或列宽不合理时，将直接影响单元格中数据的显示，此时需要对行高和列宽进行调整和修饰。下面在"办公用品信息表 .xlsx"工作簿中通过不同方法调整行高或列宽，设置精确的值，以达到整体统一，具体操作步骤如下。

STEP 1　拖动鼠标调整行高

在"办公用品信息表 .xlsx"工作簿中将鼠标指针移到第 1 行行标下方，当鼠标指针变为 ＋ 样式后，向下拖动鼠标，至合适位置后释放鼠标（在上方将同步显示高度），调整标题所在单元格的行高。

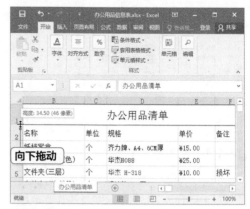

STEP 2　自动调整列宽

❶选择 A2:G15 单元格区域，在【开始】/【单元格】组中单击"格式"按钮；❷在打开的下拉列表中选择"自动调整列宽"选项。

STEP 3　查看完成后的效果

此时，选中的 A2:G15 单元格区域的单元格列宽将根据单元格数据长度自动调整到合适的列宽，查看调整后的效果。

第 1 部分

返回工作表，此时可看到编辑完成后的"办公用品信息表 .xlsx"工作簿效果（效果 \ 第 4 章 \ 办公用品信息表 .xlsx）。

STEP 4 设置行高

❶保持选择 A2:G15 单元格区域，在【开始】/【单元格】组中单击"格式"按钮，在打开的下拉列表中选择"行高"选项，打开"行高"对话框，在"行高"文本框中输入行高数值；
❷单击"确定"按钮。

4.3 美化与打印"员工考勤表"工作簿

　　"员工考勤表"是公司从事行政工作的员工最常制作的表格之一，用于记录员工在上班期间迟到、请假、扣除工资的处罚等情况，通常需将考勤表打印到纸张上并在内部进行公布。通常在打印输出前，会将考勤表进行简单的美化，并且可突出迟到等信息。本例主要涉及美化和打印的操作，具体包括字体格式、对齐格式、底纹和边框，以及打印设置等。

4.3.1 设置单元格格式

　　用 Excel 制作的表格不仅仅是给自己看，有时候需要打印出来提交上级部门审阅，如果表格仅仅是内容翔实，恐怕难以给领导留下好感。因此需要对表格进行美化操作，对单元格中数据的对齐方式、字体格式和边框样式等进行设置，使表格的版面美观、数据清晰，下面分别介绍各知识点。

微课：设置单元格格式

1. 设置字体格式

　　在单元格中输入的数据都是 Excel 默认的字体格式，这让制作完成后的表格看起来没有

主次之分，为了让表格内容表现得更加直观，利于以后对表格数据的进一步查看与分析，可对单元格中的字体格式进行设置。下面在"员

第 **4** 章 制作 Excel 表格

工考勤表.xlsx"工作簿中设置字体格式，具体操作步骤如下。

STEP 1 选择"设置单元格格式"命令

打开"员工考勤表.xlsx"工作簿（素材\第4章\员工考勤表.xlsx），选择合并后的A1:J1单元格，然后单击鼠标右键，在弹出的快捷菜单中选择"设置单元格格式"选项。

第1部分

STEP 2 设置字体格式

❶打开"设置单元格格式"对话框，单击"字体"选项卡，在"字体"列表框中选择"方正大黑简体"选项；❷在"字形"列表框中选择"加粗"选项；❸在"字号"列表框中选择"24"选项；❹单击"确定"按钮。

STEP 3 设置表头字体格式

❶选择A2:J2单元格区域，在"字体格式"下拉列表框中选择"黑体"选项；❷在"字体大小"

下拉列表框中选择"12"选项，设置表头字体。

STEP 4 查看效果

利用相同的方法将A3:J34单元格区域的内容字号设置为"12"，查看完成后的效果。

2. 设置对齐格式

在Excel中，不同的数据默认有不同的对齐方式，为了更方便地查阅表格，使表格更加美观，不至于杂乱无章，可设置单元格中数据的对齐方式。方法很简单，只需在【开始】/【对齐方式】组中单击相应按钮。下面在"员工考勤表.xlsx"工作簿中设置单元格的居中对齐，具体操作步骤如下。

STEP 1 设置为居中对齐

在"员工考勤表.xlsx"工作簿中选择A2:J34

单元格区域，选择【开始】/【对齐方式】组，单击"居中对齐"按钮。

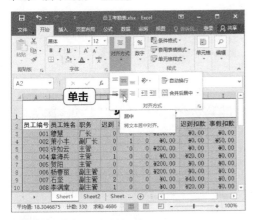

STEP 2　查看对齐效果

返回表格，可看到数据已经居中对齐，对齐后的效果如下图所示。

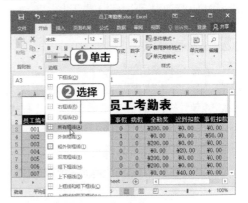

3. 添加边框和底纹

　　默认情况下，Excel 表格的边线是不能打印输出的，有时为了适应办公的需要常常要求打印出表格的边框，此时就可为表格添加边框。为了突出显示内容，还可为某些单元格区域设置底纹颜色。下面在"员工考勤表.xlsx"工作簿中设置边框与底纹，具体操作步骤如下。

STEP 1　填充表头单元格底纹

❶在"员工考勤表.xlsx"工作簿中选择 A2:J2 单元格区域，首先将字体颜色设置为"白色"，然后选择【开始】/【字体】组，单击"填充颜色"按钮；❷在打开的下拉列表中选择"黑色，文字 1"选项。

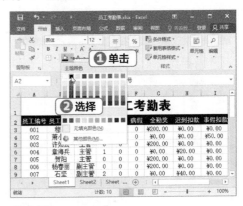

STEP 2　添加边框

❶选择 A3:J34 单元格区域，选择【开始】/【字体】组，单击"边框"按钮；❷在打开的下拉列表中选择"所有框线"选项。

在"设置单元格格式"对话框中设置边框

　　为表格添加边框，还可在"设置单元格格式"对话框的"边框"选项卡中进行。在"样式"栏中设置边框线条的样式；在"颜色"下拉列表框中选择边框线条的颜色；在"预置"和"边框"栏中设置边框类型，与边框下拉列表中的选项对应，最后单击"确定"按钮确认设置。

STEP 3 最终效果

返回工作表，即可查看设置底纹和添加边框后的效果。

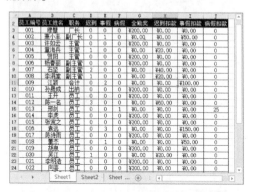

4. 套用表格样式

利用 Excel 自动套用表格格式功能可以快速制作出美观、大方的表格，不用多次设置，可以提高工作效率。下面将为"员工考勤表.xlsx"工作簿的表格内容套用"表样式浅色 1"样式，具体操作步骤如下。

STEP 1 选择套用的样式

❶在"员工考勤表.xlsx"工作簿中选择 A2:J34 单元格区域，然后选择【开始】/【样式】组，单击"套用表格格式"按钮；❷在打开的下拉列表中选择"表样式浅色 1"选项。

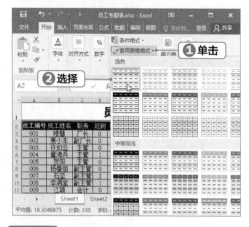

STEP 2 设置套用区域

❶打开"套用表格式"对话框，默认显示开始

选择的表格区域，这里为"A2:J34"，单击选中"表包含标题"复选框；❷单击"确定"按钮。

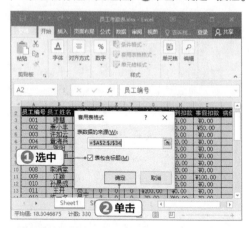

STEP 3 查看效果

返回工作界面，即可看到套用表格格式后的效果。

操作解谜

取消表头出现的下拉按钮

套用表格样式后，会发现表头内容中显示了下拉按钮，这是因为套用表格样式将自动添加筛选功能，要取消该按钮的显示，可在【数据】/【排序和筛选】组中单击"筛选"按钮，关于筛选功能的应用将在后面的章节中详细介绍。

5. 突出显示单元格

在一些工作簿中，有时一些重要的数据信

息需要在表格中突出显示，如果通过手动设置数据的颜色、底纹的方式实现相当耗费时间，同时容易漏掉某些数据，而利用 Excel 的条件格式功能能够快速将满足条件的单元格数据突出显示。下面在"员工考勤表 .xlsx"工作簿中将迟到次数大于 2 的单元格突出显示，具体操作步骤如下。

STEP 1 选择条件

❶ 在" 员 工 考 勤 表 .xlsx" 工 作 簿 中 选 择 D3:D34 单元格区域，在【开始】/【样式】组中，单击"条件格式"按钮；❷在打开的下拉列表中选择"突出显示单元格规则"选项，再在其子列表中选择条件选项，这里选择"大于"。

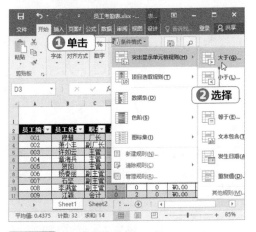

STEP 2 选择设置方式

❶在打开的"大于"对话框的文本框中输入数值"2"；❷在后面的下拉列表框中选择"自定义格式"选项。

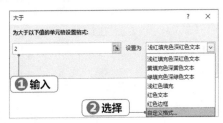

STEP 3 自定义格式

❶打开"设置单元格格式"对话框，单击"填充"

选项卡；❷在颜色列表中选择"浅蓝"选项；❸单击"确定"按钮。

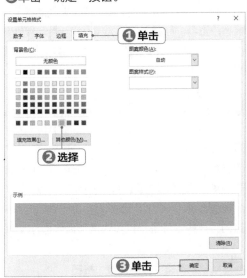

STEP 4 查看突出显示的效果

返回"大于"对话框，单击"确定"按钮，此时迟到次数大于"2"的单元格已经设置了格式突出显示。

操作解谜

其他条件功能的设置方法

　　条件格式功能中的其他应用选项，如"项目选取规则"等，与突出显示规则的设置方法相似，都是通过满足某项条件，然后以不同方式显示单元格。

4.3.2 打印工作表

微课：打印工作表

对于商务办公来说，编辑美化后的表格通常都需要打印出来，让公司人员或客户查看。而在打印中为了在纸张中完美呈现表格内容，需要对工作表的页面、打印范围等进行设置，完成设置后，可查看打印效果。下面主要介绍设置打印工作表的相关操作方法。

1. 设置页面布局

设置页面的布局方式主要包括打印纸张的方向、缩放比例、纸张大小等，这些都可通过"页面设置"对话框进行设置。下面在"员工考勤表 .xlsx"工作簿中设置打印方向为"纵向"，缩放比例为"90"，纸张大小为"A4"，表格内容居中，并进行打印预览，具体操作步骤如下。

STEP 1 单击"页面设置"按钮

打开"员工考勤表 .xlsx"工作簿，选择【页面布局】/【页面设置】组，单击右下角的"页面设置"按钮。

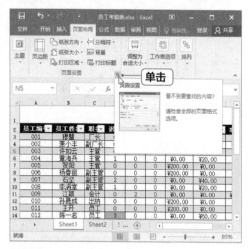

STEP 2 设置页面

❶打开"页面设置"对话框，在"页面"选项卡的"方向"栏中单击选中"纵向"单选项；❷在"缩放比例"文本框中输入"90"；❸在"纸张大小"下拉列表框中选择"A4"选项。

STEP 3 设置页边距

❶单击"页边距"选项卡；❷单击选中"水平"复选框；❸单击"打印预览"按钮。

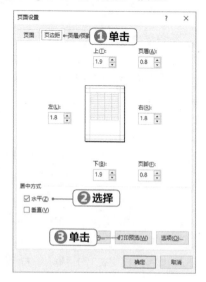

在"页面布局"选项卡中设置

打开"页面设置"对话框，可对单元格进行设置。若要快速完成页面的设置，可直接在"页面布局"选项卡中，单击各选项按钮，然后根据需要在下拉列表中选择合适选项或做相应设置。

STEP 4 预览表格打印效果

打开"打印"界面，在其右侧查看设置后的打印效果。

员工考勤表

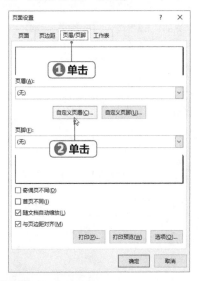

操作解谜

为什么设置打印缩放

将缩放比例设置为90%是为了将表格在一页上打印输出，实际操作中可根据预览效果进行调整。根据预览效果，本例将数据表格的行高设置为"23"，使其布满纸张页面，在纸张上显示更加清晰和美观。

2. 添加页眉和页脚

为了使打印出来的表格更加生动，让整个工作表更加严谨，可以为表格设置页眉打印在纸张的顶部，页脚打印在纸张的底部，将工作表放置在中间，使整个工作表更加漂亮。下面在"员工考勤表.xlsx"工作簿中添加页眉和页脚内容，具体操作步骤如下。

STEP 1 设置页眉 / 页脚

❶在"员工考勤表.xlsx"工作簿中打开"页面设置"对话框，单击"页眉 / 页脚"选项卡；❷单击"自定义页眉"按钮。

STEP 2 输入页眉内容

❶打开"页眉"对话框，将光标定位到"中"文本框中，输入页眉内容，这里输入"鸿宇家具连锁"；❷单击"确定"按钮。

技巧秒杀

设置页眉文本内容

在"页眉"对话框中单击"格式文本"按钮可设置页眉文字字体格式；单击"插入图片"按钮，可在页眉中插入图片，如公司的Logo。

第 **4** 章 制作 Excel 表格

STEP 3　输入页脚内容

❶返回"页眉／页脚"选项卡，在"页脚"下拉列表框中选择内置的页脚选项，这里选择"第1页"选项；❷单击"打印预览"按钮。

第1部分

技巧秒杀

删除页眉和页脚内容

如果要删除页眉和页脚，只需在"页眉／页脚"选项卡的"页眉"和"页脚"下拉列表框中选择"无"选项。

STEP 4　预览设置效果

打开"打印"界面，在其右侧预览设置后的表格打印效果。

员工考勤表

操作解谜

为什么在工作表中查看不到页眉和页脚

与Word不同的是，Excel无法在工作表页面中直接查看页眉和页脚内容。此时，可在【视图】／【工作簿视图】组中单击"页面布局"按钮，进入"页面布局"视图模式。在该视图下，可查看并编辑页眉和页脚内容，待编辑完成后，单击【视图】／【工作簿视图】组中的"普通"按钮，返回"普通"视图。

3. 设置打印连续的表格区域

有时工作簿中涉及的信息过多，如果只需要其中的某部分数据信息时，打印整个工作簿就会浪费不必要的资源。那么，在实际打印中可根据需要设置打印范围。下面将"员工考勤表.xlsx"工作簿的A1:J26单元格设置为打印区域，具体操作步骤如下。

STEP 1 设置打印区域

❶首先在"员工考勤表 .xlsx"工作簿中选择要打印的单元格区域，这里选择 A1:J26 单元格区域；❷然后选择【页面布局】/【页面设置】组，单击"打印区域"按钮，在打开的下拉列表中选择"设置打印区域"选项。

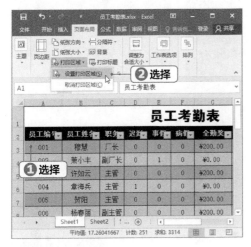

STEP 2 打印预览

选择"文件"选项卡，在打开的下拉列表中选择"打印"选项，在"打印"界面右侧查看预览效果，此时打印范围为 A1:J26 单元格区域。

4. 设置打印不连续的表格区域

在工作表中还可打印不连续的表格区域，只需将中间的间隔单元格区域隐藏，打印输出的即是不连续的单元格区域。下面在"员工考勤表 .xlsx"工作簿中将 A7:J10 单元格隐藏，然后打印不连续表格的区域，具体操作步骤如下。

STEP 1 隐藏单元格区域

❶在"员工考勤表 .xlsx"工作簿中选择【开始】/【单元格】组，单击"格式"按钮；❷在打开的下拉列表中选择【隐藏和取消隐藏】/【隐藏行】选项。

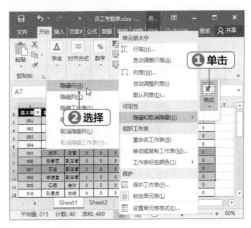

技巧秒杀

重新显示内容

若将隐藏的单元格区域显示出来，首先需要选择被隐藏区域的上下相邻的单元格区域，然后在【开始】/【单元格】组中单击"格式"按钮；随后在打开的下拉列表中选择【隐藏和取消隐藏】/【取消隐藏】选项。

STEP 2 预览不连续表格区域效果

在"打印"界面右侧查看预览效果，此时打印范围为不连续的 A1:J6 至 A11:J26 单元格区域。

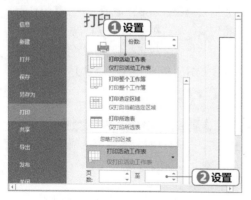

5. 打印设置

完成表格的页面布局、页眉和页脚内容以及打印区域的设置后，可以使用打印机将表格打印出来。开始打印时，需要选择打印机，并设置打印表格的份数等内容。下面将"员工考勤表.xlsx"工作簿的表格打印2份，具体操作步骤如下。

STEP 1 **快速设置打印区域和页码**

❶打开"打印"界面，在"设置"栏中可设置打印区域；❷在"页数"栏中可设置打印表格的页码，如要打印1~3页，可输入页数"1至3"。

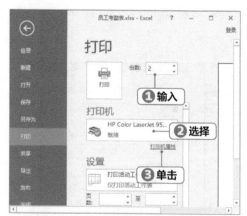

STEP 2 **快速设置打印页面**

拖动右侧滑动条，可继续在"设置"栏的相应下拉列表框中快速设置打印方向、纸张大小和页边距大小等。

STEP 3 **设置打印份数和打印机**

❶打开工作簿，选择【文件】/【打印】组，在"份数"文本框中输入"2"；❷在"打印机"栏中选择电脑连接的打印机；❸单击"打印机"栏中的"打印机属性"超链接。

STEP 4 **设置打印机的方向属性**

打开"打印机属性"对话框，在"布局"选项卡的"方向"下拉列表框中选择"纵向"选项。

STEP 5 设置打印机的属性

❶选择"纸张 / 质量"选项卡；❷在"颜色"栏中单击选中"彩色"单选项；❸其他选项保持默认设置，单击"确定"按钮。返回打印界面，单击"打印"按钮可将表格打印出来（效果\第4章\员工考勤表 .xlsx）。

操作解谜

设置打印机属性的原因

打印时需要将打印方向与表格方向设为一致；表格中有各种不同的颜色，因此需要单击选中"彩色"单选项。需要注意的是，如果要打印彩色效果，打印机需要具有彩色打印功能。

新手加油站 ——制作 Excel 表格技巧

1. 在单元格中正确输入身份证号码

在单元格中输入身份证号码，即输入 11 位以上的数据时，输入完成后，在单元格中以科学计数法方式显示数据（如输入"110125365487951236"，将显示为"1.10125E+17"）。不能在单元格中输入正确显示的身份证号码，是很多用户经常遇到的问题。为了避免此类问题出现，需要掌握正确输入身份证号码的方法，即：在工作表中选择需要输入身份证号码的单元格或单元格区域，单击鼠标右键，在弹出的快捷菜单中选择"设置单元格格式"选项。打开"设置单元格格式"对话框，单击"数字"选项卡，在"分类"列表框中选择"文本"选项，然后单击"确定"按钮即可。

2. 通过任意数字快速输入自定义的数据内容

利用自定义数据类型能够快速输入一些较长而且常用的数据，在制作一些常用表格时非常实用。如某公司的员工工资表中，有一列要求输入经理备注"已审核"的数据，若利用自定义数据类型功能只需输入任意一个阿拉伯数字即可完成，具体操作步骤如下。

❶ 选择需要输入数据的单元格或单元格区域，然后单击鼠标右键，在弹出的快捷菜单中选择"设置单元格格式"选项 。

❷ 打开"设置单元格格式"对话框的"数字"选项卡，然后在"分类"列表框中选择"自定义"选项。

❸ 在其右侧的"类型"文本框中输入需要在单元格中显示的数据，如输入"已审核"。

❹ 单击"确定"按钮即可。此时在选择的单元格区域中任意输入一个阿拉伯数字并按【Enter】键，在该单元格中都将显示"已审核"。

3. 在多个工作表中查找或替换数据

在多个工作表中查找或替换数据的方法为：使用【Shift】键或【Ctrl】键选择工作簿中多个相邻或不相邻的工作表，然后在打开的"查找或替换"对话框中进行查找或替换数据的操作。

4. 打印显示网格线

默认情况下，表格打印输出不显示网格线，为了省去设置边框的操作，可设置在打印时输出显示网格线，其作用与边框类似，方法为：打开"页面设置"对话框，单击"工作表"选项卡，在"打印"栏中单击选中"网格线"复选框，然后单击"确定"按钮即可。

5. 让每页表格打印出标题

当表格数据内容较多时，默认情况下，第一张打印页面将显示标题和表头，其他表格页面则只有数据内容。为了保证表格的完整性，使表格数据指示明确，可为每张打印页面添加标题和表头，具体操作步骤如下。

❶ 在工作簿的【页面布局】/【页面设置】组中单击"打印标题"按钮。

❷ 单击"页面设置"对话框中的"工作表"选项卡，将光标定位到"打印标题"栏的"顶端标题行"文本框中，然后在表格中选择标题区域，一般为标题和表头行单元格区域，单击"打印预览"按钮。

❸ 在"打印"界面右侧预览打印效果，单击"下一页"按钮，切换到第 2 页，可看到打印区域包括了标题和表头。

第 1 部分

第 1 部分

Office 软件办公

高手竞技场 ——制作 Excel 表格练习

1. 制作采购记录表

新建"采购记录表 .xlsx"工作簿,输入数据,并进行美化设置,要求如下。

● 新建并保存"采购记录表 .xlsx",插入工作表,并分别进行重命名。

● 分别输入对应的数据,可使用填充功能输入数据,然后再修改数据。

● 将标题设置为"华文琥珀,24",将表头设置为"华文细黑,12",其他数据字号
为"12"。

第 4 章 制作 Excel 表格

115

● 为 A4:L16 单元格区域添加边框，为表头内容设置"水绿色，个性色5，深色25%"底纹，为"请购数量"和"交货数量"单元格区域设置"橄榄色，个性色3，淡色80%"底纹。

2. 美化并打印销售统计表

下面将美化"销售统计表 .xlsx"工作簿，然后打印输出，要求如下。

● 设置字体和对齐方式，并将行高设置为"25"。

● 将"单价"和"总销售额"数据类型设置为"货币"。

● 设置边框和底纹。

● 设置为"纵向"打印，缩放为"110%"，纸张大小为"A4"，页边距为"水平居中"。

● 添加页码和打印标题，然后打印3份。

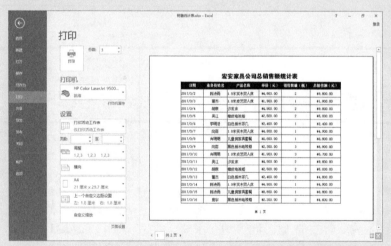

第
1
部
分

第1部分

第5章

计算与管理表格数据

/ 本章导读

　　Excel 具有强大的数据计算和统计管理的功能。在日常办公中，公司的产品登记、营业内容等方面，都离不开数据的计算。而数据的统计管理则可帮助用户将数据快速归类汇总，使数据条理清晰，便于查阅和分析。本章将介绍公式和函数的使用方法，以及常用办公函数的应用和数据排序、筛选、汇总的方法。

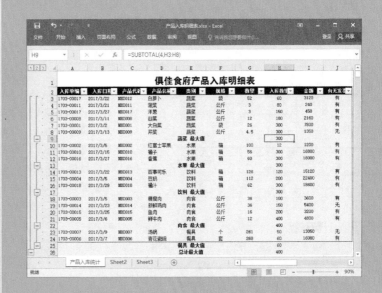

5.1 计算员工工资表

员工工资表是办公中经常需要制作的一类表格，用于记录员工应发工资、扣发项目和数额以及实发工资等。在 Excel 中需要使用公式和函数实现数据的正确计算，本例主要涉及常用公式和函数的应用，重点在于使用公式和函数计算工资的代扣社保和公积金金额，以及代扣个税。

5.1.1 使用公式计算数据

Excel 是管理数据的工具，具备强大的数据分析和处理功能。公式是一种常用的计算数据的手段，在单元格中输入公式后，还可以进行复制公式、填充公式等编辑操作，或应用不同的引用方式，以提高数据的编辑效率。

微课：使用公式计算数据

1. 输入公式

公式用于简单数据的计算，通过在单元格中输入实现计算功能。下面在"员工工资表.xlsx"工作簿中的"员工工资明细表"工作表中计算"应领工资"的"小计"金额。本例中"应领工资"的"小计"金额等于基本工资、加班工资和奖金金额之和，具体操作步骤如下。

STEP 1 输入公式

打开素材文件"员工工资表.xlsx"（素材\第5章\员工工资表.xlsx），选择"员工工资明细表"工作表，选择F5单元格，先输入等号"="，然后输入公式的其他部分"C5+D5+E5"。

STEP 2 计算数据

按【Ctrl+Enter】组合键，在 F5 单元格中将显示公式的计算结果，在编辑栏中将显示公式

的表达式。

操作解谜

理解公式

公式是数据计算的依据，在Excel中，输入计算公式进行数据计算时需要遵循特定的次序或语法：最前面是等号"="，然后才是计算公式。公式中可以包含运算符、常量数值、单元格引用、单元格区域引用和函数等。本例中的公式"=C5+D5+E5"即表示C5、D5、E5单元格中的数据相加得到的和。

2. 复制与填充公式

复制与填充公式是快速计算同类数据的最佳方法，因为在复制填充公式的过程中，Excel 会自动改变引用单元格的地址，从而避免手动输入公式的麻烦，提高工作效率。下面在"员工工资明细表"工作表中复制填充相应的公式计算数据，具体操作步骤如下。

STEP 1　复制公式

❶选择 F5 单元格，按【Ctrl+C】组合键复制公式；❷选择目标单元格，如选择 F6 单元格，按【Ctrl+V】组合键粘贴公式，将在 F6 单元格中计算出结果，公式的引用单元格将自动发生变化。

STEP 2　填充公式

选择 F6 单元格，将鼠标指针移动到该单元格右下角的控制柄上，当鼠标指针变成+形状时，按住鼠标左键不放，将其拖动到 F20 单元格。

STEP 3　查看计算结果

释放鼠标，在 F7:F20 单元格中显示出计算结果。

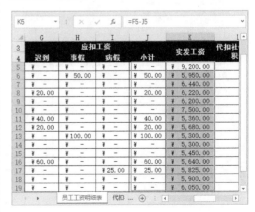

STEP 4　计算其他金额

使用相同方法，在 J5 单元格输入公式"=G5+H5+I5"，计算应扣工资的"小计"金额；在 K5 单元格输入公式"=F5-J5"，计算"实发工资"金额。

技巧秒杀

结合鼠标输入公式

输入类似"=G5+H5+I5"的公式，可先输入等号"="，然后单击鼠标选择G5单元格引用其中的数据，然后输入"+"，再单击鼠标选择H5单元格，最后输入"+"，单击I5单元格。

3. 在公式中应用绝对引用

在 Excel 中进行数据计算时，经常需要引用单元格中的数据，以便提高计算数据的效率。其中绝对引用指把公式复制或移动到新位置后，公式中的单元格地址保持不变。应用绝对引用时，引用单元格的列标和行号之前分别加入了符号"$"。如果在复制公式时不希望引用的地址发生改变，则应使用绝对引用。本例假设企业所在地的上一年省平均工资为 4 200元，市平均工资为 4 100 元，下面将以这两个数据为标准在"代扣社保和公积金"工作表中使用绝对引用方式计算员工应缴纳的社会劳动保障金和住房公积金金额，具体操作步骤如下。

STEP 1 输入绝对引用公式

在"员工工资表 .xlsx"工作簿中选择"代扣社保和公积金"工作表，选择 C4 单元格，在单元格中输入等号"="，然后输入公式的其他部分，这里输入"$E$2*8%"，即绝对引用 E2 单元格的数据。

STEP 2 填充公式

按【Ctrl+Enter】组合键计算数据，然后拖动鼠标填充公式至 C19，计算其他数据。此时选中 C4:C19 区域任意单元格，编辑栏的公式栏都显示为"=$E$2*8%"。绝对引用 E2 单元格的数据，即任意员工的保险金额都是 E2 单元格的"省平均工资"金额乘以缴纳比例 8%。

STEP 3 计算其他金额

使用相同方法，在 D4 单元格输入公式"=$G$2*2%"、在 E4 单元格输入公式"=$G$2*1%"、在 F4 单元格输入公式"=$G$2*15%"，分别计算医疗保险、失业保险和住房公积金。

STEP 4 计算代扣金额

选择 G4 单元格，在编辑栏输入公式"=C4+D4+E4+F4"，然后填充公式计算代扣社保和公积金金额。

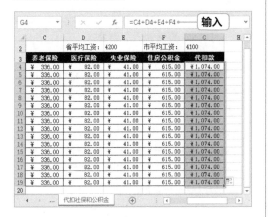

操作解谜

相对引用和混合引用

　　引用单元格还有相对引用和混合引用2种方式。在默认情况下复制与填充公式时，公式中的单元格地址会随着存放计算结果的单元格位置的不同而变化，该引用为相对引用；混合引用指在一个单元格地址引用中，既有绝对引用，又有相对引用。如果公式所在单元格的位置改变，则绝对引用位置不变，相对引用位置改变。

4. 引用不同工作表中的单元格

　　在编辑表格数据时，如果需要在一张工作表中输入另一张工作表中的相同数据，单纯的输入显得麻烦，此时可以将一张工作表中的数据单元格调用到另一张工作表中，即引用工作表中的单元格。除了直接输入公式引用，还可结合鼠标实现。下面在"员工工资表"工作簿的"员工工资明细表"工作表中引用"代扣社保和公积金"工作表中的社保和公积金代扣款数据，具体操作步骤如下。

STEP 1　**输入"="**
在"员工工资明细表"工作表的 L5 单元格中先输入等号"="。

STEP 2　**鼠标选择引用的工作表和单元格**
❶单击工作表标签，选择被调用的"代扣社保和公积金"工作表；❷选择引用的"代扣款"数据所在的 G4 单元格。

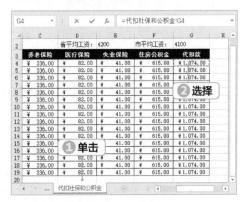

STEP 3　**引用单元格数据**
按【Enter】键，自动返回"员工工资明细表"工作表，并完成引用。

STEP 4 引用其他单元格

填充公式，完成其他单元格数据的引用。

直接输入引用公式

　　本例中，从编辑栏显示公式为"=代扣社保和公积金!G4"，可知引用不同工作表单元格的方法是输入"=工作表名称!单元格地址"。对不同工作簿中的单元格进行引用，则可使用"='工作簿存储地址[工作簿名称]工作表名称'!单元格地址"的方法进行引用。同样也可结合鼠标实现，打开该工作簿，在其中选择引用的工作表和单元格即可。

5.1.2 使用函数计算数据

　　函数是 Excel 预定义的特殊公式，它是一种在需要时直接调用的表达式，通过使用一些称为参数的特定数值来按特定的顺序或结构进行计算。函数的结构为 = 函数名 (参数 1，参数 2，…)，如 "=SUM(H4:H24)"，其中函数名是指函数的名称，每个函数都有唯一的函数名，如 SUM 等；参数则是指函数中用来执行操作或计算的值。

微课：使用函数计算数据

1. 输入函数

　　使用函数计算数据时，若对所使用的函数比较熟悉，可直接在编辑栏输入函数，方法与输入公式完全相同。但 Excel 提供的函数类型很多，要记住所有的函数名和参数并不容易，可通过 "插入函数" 对话框选择并插入所需函数。下面在 "员工工资明细表" 工作表中通过 "插入函数" 对话框插入 NOW 函数获取制表时间，具体操作步骤如下。

STEP 1 选择函数

❶在 "员工工资明细表" 工作表中选择 C2 单元格，在【公式】/【函数库】组中单击 "插入函数" 按钮；❷在打开的 "插入函数" 对话框的 "或选择类别" 下拉列表框中选择 "日期与时间" 选项；❸在 "选择函数" 列表框中选择 "NOW" 选项；❹单击 "确定"

按钮。

STEP 2 **插入函数**

打开"函数参数"对话框，提示 NOW 函数不需要参数，单击"确定"按钮，插入函数。

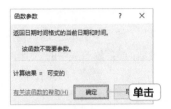

STEP 3 **获取当前日期和时间**

返回工作表，即可看到在单元格中插入函数后返回系统当前的日期和时间。

操作解谜

NOW 函数的使用

NOW函数用于返回计算机系统内部时钟的当前日期和时间，语法结构为：NOW()，没有参数。NOW函数返回的日期和时间会自动更新，如第一次制表日期为"27号"，当第一次没有完成时，第二天继续制表，制表日期将自动更新为"28号"。

2. 自动求和

Excel 2016 中的自动求和功能集合了一些常用的函数，如求和函数、平均值函数等，通过它可快速插入相应函数。下面在"员工工资明细表"工作表中通过求和功能快速插入求和函数 SUM，计算实发工资的"合计"金额，具体操作步骤如下。

STEP 1 **选择函数**

①选择 K21 单元格；②在【公式】/【函数库】组中单击"自动求和"按钮右侧的下拉按钮，在打开的下拉列表中选择"求和"选项。

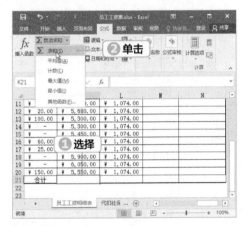

STEP 2 **插入 SUM 函数**

此时在 K21 单元格中将插入 SUM 函数，并自动判断，将相邻的数据单元格作为 SUM 函数的参数。

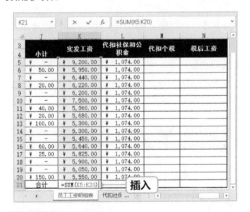

STEP 3 **计算数据**

按【Ctrl+Enter】组合键，在 K21 单元格中将显示 SUM 函数的求和计算结果，在编辑栏中将显示函数的表达式。

结果

操作解谜

SUM 函数的使用

求和函数SUM是Excel中最基本和使用最频繁的函数。本例中，计算实发工资的"总计"金额时输入"=SUM(K5:K20)"表示计算K5:K20单元格区域中数值相加的和，即在SUM函数后输入单元格区域可计算该区域数值的和。

STEP 4 填充函数

选择 K21 单元格，将鼠标指针移动到该单元格右下角的控制柄上，当指针变成+形状时，按住鼠标左键不放，将其向右拖动到 L21 单元格，填充函数，计算代扣社保和公积金"总计"金额。

填充

3. 编辑函数

插入函数时，难免输入错误的单元格引用区域，此时就需要编辑函数，将其修改为正确的引用参数，从而计算出正确的数值。下面在"员工工资明细表"工作表中首先通过自动求和功能插入 SUM 函数，然后修改其中的引用参数，计算代扣个税的"总计"金额，具体操作步骤如下。

STEP 1 插入 SUM 函数

使用求和功能在 M21 单元格中插入 SUM 函数，此时可发现 SUM 函数自动判断的求和区域为 K21:L21，而实际上代扣个税"总计"金额为每个员工代扣个税的总和。

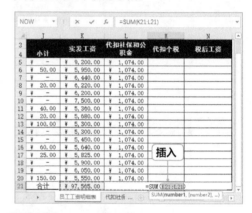

插入

STEP 2 重选计算区域

选择插入函数中的"K21:L21"参数，在工作表中选择 M5:M20 单元格区域，将计算的引用区域修改为"M5:M20"。

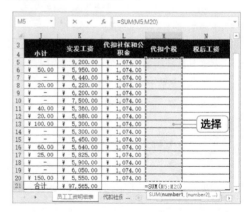

选择

第 1 部分

STEP 3 计算数据

按【Ctrl+Enter】组合键计算数据。

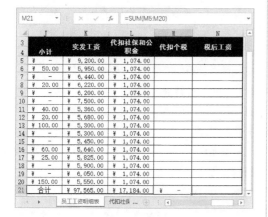

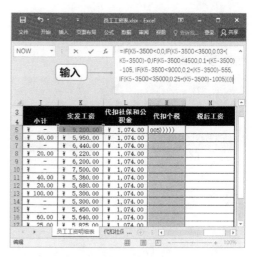

操作解谜

计算结果自动更新

本例为计算代扣个税"总计"金额，没有输入数据时，单元格中只填充了公式但不显示结果，输入每个员工的代扣个税数据后，总计结果将自动更新。

4. 嵌套函数

除了使用单个函数进行简单计算外，在 Excel 中还可使用函数嵌套进行复杂的数据运算。函数嵌套的方法是将某一个函数或公式作为另一个函数的参数来使用。下面在"员工工资明细表"工作表中使用逻辑函数"IF"并结合嵌套函数计算"代扣个税"，具体操作步骤如下。

STEP 1 输入函数

选择 M5:M20 单元格区域，在编辑栏中输入 嵌套函数"=IF(K5-3500<0,0,IF(K5-3500<3500,0.03*(K5-3500)-0,IF(K5-3500<4500,0.1*(K5-3500)-105, IF(K5-3500<9000,0.2*(K5-3500)-555,IF(K5-3500<35000,0.25*(K5-3500)-1005)))))"。

操作解谜

IF 函数的使用

IF 函数的语法结构为：IF（logical_test,value_if_true,value_if_false），可理解为"IF（条件，真值，假值）"，表示当"条件"成立时，返回"真值"，否则返回"假值"。本例中IF嵌套函数为"=IF(K5-3500<0,0,IF(K5-3500<3500,0.03*(K5-3500)-0,IF(K5-3500<4500,0.1*(K5-3500)-105,IF(K5-3500<9000,0.2*(K5-3500)-555,IF(K5-3500<35000,0.25*(K5-3500)-1005)))))"，看似复杂，其实很容易理解，它与7级税率表（税率、员工社保及公积金缴费比例的相关知识将在"新手加油站"进行介绍）相结合。个人所得税，即M5:M20单元格区域中的数值等于"全月应纳所得税额×税率−速算扣除数"，这里用M5:M20单元格区域的实发工资数值减去税收起征点3500得到全月应纳所得税额，判断其属于哪个缴纳等级，然后乘以对应的税率，再减去速算扣除数，得到的个人所得税数值返回M5:M20单元格区域。比如当"K5-3500<4500"时，返回"0.1*(K5-3500)-105"的数值。

STEP 2 计算代扣金额

按【Ctrl+Enter】组合键，计算员工的个人所得税代扣金额。

STEP 3 计算税后工资

选择 N5:N20 单元格区域，输入公式 "=K5-L5-M5"（实发工资 - 代扣社保和公积金 - 代扣个税），选择 N21 单元格，输入公式 "=SUM（N5:N20）"，计算税后工资及其合计金额。

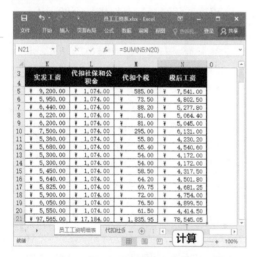

5. 其他常用办公函数

除了上面介绍的求和函数 SUM、时间函数 NOW、逻辑函数 IF 外，还有一些在办公中经常使用的函数，如最大值函数 MAX、最小值函数 MIN、平均值函数 AVERAGE、统计函数 COUNTIF 等，下面在 "员工工资表 .xlsx" 工作簿的 "员工工资明细表" 工作表中使用这些常用函数计算相应数据，具体操作步骤如下。

STEP 1 计算最低工资

在 P3:P10 单元格区域的相应位置输入数据并进行格式设置。选择 Q3 单元格，输入函数 "=MIN(N5:N20)"，按【Ctrl+Enter】组合键计算最低工资。

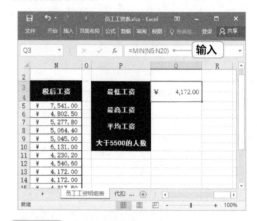

STEP 2 计算最高工资

选择 Q5 单元格，输入函数 "=MAX(N5:N20)"，按【Ctrl+Enter】组合键计算最高工资。

STEP 3 计算平均工资

在 Q7 单 元 格 中 输 入 函 数 "=AVERAGE

(N5:N20)"，按【Ctrl+Enter】组合键计算平均工资。

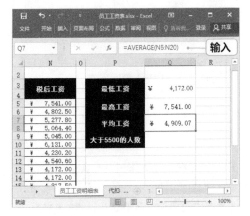

MAX、MIN、AVERAGE 函数的使用

最大值函数MAX、最小值函数MIN、平均值函数AVERAGE的使用较为简单，与SUM相似，分别计算单元格区域的最大值、最小值和平均值。

STEP 4 计算特定条件单元格个数

选择 Q9 单元格，输入函数 "=COUNTIF(N5:N20,">5500")"，按【Ctrl+Enter】组合键计算工资大于 5 500 元的人数。

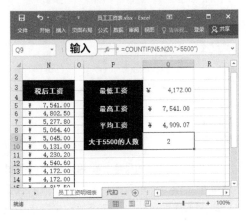

COUNTIF 函数的使用

COUNTIF用于计算区域中满足给定条件的单元格的个数，语法结构为：COUNTIF(range,criteria)。本例中"=COUNTIF(N5:N20,">5500")"表示计算N5:N20单元格区域中满足>5500的单元格的个数。

STEP 5 将税后工资四舍五入取整

选择N5:N20单元格区域,输入函数"=ROUND(K5-L5-M5,0)"，按【Ctrl+Enter】组合键将税后工资四舍五入取整（效果\第5章\员工工资表.xlsx）。

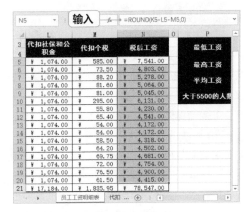

ROUND 函数的使用

ROUND函数用于返回某个数字按指定位数取整后的结果。语法结构为：ROUND(number，num_digits)，number表示需要进行四舍五入的数字；num_digits用于指定位数，按此位数进行四舍五入。本例中"=ROUND(K5-L5-M5,0)"表示四舍五入取整"K5-L5-M5"所得数值，"0"表示不保留小数点后面的数值，即从小数点后一位四舍五入取整，便于工资的发放。

5.2 统计管理产品入库明细表

产品入库明细表属于库存管理的范畴，用于反映公司或企业的物资积压和流向、资金的占用情况等，为企业生产管理和成本核算提供依据。由于录入数据的时间不同，产品入库明细表会出现次序凌乱的情形，不利于查看数据，因此通常需要进行统计管理，便于查看分析入库数据。本例主要介绍数据排序、数据筛选以及数据分类汇总等统计管理操作。

5.2.1 数据排序

数据排序常用于统计工作中，在 Excel 中数据排序是指根据存储在表格中的数据种类，将数据按一定方式进行重新排列。排序有助于快速直观地显示数据并更好地理解数据，组织并查找所需数据。数据排序的常用方法有自动排序和按关键字排序。

微课：数据排序

1. 自动排序

自动排序是数据排序管理中最基本的一种排序方式，选择该方式后系统将自动对数据进行识别并进行排序。下面在"产品入库明细表.xlsx"工作簿中以"类别"列为依据进行"升序"排列，具体操作步骤如下。

STEP 1 升序排列

❶打开素材文件"产品入库明细表.xlsx"（素材\第5章\产品入库明细表.xlsx），在"产品入库统计"工作表中选择需要排序的列中的任意单元格；❷然后选择【数据】/【排序和筛选】组，单击"升序"按钮。

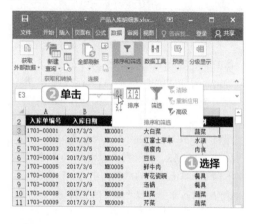

STEP 2 排序效果

在 E3:E20 单元格区域中的数据将按首个字母的先后顺序进行排列，且其他与之对应的数据将自动进行排列，相同类别紧邻在一起，更利于查看数据。

2. 按关键字排序

按关键字的方式排序，可根据指定的关键字对某个字段（列单元格）或多个字段的数据进行排序，通常可分为按单个关键字排序和按多个关键字排序。按单个关键字排序可以理解为对某个字段（单列内容）进行排序，与自动排序方式相似。如需同时对多列内容进行排序，可以使用多个条件排序功能实现排序，此时若第一个关键字的数据相同，就按第二个关键字的数据进行排序。下面在"日常费用统计表"工作簿中按"类别"与"入库数量"2个关键字进行升序排列，具体操作步骤如下。

STEP 1　单击"排序"按钮

❶选择需要排序的单元格区域，这里选择 A3:J20 单元格区域；❷然后在【数据】/【排序和筛选】组中单击"排序"按钮。

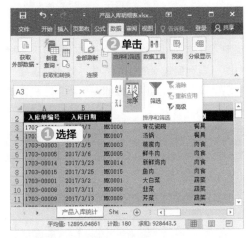

STEP 2　设置关键字和排序方式

❶在打开的"排序"对话框的"主要关键字"下拉列表框中选择"类别"选项；❷在"排序依据"下拉列表框中保持默认设置，在"次序"下拉列表框中选择"升序"选项；❸然后单击"添加条件"按钮；❹在"次要关键字"下拉列表框中选择"入库数量"选项，将"次序"设置为"升序"；❺完成后单击"确定"按钮。

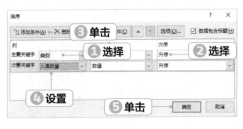

STEP 3　排序效果

返回工作表，可看到"类别"列的数据按升序排列，"入库数量"也按升序进行排列，排序前后的表格变化效果，如下图所示。

技巧秒杀

汉字按笔画顺序排列

　　中文姓名的排序，字母顺序按姓的首字母在26个英文字母中的顺序排列，对于相同的姓，依次计算姓名中的第二、第三个字。在"排序"对话框中单击"选项"按钮，再在打开的"排序选项"对话框中单击选中"笔划排序"单选项。排序规则主要是依据笔划多少，笔划相同则按起笔顺序排列（横、竖、撇、捺、折）。

3. 自定义排序

Excel 中的"降序"和"升序"排列方式虽然可以满足多数需要，但对于一些有特殊要求的排序则需进行自定义设置，如按照"职务""部门"等进行排序。下面在"产品入库明细表.xlsx"工作簿中设置自定义排序，将"类别"按照"蔬菜、水果、饮料、肉食、餐具"的顺序进行排列，具体操作步骤如下。

STEP 1 执行"自定义序列"命令

❶在【数据】/【排序和筛选】组中单击"排序"按钮，打开"排序"对话框，在"主要关键字"下拉列表框中选择"类别"选项；❷在"次序"下拉列表框中选择"自定义序列"选项。

STEP 2 输入自定义序列

❶打开"自定义序列"对话框，在"自定义序列"选项卡的"输入序列"文本框中输入自定义的新序列；❷单击"确定"按钮。

技巧秒杀

添加新序列

在"自定义序列"对话框中单击"添加"按钮可将"输入序列"的内容添加到左侧的"自定义序列"列表框中，以后若有需要可直接在"排序"对话框中选择。

STEP 3 完成排序

返回"排序"对话框，在"次序"下拉列表框中即可看到自定义的排序方式，单击"确定"按钮，"类别"列中的数据将按照自定义方式排列。

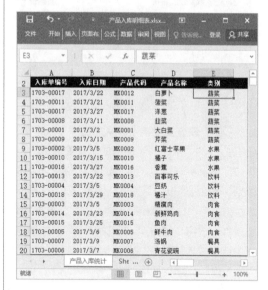

5.2.2 数据筛选

在数据量较多的表格中查看具有特定条件的数据时，比如只显示金额在 5 000 元以上的产品名称等，单个操作起来非常麻烦，此时可使用数据筛选功能将符合条件的数据快速显示出来，并隐藏表格中的其他数据。数据筛选的方法有 3 种，分别是自动筛选、自定义筛选和高级筛选。

微课：数据筛选

1. 自动筛选数据

自动筛选数据指根据用户设定的筛选条件，自动将表格中符合条件的数据显示出来，而将表格中的其他数据隐藏。下面在"产品入库明细表.xlsx"工作簿中自动筛选出"蔬菜"的入库信息，具体操作步骤如下。

STEP 1 执行"筛选"命令

❶在工作表中选择任意一个有数据的单元格；❷然后在【数据】/【排序和筛选】组中单击"筛选"按钮。

操作解谜

通过"筛选"功能进行简单排序

在表格中运行筛选功能后，筛选下拉列表中提供了简单排序选项，选择"升序"选项可对字段数据进行升序排列；选择"降序"选项可进行降序排列。

STEP 2 在插入的列中输入数据

❶在工作表中，每个表头数据对应的单元格右侧将出现下拉按钮，单击"类别"字段名右侧的下拉按钮；❷在打开的列表框中单击选中"蔬菜"复选框，撤销选中其他复选框；❸完成后单击"确定"按钮。

STEP 3 查看筛选结果

完成筛选后，工作表中只显示"蔬菜"类别的入库信息。

2. 自定义筛选满足条件的数据

如果自动筛选方式不能满足需要，可自定义条件筛选出满足条件的数据。下面在"产品入库明细表.xlsx"工作簿中清除筛选的"蔬菜"入库数据，然后重新自定义条件，筛选入库日期在"2017/3/11"与"2017/3/21"之间的数据，具体操作步骤如下。

STEP 1 撤销筛选

❶在"类别"字段名右侧单击▼按钮；❷在弹出的下拉列表中选择"从'类别'中清除筛选"，撤销筛选。

131

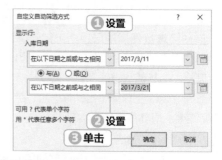

STEP 2 选择"自定义筛选"选项

单击"入库日期"字段名右侧的 ▼ 按钮，在打开的下拉列表中选择【日期筛选】/【自定义筛选】选项。

STEP 4 查看筛选结果

此时将筛选出日期在"2017/3/11"与"2017/3/21"之间的入库记录。

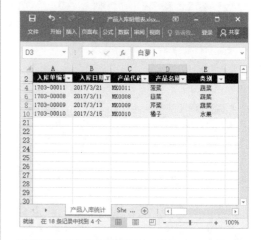

STEP 3 在插入的列中输入数据

❶在打开的"自定义自动筛选方式"对话框的"入库日期"栏第 1 个下拉列表框中选择"在以下日期之后或与之相同"选项，在其右侧下拉列表框中选择"2017/3/11"选项；❷在下方的第 1 个下拉列表框中选择"在以下日期之前或与之相同"选项，在其右侧下拉列表框中选择"2017/3/21"选项；❸单击"确定"按钮。

3. 高级筛选

　　自动筛选和自定义筛选方式指根据 Excel 提供的内置条件筛选数据，若要根据自己设置的条件对数据进行筛选，则需使用高级筛选功能。高级筛选功能可以筛选出同时满足两个或两个以上约束条件的记录，并且可将筛选出的结果输出到指定的位置。下面在"产品入库明细表 .xlsx"工作簿中使用高级筛选功能筛选出类别为"蔬菜"且没有发票的入库记录，具体操作步骤如下。

STEP 1 输入筛选条件

❶清除"入库日期"的筛选，然后在 I22:J23 单元格区域中分别输入筛选条件"类别"为"蔬菜"，"有无发票"为"无"；❷选择任意一个

有数据的单元格，在【数据】/【排序和筛选】组中单击"高级"按钮。

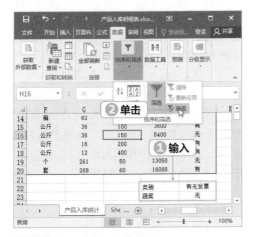

STEP 3　查看筛选结果

此时将筛选出没有发票的"蔬菜"类别入库信息。

STEP 2　设置筛选的引用区域

❶在打开的"高级筛选"对话框的"列表区域"参数框中将自动选择参与筛选的单元格区域，然后将光标定位到"条件区域"文本框中，并在工作表中选择 I22:J23 单元格区域；❷完成后单击"确定"按钮。

5.2.3　数据汇总与分级显示

　　Excel 的数据分类汇总功能是将性质相同的数据汇总到一起，根据表格中的某一列数据将所有记录进行分类，然后再对每一类记录分别进行汇总，达到使工作表的结构更清晰的目的，便于用户更好地掌握表格中重要的信息。下面将详细介绍数据汇总的具体方法。

微课：数据汇总与分级显示

1. 创建分类汇总

　　创建分类汇总，首先需要对数据进行排序，然后通过"分类汇总"对话框实现汇总。分类汇总以某一列字段为分类项目，然后对表格中其他数据列中的数据进行汇总，如求和、求平均值等。下面在"产品入库明细表 .xlsx"工作簿中首先对入库类别进行分类，然后按"金额"进行求和汇总，具体操作步骤如下。

STEP 1　启用分类汇总

在"产品入库明细表"工作表中单击"筛选"

按钮撤销高级筛选，选择任意一个数据单元格，然后在【数据】/【分级显示】组中单击"分类汇总"按钮。

STEP 2 **设置汇总**

❶在打开的"分类汇总"对话框的"分类字段"下拉列表框中选择"类别"选项；❷在"汇总方式"下拉列表框中选择"求和"选项；❸在"选定汇总项"列表框中单击选中"金额"复选框；❹然后单击"确定"按钮。

STEP 3 **查看汇总效果**

返回工作表，可看到分类汇总后对相同"类别"列的数据的"金额"进行求和，结果显示在相应类别数据的下方。

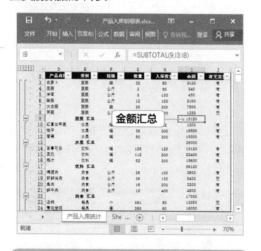

2. 多重分类汇总

多重分类汇总是在某列分类情况下，对其他多个数据列同时进行求和、最大值或平均值汇总。下面在"产品入库明细表.xlsx"工作簿中继续按入库类别进行分类，同时对"金额"和"入库数量"进行求和汇总，具体操作步骤如下。

STEP 1 **设置多重汇总**

❶在【数据】/【排序和筛选】组中单击"分类汇总"按钮，打开"分类汇总"对话框，在"分类字段"下拉列表中保持选择"类别"选项，在"汇总方式"下拉列表中保持选择"求和"选项；❷在"选定汇总项"列表框单击选中"金额"复选框的基础上再单击选中"入库数量"复选框；❸单击"确定"按钮。

STEP 2 **查看汇总效果**

此时，在"类别"分类下可看到"入库数量"和"金额"同时进行了求和汇总。

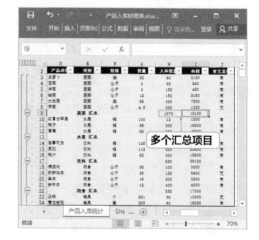

操作解谜

分类汇总前需进行排序

进行分类汇总前，对数据列进行排序时，需要清楚以什么字段列为分类，再对该分类数据列进行排序（本例对类别进行排序）；否则数据汇总后，将呈散乱状态，比如同一个类别下，分为几列显示汇总。

3. 更改汇总方式

更改汇总方式能够帮助用户查看不同的汇总项目，了解数据的更多信息，常用的汇总方式有求和、计数、最大值等，根据查看目的可进行更改。下面在"产品入库明细表.xlsx"工作簿中将原先的求和汇总方式更改为最大值汇总，具体操作步骤如下。

STEP 1　更改汇总方式

❶打开"分类汇总"对话框后，"分类字段"仍然设为"类别"，然后在"汇总方式"下拉列表中选择"最大值"选项；❷在"选定汇总项"列表框中撤销选中"金额"复选框，单击选中"入库数量"复选框；❸单击"确定"按钮。

STEP 2　查看汇总效果

此时，在相同类别下，入库数量原先的求和汇总已更改为最大值汇总，这里可查看相同

类别下入库数量的最大值是多少。

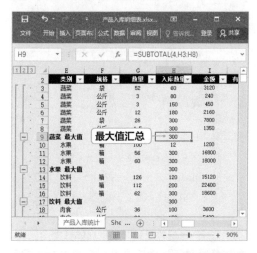

4. 通过汇总级别查阅数据

在表格中创建分类汇总后，为了查看某部分数据，可将分类汇总后暂时不需要的数据隐藏起来，减小界面的占用空间，查看完成后可重新进行显示。下面在"产品入库明细表.xlsx"工作簿中隐藏和显示分类汇总，以便显示不同的数据信息，具体操作步骤如下。

STEP 1　执行显示 2 级汇总操作

在分级显示框中单击 2 级汇总图标。

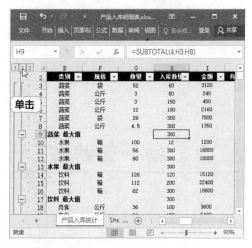

STEP 2　查看 2 级汇总项目

此时将显示汇总项目，而隐藏具体数据内容。

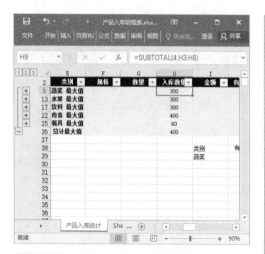

第 1 部分

STEP 4　查看最终显示效果

利用相同方法将"水果"汇总项具体数据隐藏。隐藏后，对应的"隐藏"按钮将变为"显示"模式。最终显示效果如下图所示（效果\第 5 章\产品入库明细表.xlsx）。

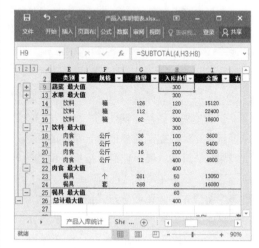

STEP 3　隐藏"蔬菜"类别具体数据内容

❶在分级显示框中单击 3 级汇总图标，显示出全部数据信息；❷在"蔬菜"汇总项左侧单击"隐藏"按钮，将"蔬菜"的具体数据隐藏。

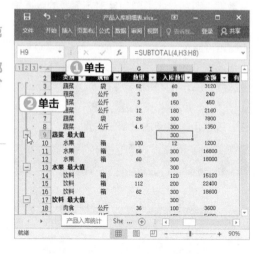

技巧秒杀

清除分级显示与删除汇总

在【数据】/【分级显示】组中单击"取消组合"按钮，在打开的下拉列表中选择"清除分级显示"选项，可将分级显示框删除，只保留数据汇总结果。打开"分类汇总"对话框，单击"全部删除"按钮，然后单击"确定"按钮，可撤销分类汇总，保留源数据。

新手加油站——计算与管理表格数据技巧

1. 社保和公积金以及个人所得税的计算

员工工资通常分为固定工资、浮动工资和福利 3 部分，其中固定工资是不变的，而浮动工资和福利会随着时间或员工表现而改变。不同公司制定的员工工资管理制度不同，员工工资项目也不相同，因此应结合实际情况计算员工工资。

为了保障员工的利益，按照相关规定企业和员工需要缴纳"五险一金"，包括养老保险、医疗保险、生育保险、失业保险、工伤保险以及住房公积金，由企业和员工共同承担，各自分摊一定比例的费用。下表为某公司各项缴费标准占缴费工资的百分比。

险种	养老保险	医疗保险	生育保险	失业保险	工伤保险	住房公积金
单位缴费比例	20%	8%	0.7%	2%	0.5%、1% 或 2%	6% ~ 15%
个人缴费比例	8%	2%		1%		6% ~ 15%
合计	28%	10%	0.7%	3%		个人与单位比例相同

其中各项险种的月缴费基数如下：

- 基本养老保险应按上一年该省社会月平均工资为标准进行缴纳；
- 医疗保险、失业保险和工伤保险应按上一年本市社会平均工资为标准进行缴纳；
- 计算社保和住房公积金月缴费的工资一般为社会月平均工资的 60% ~300%。

按照国家规定，个人月收入超出规定的金额后，应依法缴纳一定数量的个人收入所得税，个人所得税计算公式为：应纳税所得额 = 工资收入金额 − 各项社会保险费 − 起征点（3500 元）；应纳税额 = 应纳税所得额 × 税率 − 速算扣除数。但不同城市根据人均收入水平的不同，个人缴纳的收入所得税也不相同。本例假设以 3 500 元作为个人收入所得税的起征点，超过 3 500 元的部分则根据超出额的多少按下表所示的现行工资和薪金所得适用的个人所得税税率进行计算。

级数	全月应纳税所得额	税率	速算扣除数（元）
1	全月应纳税额不超过 1 500 元部分	3%	0
2	全月应纳税额超过 1 500~4 500 元部分	10%	105
3	全月应纳税额超过 4 500~9 000 元部分	20%	555
4	全月应纳税额超过 9 000~35 000 元部分	25%	1 005
5	全月应纳税额超过 35 000~55 000 元部分	30%	2 755
6	全月应纳税额超过 55 000~80 000 元部分	35%	5 505
7	全月应纳税额超过 80 000 元	45%	13 505

2. 只复制公式中的数据

通过公式对单元格中的数据进行计算后，公式仍然留在单元格中。将公式应用到其他表格中，如果复制包含公式的单元格，由于公式中引用了单元格，在其他表格中数据会发生变化，进而出现错误。此时需要通过"选择性粘贴"对话框复制单元格中的数值而不包含公式，具体操作如下。

❶ 按【Ctrl+C】组合键复制单元格。

❷ 在目标单元格或区域上单击鼠标右键，在弹出的快捷菜单中选择"选择性粘贴"选项。

❸ 打开"选择性粘贴"对话框，在"粘贴"栏中单击选中"数值"单选项，单击"确定"按钮。此时，只复制单元格中的数值而不包含公式。

3. 公式错误提醒

如果在单元格中输入错误的公式，按【Enter】键计算结果后，在单元格中将显示提示信息。Excel 中常见的错误值有以下 6 种：#### 错误、#DIV/0! 错误、#N/A 错误、#REF! 错误、#NAME? 错误以及 #VALUE! 错误，知道出现这种错误的原因后，将公式修改正确即可。出现这些错误信息的情况如下。

- #### 错误：单元格中所含数据宽度超过单元格本身列宽，或者单元格的日期、时间、公式产生负值时就会出现 #### 错误。
- #DIV/0！错误：除数为 0 时，将会产生 #DIV/0! 错误。
- #N/A 错误：数值对函数或公式不可用时出现 #N/A 错误。
- #REF! 错误：单元格引用无效时出现 #REF! 错误。
- #NAME? 错误：在公式中使用 Excel 不能识别的文本时，将产生 #NAME? 错误。
- #VALUE! 错误：使用的参数或操作数类型错误，或者公式自动更正功能无法更正公式时，将产生 #VALUE! 错误。

4. 用 TODAY 函数返回日期

实例中使用 NOW 函数可以返回系统当前的日期和时间，而 TODAY 函数则只返回当前日期而不包含时间，与 NOW 函数的使用方法相同，其语法结构为：TODAY()，也没有参数。

5. 用 COUNTIFS 函数按多条件进行统计

实例中使用 COUNTIF 获取工资大于 5 500 元的员工人数，是按照满足单个条件进行统计。而 COUNTIFS 则用于计算区域中满足多个条件的单元格数目，语法结构为：COUNTIFS(range1,criteria1,range2,criteria2，…)，其中 range1,range2… 用于定义条件，空值和文本值会被忽略；criteria1, criteria2…用于定义要对哪些单元格进行计算。如在"员工工资表"中统计工资在 4 200~5 500 元之间的人数，在目标单元格中输入"=COUNTIFS(N5:N20,">=4200",N5:N20,"<5500")"，表示统计 N5:N20 单元格区域（税后工资）中工资大于等于 4 200 且小于 5 500 的员工人数。

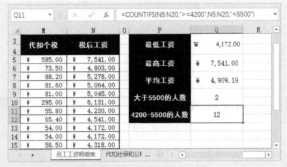

6. 按字体颜色或单元格颜色筛选

如果在表格中设置了单元格或字体颜色，通过单元格或字体颜色可快速筛选数据，单击字体颜色或填充过单元格颜色字段右侧的下拉按钮，在打开的下拉列表中"按颜色筛选"选项变为可用，选择对应选项即可筛选出所需数据。如将实例中"产品入库明细表"中金额大于 10 000 的数值设置了突出显示规则，之后便可按照颜色筛选出金额大于 10 000 元的入库产品信息。

7. 将筛选结果移动到其他工作表

高级筛选的复制功能只能将筛选结果复制到当前工作表中，可在"高级筛选"对话框中的"复制到"文本框中输入其他工作表的引用位置，前提是该工作表必须存在于工作簿中。

高手竞技场 —— 计算与管理表格数据练习

1. 计算学生成绩

打开素材文件（素材\第 5 章\期中考试成绩表 .xlsx），计算学生成绩，要求如下。
● 使用 SUM 函数计算学生成绩的总分。

- 使用 AVERAGE 函数计算学生总成绩的平均分。
- 使用 MAX/MIN 函数计算各科最高成绩和各科最低成绩。
- 使用 COUNTIFS 函数统计平均分在 60~70、70~80、80~85、85~90、90~100 的学生人数（效果\第5章\期中考试成绩表 .xlsx）。

姓名	学号	语文	数学	英语	物理	化学	政治	总分	平均分	人数统计	
										分数段	人数
陈丽娟	C2012301	73	66	51	73	61	88	412.0	68.7	平均分60以上	2
范小峰	C2012302	82	91	74	93	92	81	513.0	85.5	平均分70以上	4
陈丹	C2012303	86	95	93	88	98	93	553.0	92.2	平均分80以上	6
邓玉泉	C2012304	86	91	63	86	91	79	496.0	82.7	平均分85以上	5
陈香凝	C2012305	76	95	89	92	97	89	538.0	89.7	平均分90以上	2
徐保莹	C2012306	92	92	78	94	88	77	521.0	86.8		
陈华丽	C2012307	73	41	62	86	62	68	392.0	65.3		
董强	C2012308	71	70	85	96	86	75	483.0	80.5		
范成运	C2012309	69	67	82	99	76	79	472.0	78.7		
邓利清	C2012310	90	86	68	97	87	81	509.0	84.8		
刘倩	C2012311	72	89	79	84	88	58	470.0	78.3		
陈际鑫	C2012312	68	79	84	86	91	67	475.0	79.2		
蔡晓莉	C2012313	85	81	79	95	78	62	480.0	80.0		
李若倩	C2012314	77	79	67	94	91	52	460.0	76.7		
韦妮	C2012315	84	89	72	91	84	83	503.0	83.8		
邓田莲	C2012316	91	90	84	94	99	90	548.0	91.3		
杨华	C2012317	49	52	44	76	62	71	354.0	59.0		
陈琴	C2012318	85	90	86	95	85	81	528.0	88.0		
廖曲凝	C2012319	82	99	86	91	77	79	514.0	85.7		
谢小盟	C2012320	68	97	76	95	84	89	509.0	84.8		
最高分：		92	99	93	99	99	93				
最低分：		49	41	44	73	61	52				

2. 管理区域销售汇总表

打开素材文件"区域销售汇总表 .xlsx"（素材\第5章\区域销售汇总表 .xlsx），对数据进行排序和汇总，要求如下。

- 输入公式计算销售额。
- 以"销售店"为主要关键字降序排列，以"销售数量"为次要关键字升序排列。
- 以"销售店"为分类字段，求和汇总"销售数量"和"销售额"数据。
- 隐藏"西门店"的具体销售数据（效果\第5章\区域销售汇总表 .xlsx）。

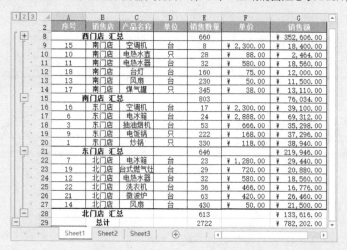

第6章

使用图表分析表格数据

/ 本章导读

为使表格中的数据看起来更加直观，可以将数据以图表的形式显示，这是图表最明显的优势。使用它可以清楚地显示数据的大小和变化情况，帮助用户分析数据，查看数据的差异、走势，预测发展趋势。本章将介绍图表、数据透视图及数据透视表的创建方法，然后通过编辑与设置，实现美化图表和分析数据的目的。

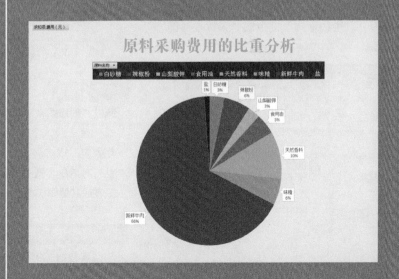

6.1 制作产品销售对比图

对比图被广泛应用于教学、商业、研究等领域，帮助用户直观分析和比较数据。本例制作的产品销售对比图，目的在于分析比较同一公司各类产品在不同超市的销售情况，帮助公司做出销售调整等策略。本例主要涉及图表创建、图表编辑、设置和美化等操作。

6.1.1 创建和编辑图表

Excel 2016 提供了多种图表类型，不同的图表类型所使用的场合各不相同，如柱形图常用于进行多个项目之间数据的对比；折线图用于显示时间间隔数据的变化趋势。用户应根据实际需要选择适合的图表类型，创建所需的图表，然后对图表进行编辑。

微课：创建和编辑图表

1. 插入图表

创建图表首先应选择需要进行分析的对应数据，然后通过【插入】/【图表】组插入所需图表。下面在"产品销售对比图.xlsx"工作簿中插入柱形图，具体操作步骤如下。

STEP 1 执行插入操作

❶打开素材文件"产品销售对比图.xlsx"（素材\第6章\产品销售对比图.xlsx），选择数据分析区域，这里选择A2:E7单元格区域，选择【插入】/【图表】组，单击"插入柱形图或条形图"按钮；❷在打开的下拉列表中选择"二维柱形图"栏中的"簇状柱形图"选项。

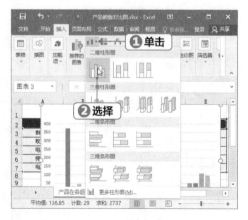

STEP 2 查看插入的图表

此时，在当前工作表中插入默认的簇状柱形图图表。

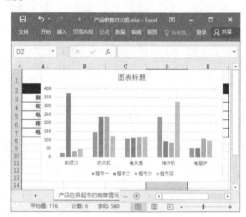

技巧秒杀

通过"创建图表"对话框创建图表

在【插入】/【图表】组中单击"推荐的表"或扩展按钮，都可打开"插入图表"对话框，通过对话框插入Excel推荐的图表或其他图表类型。

2. 更新图表数据源

图表数据源指图表分析的数据区域，当数

据区域发生改变时，需要更新图表的数据源，此时可通过鼠标重新框选数据区域，也可通过"选择数据源"对话框设置实现。下面使用这两种方法在"产品销售对比图.xlsx"工作簿中更新图表数据源，具体操作步骤如下。

STEP 1　添加分析数据

在原有数据基础上添加新的分析数据，如下图所示添加"超市五"数据列。

STEP 2　框选数据源

单击鼠标选中插入的图表，此时显示对应的数据源为"A2:E7"，同时显示数据区域的边框线，将鼠标指针移到边框线右下角的控制柄上，当鼠标指针变成形状时，按住鼠标左键不放，向右拖动框选包含"超市五"的数据区域。

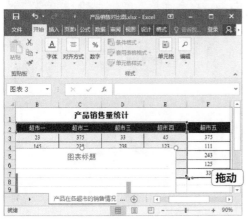

STEP 3　查看更新效果

释放鼠标，此时图表自动更新，在原有基础上添加了"超市五"数据系列。

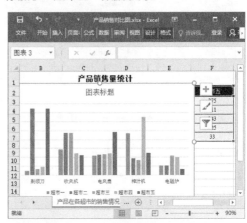

STEP 4　打开"选择数据源"对话框

在添加新的数据后，也可选中图表，然后在【设计】/【数据】组中单击"选择数据"按钮，打开"选择数据源"对话框。

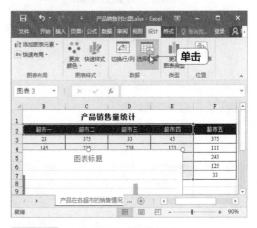

STEP 5　更改数据源引用区域

在"图表数据区域"参数框中可看到图表的引用区域为"= 产品在各超市的销售情况!$A$2:$E$7"，即数据源为"A2:E7"，此时可在表格中选择"A2:F7"单元格区域更改数据源，或直接修改"$A$2:$E$7"为"$A$2:$F$7"，然后单击"确定"按钮。

操作解谜

第 1 部分

隐藏图表中的数据项

在"选择数据源"对话框的"图例项（系列）"列表框或"水平（分类）轴标签"列表框中撤销选中某个复选框，可在图表中隐藏相应的图例项或坐标轴标签。

STEP 6 查看更新效果

同样，图表自动更新，在原有基础上添加了"超市五"数据系列。

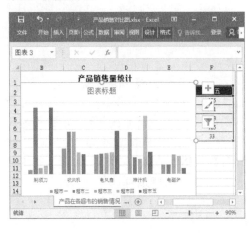

3. 切换数据分析对象

有时结合实际分析目的，需要切换数据分析对象，即切换图表中的图例和坐标轴，如本例主要分析产品在不同超市的售卖情况，因此需将产品作为图例项，超市作为水平坐标轴，以便查看产品在不同超市的售卖对比。下面在"产品销售对比图 .xlsx"工作簿中切换图例与坐标轴，具体操作步骤如下。

STEP 1 单击"切换行与列"按钮

选中图表，在【设计】/【数据】组中单击"切换行 / 列"按钮。

STEP 2 查看切换效果

此时，"产品"项目将作为图例项，"超市"项目将作为水平坐标轴。

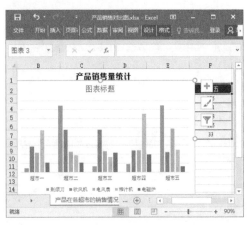

6.1.2 │ 设置图表

设置图表主要是对图表样式、图表布局、图表大小和位置等方面进行设置，使图表及其所包含的元素合理显示，完善图表的创建，利于数据的查看和分析。设置图表主要通过"设计"功能选项卡实现。

微课：设置图表

1. 设置图表样式

图表样式是指图表元素的样式集合，在表格中创建图表后，可通过预置样式快速完成图表的样式设置。图表样式设置包括图表样式和图表颜色的设计，主要通过【设计】/【图表样式】组实现。下面在"产品销售对比图 .xlsx"工作簿为图表应用"样式 6"，具体操作步骤如下。

STEP 1　选择样式

❶在【设计】/【图表样式】组中单击"快速样式"按钮；❷在打开的下拉列表中选择"样式 6"选项。

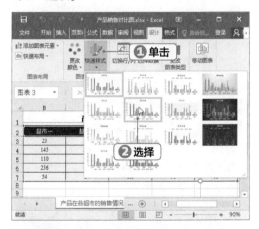

STEP 2　查看应用样式的效果

此时，选中的图表将应用"样式 6"。

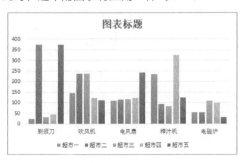

操作解谜

更改图表颜色样式

在【设计】/【图表样式】组单击"更改颜色"按钮，可更改图表样式的主题颜色。

2. 图表快速布局

默认创建的图表是按照一定规则对图表的元素进行分布排列，如将图表标题放置到图表上方，将图例放置到图表下方。图表的快速布局功能，则是根据图表类型快速对图表元素进行分布排列。下面将对"产品销售对比图 .xlsx"工作簿中的图表进行快速布局，具体操作步骤如下。

STEP 1　选择布局方式

❶在【设计】/【图表布局】组中单击"快速布局"按钮；❷在打开的下拉列表中选择"布局 7"选项。

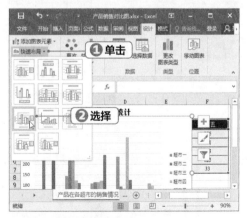

STEP 2　查看快速布局效果

此时，将对图表按照"布局 7"的方式进行快速布局。

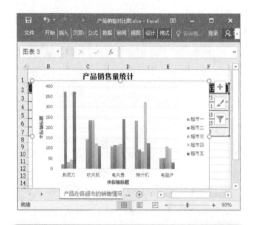

3. 调整图表对象的显示与分布

    调整图表对象的显示与分布也属于图表布局的范畴，指进行局部调整。它能够更加细致地调整图表元素的放置位置。下面在"产品销售对比图.xlsx"工作簿中，将图表标题显示在图表上方，隐藏横坐标轴标题并添加数据系列标签，具体操作步骤如下。

第 1 部分

STEP 1 设置标题

❶在【设计】/【图表布局】组中单击"添加图表元素"按钮；❷在打开的下拉列表中选择"图表标题/图表上方"选项；❸输入标题文本。

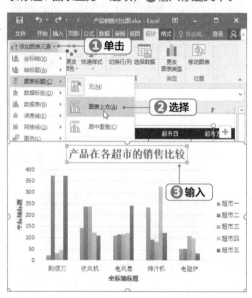

STEP 2 设置纵坐标轴标题

❶在【设计】/【图表布局】组中单击"添加图表元素"按钮，在打开的下拉列表中取消选择"坐标轴"/"主要横坐标轴"选项，隐藏横坐标轴标题；❷然后输入纵坐标轴标题文本。

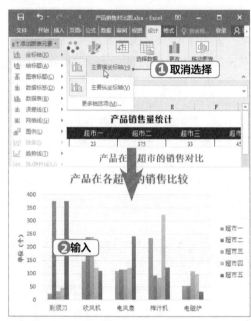

STEP 3 显示数据标签

❶使用鼠标单击"超市五"数据系列对应的图形条；❷在【设计】/【图表布局】组中单击"添加图表元素"按钮，在打开的下拉列表中选择"数据标签"/"数据标签外"选项。

STEP 4　查看数据标签的效果

此时，为"超市五"数据系列添加了数据标签，即显示各产品在超市五的销售数量。

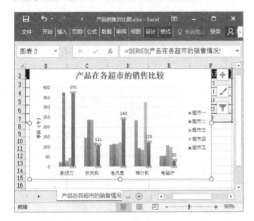

操作解谜

为所有数据系列添加数据标签

　　如果要为图表中所有的数据系列添加数据标签，只需先选择图表，然后执行"添加数据标签"命令。

STEP 5　查看图表布局效果

在【设计】/【图表布局】组中单击"添加图表元素"按钮，在打开的下拉列表中取消选择"网格线／主轴次要水平网格线"选项，隐藏主轴次要水平网格线，最终布局效果如下图所示。

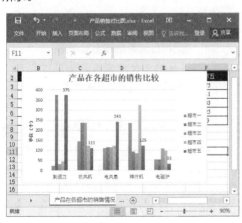

4. 调整图表大小和位置

　　插入的图表默认浮于单元格上方，可能会挡住表格数据，使其内容不能完全显示，不利于查看数据，这时可对图表位置和大小进行调整。下面将对"产品销售对比图.xlsx"工作簿中图表的位置和大小进行调整，具体操作步骤如下。

STEP 1　移动图表位置

将鼠标指针移动到图表区中，当鼠标指针变为✛形状时，按住鼠标左键不放，拖动鼠标调整图表的位置。

STEP 2　调整图表大小

将鼠标指针移至图表四个角上，当鼠标指针变为＋形状时，按住鼠标左键不放，拖动鼠标调整图表的大小。

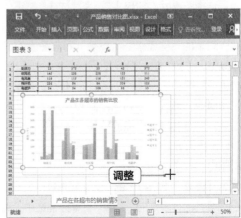

第6章　使用图表分析表格数据

STEP 3 查看图表大小和位置效果

返回工作表，查看调整图表大小和位置后的效果。

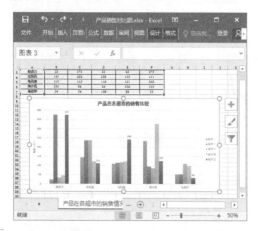

技巧秒杀

将图表移动到其他工作表中

选择图表，在【设计】/【位置】组中单击"移动图表"按钮，打开"移动图表"对话框，单击选中"新工作表"单选项，可将图表移动到即时创建命名的新工作表中；单击选中"对象位于"单选项，可将图表移动到已经存在于工作簿的其他工作表中，使图表单独显示在一个工作表中。

5. 使用图表筛选器

选择图表后，将出现"图表筛选器"按钮，用于筛选数值的系列和名称。筛选器中"系列"对应图表的图例元素；"类别"对应图表的横坐标轴，作用与在"选择数据源"对话框隐藏数据项相同。下面在"产品销售对比图 .xlsx"工作簿中，通过图表筛选器隐藏"剃须刀"数据项，只查看其他产品的销售对比情况，具体操作步骤如下。

STEP 1 筛选数据项

❶选择图表，单击右侧的"图表筛选器"按钮；
❷在打开的列表框的"类别"栏中撤销选中"剃

须刀"复选框；❸单击"应用"按钮。

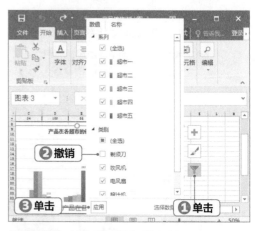

STEP 2 查看隐藏数据项的效果

此时，图表中不再显示"剃须刀"数据系列。

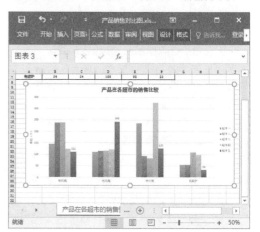

操作解谜

图表右侧其他按钮的作用

➕按钮用于快速显示或隐藏图表元素；🖌按钮用于快速设置图表样式。

6. 更改图表类型

根据分析目的不同，在创建的图表基础上可更改图表的类型，并且新的图表在一定程度上将保留原先设置的样式效果，避免重复操作。如本例中，分析各产品在超市中的销售所占比重，此时可将柱形图更改为"百分比堆积条形图"，具体操作步骤如下。

STEP 1 单击"更改图表类型"按钮

选择图表，在【设计】/【类型】组中单击"更改图表类型"按钮。

STEP 2 选择更改的图表类型

❶单击"更改图表类型"对话框的"所有图表"选项卡，选择"条形图"选项；❷在"条形图"选项右侧的列表中选择"百分比堆积条形图"选项；❸单击"确定"按钮，将柱形图更改为百分比堆积条形图。

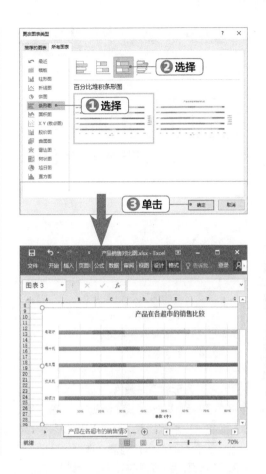

6.1.3 | 美化图表

美化图表主要是设置图表组成元素的格式和外观，通常有两个目的，一是使图表更加具有吸引力，二是使图表清晰地表达出数据的内容，帮助阅读者更好地理解。因为图表的最终目的是进行数据分析，因此不用过度美化，以免画蛇添足。图表主要由文字内容和形状组成，因此美化图表可以从美化图表文字样式和图表形状样式两个方面进行。

微课：美化图表

1. 设置标题和图例格式

标题是数据分析的直接体现，在创建图表并按照默认格式添加图表标题后，可对图表标题格式进行设置，包括形状样式的设置，应用艺术字样式等，使标题更加醒目。下面在"产品销售对比图.xlsx"工作簿中设置图表标题、纵坐标

轴及图例的格式，具体操作步骤如下。

STEP 1 设置图表标题字体

单击鼠标选中图表标题文本框，在【开始】/【字体】组中将字体设置为"方正粗倩简体、28"。

或双击纵坐标轴标题。

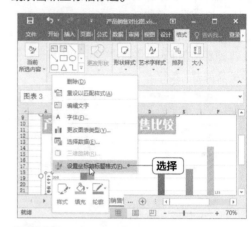

操作解谜

调整文本框大小

对于图表中的图表标题等文本框，不能通过拖动鼠标来调整其大小时可通过设置文字内容、字号来实现。

STEP 4　调整文字方向

❶打开"设置坐标轴标题格式"窗格，单击"大小与属性"按钮；❷在"文字方向"下拉列表框中选择"竖排"选项；❸此时，纵坐标轴标题中的文本以竖排显示，使显示更加合理。

STEP 2　为形状填充颜色

❶将图表标题移动到图表区域的左上角，然后在【格式】/【形状样式】组中单击"形状填充"按钮；❷在打开的下拉列表中选择"金色，个性色4"选项，完成后将文字颜色设置为"白色"。

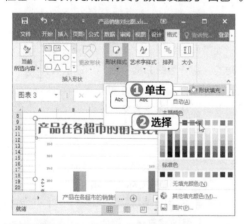

STEP 3　执行设置坐标轴标题格式命令

选择纵坐标轴标题，单击鼠标右键，在弹出的快捷菜单中选择"设置坐标轴标题格式"选项，

第1部分

操作解谜

设置窗格

　　双击图表中的对象，或在其上单击鼠标右键，在弹出的快捷菜单中选择不同格式设置选项，打开对应的格式设置窗格，然后在其中进行相应的设置操作。

STEP 5　设置图例形状样式

选中图例，在【格式】/【形状样式】组中的列表框中选择"彩色轮廓，橙色，强调颜色 2"选项，完成标题和图例格式的设置。

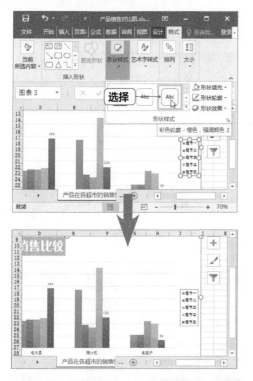

2. 设置坐标轴和数据标签格式

　　坐标轴和数据标签一般包含数值和文本信息，因此设置坐标轴和数据标签的格式主要是通过设置字体、字号和颜色，使坐标轴中的数值或类别更清楚地显示，有利于信息查看。下面在"产品销售对比图 .xlsx"工作簿中对图表的坐

标轴和数据标签格式进行设置，具体操作步骤如下。

STEP 1　选择"字体"命令

选择纵坐标轴，单击鼠标右键，在弹出的快捷菜单中选择"字体"选项。

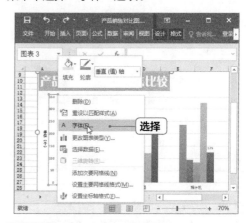

STEP 2　设置纵坐标轴字体

❶打开"字体"对话框，在"字体"选项卡的"字体样式"下拉列表框中选择"加粗"选项；❷在"大小"数值框中输入"11"；❸在"字体颜色"下拉列表中选择"自动"选项；❹单击"确定"按钮。

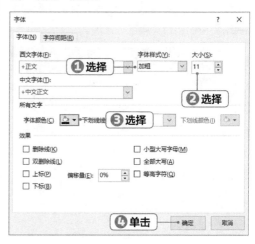

STEP 3　设置其他字体

使用相同方法将横坐标轴和数据标签的字体设

置为与纵坐标轴字体相同的格式。

中选择"绿色，个性色 6，淡色 80%"选项。

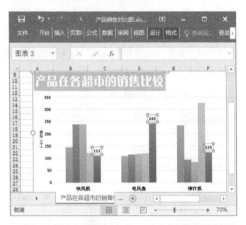

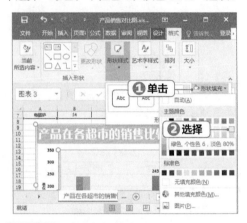

3. 设置图表区和绘图区格式

图表区类似于图表的背景墙，绘图区则类似于数据系列对象的背景墙，它们都是以形状存在于图表中，可设置其形状样式进行美化。下面在"产品销售对比图 .xlsx"工作簿中为图表区设置棱台形状效果，并为绘图区设置填充颜色，具体操作步骤如下。

第1部分

STEP 1 设置图表区

❶选择图表，在【格式】/【形状样式】组中单击"形状效果"按钮；❷在打开的下拉列表中选择"棱台"/"角度"选项。

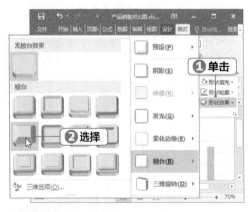

STEP 2 设置绘图区

❶选择绘图区，在【格式】/【形状样式】组中单击"形状填充"按钮；❷在打开的下拉列表

STEP 3 查看完成后的效果

查看图表区和绘图区设置格式后的效果。

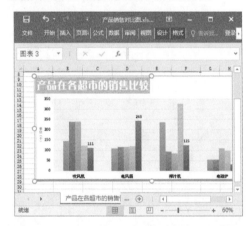

4. 设置数据系列格式

数据系列即图表中的数据条形状，对其格式进行设置时，可通过自定义各项数据系列的样式和颜色加以区分。下面在"产品销售对比图 .xlsx"工作簿中将图表中的"超市三"数据系列形状填充颜色更换为"绿色"，将"超市五"数据系列形状填充颜色设置为渐变色样式，使其突出显示，具体操作步骤如下。

STEP 1 设置数据系列形状填充颜色

❶选择"超市三"数据系列，在【格式】/【形状样式】组中单击"形状填充"按钮；❷在打开的下拉列表中选择"绿色，个性色 6"选项。

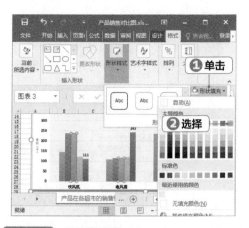

STEP 2　设置渐变色

❶选中"超市五"数据系列，单击鼠标右键，在弹出的快捷菜单中选择"设置数据系列格式"选项，在打开的"设置数据系列格式"窗格中单击"填充与线条"按钮；❷在"填充"栏中单击选中"渐变填充"单选项。

操作解谜

渐变色的应用

　　渐变色填充在图表中应用较为广泛，可以设置出色的外观效果，设置方法与设置填充颜色相同，主要在于渐变色的选择。

STEP 3　删除多余光圈

❶在"渐变光圈"栏中选择第 3 个光圈图标；

❷单击右侧的"删除渐变光圈"按钮将该光圈删除。

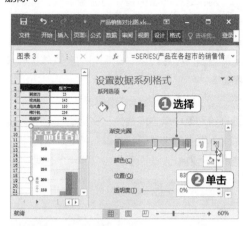

STEP 4　设置渐变色

分别选中左右两个渐变光圈，单击"颜色"按钮，将其填充色设置为"深蓝"，将中间的光圈填充色设置为浅蓝，其他保持不变，此时在工作表中可查看数据系列渐变色的填充效果。

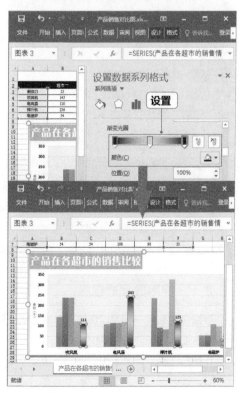

5. 设置网格线格式

网格线在图表中是作为纵坐标轴数值的参考线,可设置其线条样式、线条轮廓及线条粗细等。下面在"产品销售对比图.xlsx"工作簿中设置图表网格线线条样式和粗细,具体操作步骤如下。

STEP 1 设置网格线线条样式

❶在绘图区中单击网格线,在【格式】/【形状样式】组中单击"形状轮廓"按钮;❷在打开的下拉列表中选择"虚线"/"方点"选项。

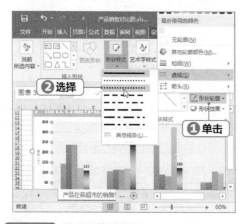

STEP 2 设置网格线粗细

❶在【格式】/【形状样式】组中单击"形状轮廓"按钮;❷在打开的下拉列表中选择"粗细"/"1.5磅"选项。

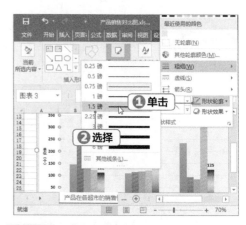

STEP 3 查看最终效果

完成网格线格式的设置后,对图表中的元素进行微调,如图表标题、图例的位置、图表的位置和大小等,查看完成后的效果(效果\第6章\产品销售对比图.xlsx)。

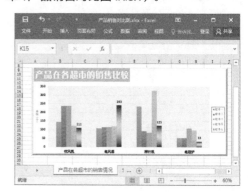

6.2 分析原料采购单

采购是很多公司或企业必须经历的一个过程。原料是指生产产品所需要的原材料,为了方便管理,掌握原料的采购情况,通常需要制作专门的原料采购清单。本例将使用数据透视表和数据透视图对采购清单进行分析,查看各类原料的采购情况。

6.2.1 使用数据透视表

数据透视表是一种可以快速汇总数据的交互式报表,是 Excel 中重要的分析性报告工具,在办公中不仅可以汇总、分析、浏览和提供摘要数据,还可以快速合并和比较分析大量的数据,下面分别对创建和编辑数据透视表的方法进行介绍。

微课:使用数据透视表

1. 创建数据透视表

要在 Excel 中创建数据透视表，首先要选择需要创建数据透视表的单元格区域，然后通过"创建数据透视表"对话框完成。需要注意的是，创建透视表的内容要存在分类，这样进行汇总才有意义，如本例中的分类为原料中的"新鲜牛肉""白砂糖""味精"等。下面在"原料采购单 .xlsx"工作簿中创建数据透视表，具体操作步骤如下。

STEP 1 插入数据透视表

打开素材文件"原料采购单 .xlsx"（素材\第6 章\原料采购单 .xlsx），选择任意数据单元格，在【插入】/【表格】组中，单击"数据透视表"按钮。

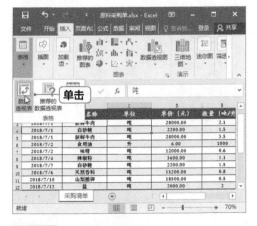

STEP 2 设置表格数据区域

❶打开"创建数据透视表"对话框，单击选中"选择一个表或区域"单选项；❷单击"表/区域"文本框右侧的收缩按钮。

STEP 3 选择透视表引用数据区域

此时"创建数据透视表"对话框呈缩小状态，在工作表中选择 A2:F20 单元格区域，然后单击展开按钮。

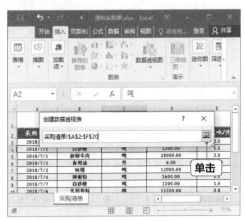

STEP 4 设置透视表放置位置

❶返回"创建数据透视表"对话框的原始状态，然后单击选中"现有工作表"单选项，在"位置"文本框中将 A21 单元格设置为创建透视表的位置；❷单击"确定"按钮。

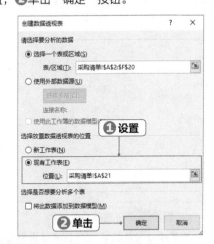

STEP 5 创建空白的数据透视表

此时创建出空白的数据透视表，数据透视表的放置位置为 A21 单元格，同时在右侧打开"数据透视表字段"窗格。

STEP 6　使用透视表分类汇总

在"选择要添加到报表的字段"栏中单击选中"原料名称"和"费用（元）"复选框，添加数据透视表的字段，完成数据透视表的创建。数据透视表按原料名称分类，并进行费用的求和汇总。

第1部分

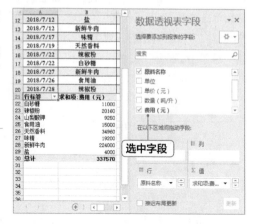

　操作解谜

数据透视表数据源的选择

在创建数据透视表时，数据源中的每一列都会成为在数据透视表中使用的字段，字段汇总了数据源中的多行信息。因此，在数据源中工作表第一行上的各个列都应有名称，通常每一列的列标题将成为数据透视表中的字段名。

2.更改汇总方式

在表格中创建数据透视表后，默认将对数据进行"求和"汇总，如果用户需要通过其他方式汇总，如计算同类产品中的最大值、最小值或平均值等，可更改汇总方式。下面在"原料采购单.xlsx"工作簿中将默认的求和汇总修改为返回进购同类商品费用的最大值，具体操作步骤如下。

STEP 1　更改汇总方式

❶在"求和项：费用（元）"单元格上单击鼠标右键；❷在弹出的快捷菜单中选择"值汇总依据"/"最大值"选项。

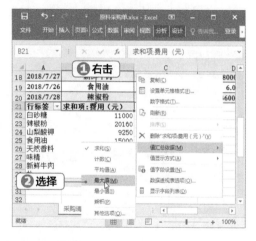

技巧秒杀

更新数据透视表

当表格中的原始数据更改后，需要对数据透视表进行更新，方法是：选择数据透视表中的任意单元格，选择【分析】/【数据】组，单击"刷新"按钮，在打开的下拉列表中选择"全部刷新"选项，或在所选单元格上单击鼠标右键，在弹出的快捷菜单中执行"刷新"命令。

STEP 2　查看费用最大值汇总效果

返回工作簿，即可看到"求和项：费用（元）"文本内容变为"最大值项：费用（元）"文本内容，最大值是指相同原料在不同日期进购所花费的最多的费用。

3. 在数据透视表中筛选数据

生成某个字段的数据透视表后，可在该字段分类中筛选需要的数据，另外还可自定义条件筛选，原理与筛选功能相似。下面在"原料采购清单 .xlsx"工作簿中首先按"原料名称"字段筛选查看所需数据，然后自定义条件筛选费用大于 10 000 元的项目，具体操作步骤如下。

STEP 1　选择筛选数据

❶单击"行标签"单元格中的下拉按钮，在打开的下拉列表中单击选中"白砂糖""辣椒粉""山梨酸钾""食用油"复选框；❷单击"确定"按钮。

STEP 2　查看字段筛选结果

此时，在数据透视表中已经筛选出"白砂糖""辣椒粉""山梨酸钾""食用油"的采购费用。

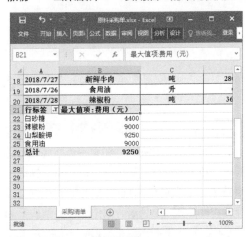

STEP 3　自定义条件筛选

❶单击"行标签"的下拉按钮，在打开的下拉列表中选择【值筛选】/【大于】选项，打开"值筛选（原料名称）"对话框，在文本框中输入"10000"；❷单击"确定"按钮。

操作解谜

清除数据筛选

在行/列标签或数据透视字段列表区域的字段上单击筛选下拉按钮，在打开的下拉列表中选择"标签筛选"/"清除筛选"或"值筛选"/"清除筛选"选项可清除数据筛选。

STEP 4　查看自定义筛选结果

此时，在数据透视表中筛选出采购费用大于 10 000 的数据。

第 6 章　使用图表分析表格数据

4. 删除数据透视表

分析完表格数据后，如果不再需要数据透视表，可将其删除，在删除前需要将数据透视表选中。下面将在"原料采购清单 .xlsx"工作簿中删除数据透视表，具体操作步骤如下。

STEP 1 选择整个数据透视表

在数据透视表中选择任意单元格，在【分析】/【操作】组中单击"选择"选项，在打开的下拉列表中选择"整个数据透视表"选项。

STEP 2 设置表格数据区域

按【Delete】键将数据透视表删除，只剩下表格数据。

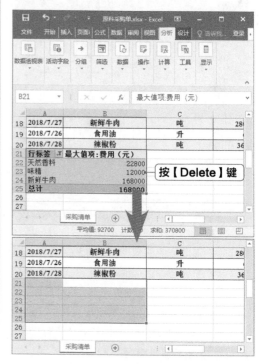

按【Delete】键

操作解谜

数据透视表功能应用

通过操作实例可以发现，数据透视表集合了数据筛选和数据汇总的功能。因此在实际使用数据透视表时，可结合数据筛选和数据汇总的操作实现分析数据的功能，且操作方法基本相同。

6.2.2 使用数据透视图

数据透视图是以图表的形式表示数据透视表中的数据，用于提供交互式图形化分析。与数据透视表一样，在数据透视图中可查看不同级别的明细数据，并且还具有直观地表现数据的优点。数据透视图是一类特殊的图表，具有图表的一切特性，因此它的设置和具体操作与设置和编辑图表相似。本例将使用数据透视图分析原料采购单中各类原料费用所占的比重。

微课: 使用数据透视图

第1部分

1. 创建数据透视图

要使用数据透视图，首先需要进行创建，可在数据透视表的基础上创建数据透视图，也可通过表格数据源创建，创建出数据透视表的同时将会生成相应的数据透视图。下面继续在"原料采购清单 .xlsx"工作簿中通过数据源创建数据透视图，具体操作步骤如下。

STEP 1　执行创建命令

❶在工作表中选择任意一个有数据的单元格；❷然后在【插入】/【图表】组中单击"数据透视图"选项。

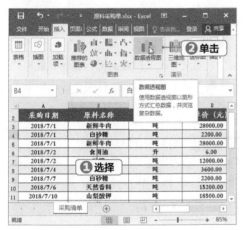

操作解谜

通过数据透视表创建数据透视图

通过数据透视表创建数据透视图，只需选中数据透视表中任意一个单元格，然后在【分析】/【工具】组中单击"数据透视图"按钮，打开"插入图表"对话框，然后选择图表的类型进行创建，此时数据透视图的数据源和数据透视表的数据源是同一个数据区域。

STEP 2　设置数据源

❶打开"创建数据透视图"对话框，自动添加 A2:F20 单元格区域为分析数据源，在"选择放置数据透视图的位置"栏中单击选中"现有

工作表"单选项，在"位置"文本框中将 A22 单元格设置为创建数据透视图的位置；❷单击"确定"按钮。

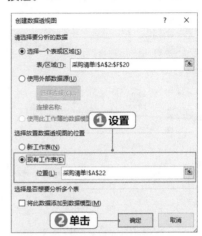

STEP 3　创建空白数据透视图

此时，创建出空白的数据透视图，同时生成数据透视表。数据透视表被放置在 A22 单元格，同时右侧打开"数据透视图字段"窗格。

STEP 4　添加字段

在"选择要添加到报表的字段"栏中单击选中"原料名称"和"费用（元）"复选框，添加数据透视图的字段，以便分析各采购原料的费用，

完成数据透视图的创建。

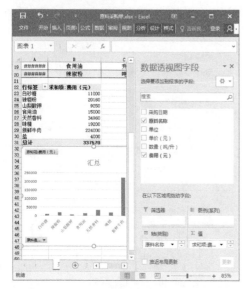

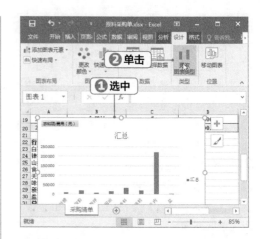

操作解谜

数据透视图与数据透视表的联系

从上面的操作可以看出，数据透视图与数据透视表的创建过程和方法是相同的，数据透视表可以单独存在，而数据透视图是在数据透视表的基础上生成的；它们的分析数据源是相同的，一个以表格的样式呈现并进行分析，一个以图表形式呈现并进行分析。

2. 设置数据透视图

默认创建的数据透视图为柱形图，显然不能满足用户的实际需求。而数据透视图是一种特殊形式的图表，因此可对透视图进行与图表相似的编辑操作，如调整图表位置和大小、更改图表类型以及设置图表背景效果等。下面在"原料采购清单.xlsx"工作簿中设置数据透视图，具体操作步骤如下。

STEP 1　更改图表类型

❶选择数据透视图；❷在【设计】/【类型】组中单击"更改图表类型"按钮。

技巧秒杀

更新数据透视图

如果更改了源数据值，需要在数据透视图上单击鼠标右键，在弹出的快捷菜单中选择"更新数据"进行同步更新。

STEP 2　选择更改的图表类型

❶打开"更改图表类型"对话框，在左侧单击"饼图"选项卡；❷在右侧选择"饼图"选项；❸单击"确定"按钮。

STEP 3　将图表移动到新工作表

❶在【设计】/【位置】组中单击"移动图表"按钮；❷打开"移动图表"对话框，单击选中"新

第1部分

工作表"单选项，在其右侧文本框中输入新工作表的标签名称；❸单击"确定"按钮。

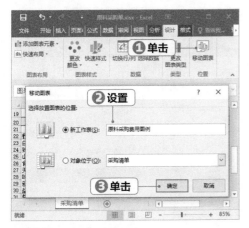

STEP 4 **输入图表标题**

在【设计】/【图表布局】组中单击"添加图表元素"按钮，在打开的下拉列表中选择"图表标题"/"图表上方"选项，然后输入标题文本，将字体格式设置为"方正大标宋简体，32，深绿"。

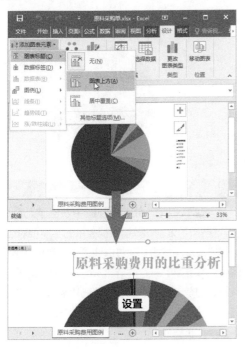

STEP 5 **选择"其他数据标签选项"**

在【设计】/【图表布局】组中单击"添加图表元素"按钮，在打开的下拉列表中选择"数据标签"/"其他数据标签选项"。

STEP 6 **设置数据标签格式**

❶在打开的"设置数据标签格式"窗格中单击"标签选项"按钮；❷在"标签包括"栏中单击选中"类别名称"和"百分比"复选框。

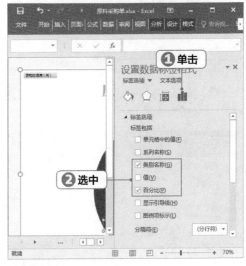

STEP 7 **设置标签样式**

❶选择图表后，在右侧单击"图表元素"按钮；❷在打开的列表框中将鼠标指针移动到"数据标签"复选框右侧的下拉按钮上，在弹出的子

列表中选择"数据标注"选项；❸然后再选择"最佳位置"选项，最后将标注字号设置为"10"。

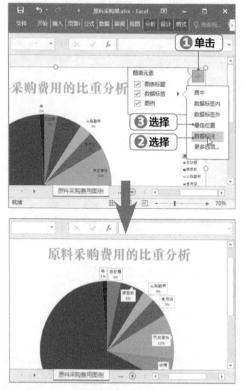

STEP 8 **将图例调整至顶部**

在【设计】/【图表布局】组中单击"添加图表元素"按钮，在打开的下拉列表中选择"图例"/"顶部"选项。

STEP 9 **设置图例格式**

选择图例，将字号设置为"10"，字体颜色设置为"白色"，然后填充"深红色"。

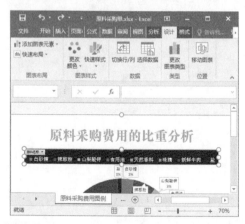

STEP 10 **完成设置**

最后为图表区填充"蓝色，个性色1，淡色80"颜色，查看完成后的效果（效果\第6章\原料采购单.xlsx）。

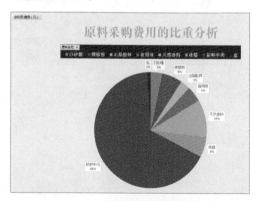

3. 在数据透视图中筛选数据

与图表相比，数据透视图中多出了几个按钮，这些按钮分别和数据透视表中的字段相对应，称作字段标题按钮。通过这些按钮可对数据透视图中的数据系列进行筛选，从而观察所需数据，其筛选功能与透视数据表的筛选功能相似。下面在"原料采购单.xlsx"工作簿中筛选所需数据，具体操作步骤如下。

STEP 1　筛选数据

❶在数据透视图中单击"原料名称"按钮；

❷在打开的下拉列表中单击选中前 4 个复选框；

❸单击"确定"按钮。

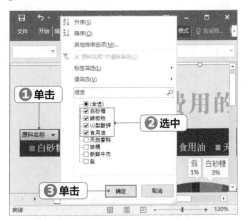

STEP 2　查看筛选效果

数据透视图将只显示选中的 4 个原料类别，此时需要重新添加数据标签。

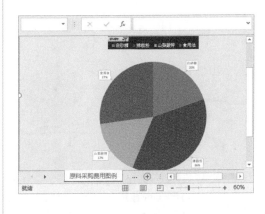

新手加油站 ——使用图表分析表格数据技巧

1. 链接图表标题

在图表中除了手动输入图表标题外，可将图表标题与工作表单元格中的表格标题内容建立链接，从而提高图表的可读性。实现图表标题链接的操作方法是：在图表中选择需要链接的标题，然后在编辑栏中输入"="，继续输入要引用的单元格或单击选择要引用的单元格，按【Enter】键完成图表标题的链接。当表格中链接单元格的内容发生改变，图表中的链接标题也将随之发生改变。

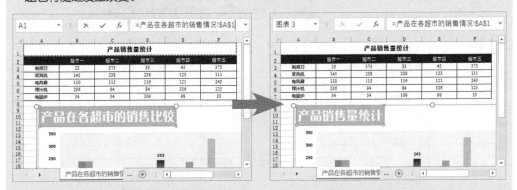

2. 更改坐标轴的边界和单位值

在创建的图表中，坐标轴的值边界与单位是根据数据源进行默认设置，根据实际需要，可自定义坐标轴的边界和单位值，如缩小或增大数值，具体操作如下。

❶ 双击坐标轴图形区，打开"设置坐标轴格式"窗格，单击"坐标轴选项"按钮。

❷ 在"边界"栏中设置最小与最大值。

❸ 在"单位"栏中设置主要和次要值。

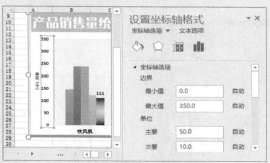

3. 将图表以图片格式应用到其他文档中

Excel 制作的图表可应用于企业工作的各个方面，还可以将图表复制到 Word 或 PPT 文件中。如果直接在 Excel 中复制图表，然后将其粘贴到其他文件中，图表的外观可能会发生变化，此时可将图表复制为图片来保证图表的质量，具体操作如下。

❶ 选择图表，选择【开始】/【粘贴板】组，单击"复制"选项，在打开的下拉列表中选择"复制为图片"选项。

❷ 打开"复制图片"对话框，在该对话框中提供了图片的外观和格式设置，如选中"如屏幕所示"单选项可将图表复制为当前屏幕中显示的大小；选中"如打印效果"单选项可将图表复制为打印的效果；选中"位图"单选项可将图片复制为位图，放大或缩小图片时始终保持图片的比例。

❸ 选择图片需要的格式后，单击"确定"按钮确认复制。

❹ 切换到需要图片的文档，按【Ctrl+V】组合键将图表以图片的形式粘贴到文档中。

4. 将图表保存为图片文件

可以将在 Excel 中制作的图表保存为图片文件，随时取用，具体操作如下。

❶ 选择【文件】/【另存为】命令，双击"这台电脑"选项。

❷ 打开"另存为"对话框，在"保存类型"下拉列表框中选择"网页（*.htm，*.html）"选项，单击"确定"按钮。

❸ 在打开的提示对话框中单击"是"按钮。

❹ 在保存位置打开 Excel 工作簿生成的文件夹（后缀名为 .files），在其中便可找到图表对应的图片（后缀名为 .png）。

 高手竞技场——使用图表分析表格数据练习

1. 制作"年度部门开支比例图表"

打开素材文件"年度部门开支比例图表 .xlsx"（素材\第 6 章\年度部门开支比例图表 .xlsx），制作图表，要求如下。

● 选择数据区域，创建"三维饼图"图表。
● 设置图表布局为"布局 1"，设置图表样式为"样式 26"。
● 输入图表标题并设置格式。
● 调整图表位置和大小（效果\第 6 章\年度部门开支比例图表 .xlsx）。

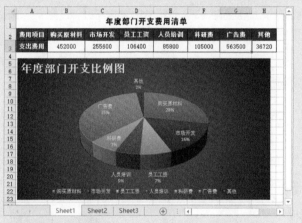

2. 使用数据透视表分析部门费用收支

打开素材文件"部门费用收支统计表 .xlsx"（素材\第 6 章\部门费用收支统计表 .xlsx），对部门及员工费用收支进行统计分析，要求如下。

● 创建数据透视表，并放置到新工作表中。
● 将"所属部门"和"员工姓名"进行分类，对"入额""出额""余额"费用进行求和汇总。
● 筛选出"企划部""销售部""研发部"的数据项目（效果\第 6 章\部门费用收支统计表 .xlsx）。

3. 使用数据透视图比较房交会参展费用

打开素材文件"房交会登记表.xlsx"（素材\第6章\房交会登记表.xlsx），创建数据透视图，分析房交会参展费用，要求如下。

- 创建数据透视表，添加"参展公司"和"参展会用"字段。
- 设置链接图表标题，将字体设置为"方正粗倩简体，黑色，文字1，20"。
- 添加数据标签和纵坐标轴标题，隐藏图例和网格线，设置坐标轴和数据标签字体格式。
- 分别设置数据系列的形状填充颜色（效果\第6章\房交会登记表.xlsx）。

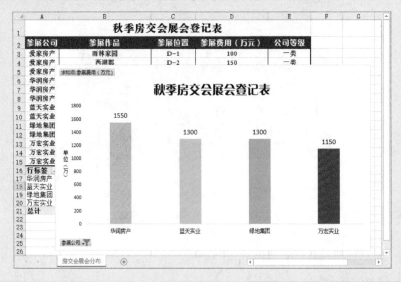

第 7 章

创建并编辑演示文稿

/ 本章导读

随着办公自动化的普及和推广，PowerPoint 在办公领域中发挥的作用日益重要。当用户需要制作解说、展示、培训类文档时，都需要 PowerPoint 的协助，在幻灯片中插入图片、SmartArt 图形等对象，既能直观表达文本内容，又能通过美化效果吸引听众。本章主要介绍创建并编辑演示文稿的方法，如创建演示文稿、输入文本、设置主题和母版、插入并编辑图片与 SmartArt 图形等。

7.1 创建"食品宣传画册"演示文稿

食品宣传画册演示文稿是一种推介新产品的演示文稿，主要用于对食品进行推荐和介绍。它可以是对某一种食品的宣传，也可以是对多类食品的宣传。本例主要使用文本、图片和文本框进行演示文稿的制作，主要涉及演示文稿和幻灯片的基本操作、文本输入与编辑、插入和编辑图片以及文本框的操作等。

7.1.1 演示文稿的基本操作

演示文稿的编辑平台是幻灯片，演示文稿中单独的一张张内容就是幻灯片，它们的集合就是一个完整的演示文稿。因此，要完成演示文稿的制作，首先需掌握新建、保存演示文稿以及幻灯片的新建、添加、删除、移动和复制等操作。

微课：演示文稿的基本操作

第 1 部分

1. 创建与保存空白演示文稿

启动 PowerPoint 2016 后可快速创建空白演示文稿并进行保存，与 Word 和 Excel 的操作相同。下面新建"食品宣传画册.pptx"演示文稿，具体操作步骤如下。

STEP 1　新建演示文稿

选择【文件】/【新建】选项，在"新建"界面中单击"空白演示文稿"选项。

STEP 2　执行"保存"命令

选择【文件】/【保存】选项，打开"另存为"界面，然后双击"这台电脑"选项，或单击下方的"浏览"按钮。

操作解谜

已有文件的保存

若不是第一次保存演示文稿，则单击"保存"按钮不会再次打开"另存为"对话框，只在上次保存的演示文稿的基础上保存所做的修改。

STEP 3　保存设置

❶打开"另存为"对话框，在地址栏中选择保存位置；❷在"文件名"文本框中输入文件名；❸单击"保存"按钮。

STEP 4 完成创建

完成"食品宣传画册 .pptx"空白演示文稿的创建。

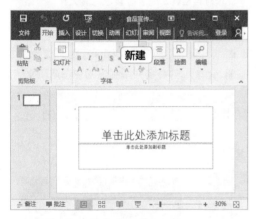

操作解谜

根据模板创建演示文稿

在联机状态下，PowerPoint同样可在"新建"界面中选择或搜索模板选项来创建相应演示文稿。

2. 插入图片相册创建演示文稿

当演示文稿中包含的内容多为图片时，可以使用插入图片相册的方式来创建演示文稿，然后通过后期设置和编辑完成演示文稿的制作。下面插入食品素材图片，创建电子相册演示文稿，具体操作步骤如下。

STEP 1 执行"新建相册"命令

选择【插入】/【图像】组，单击"相册"按钮下方的下拉按钮，在打开的下拉列表中选择"新建相册"选项。

STEP 2 添加图片

❶在打开的"相册"对话框中单击"文件 / 磁盘"按钮，在打开的"插入新图片"对话框中按【Ctrl+A】组合键选中所有素材图片（素材 \ 第 7 章 \ 食品图片）；❷然后单击"插入"按钮。

STEP 3 设置版式

❶返回"相册"对话框，在"相册中的图片"列表框中显示了添加的图片，在"相册版式"栏的"图片版式"下拉列表框中选择图片排版方式，这里选择"2 张图片"选项；❷单击"创建"按钮。

STEP 4 **创建电子相册演示文稿**

此时新建一个来命名保存的电子相册演示文稿，并自动添加幻灯片，每张幻灯片中自动排列 2 张图片。

STEP 5 **设置保存位置和文件名**

单击"保存"按钮，打开"另存为"对话框，将保存位置和文件名设置为与之前保存的空白演示文稿一致，单击"保存"按钮。

STEP 6 **替换保存**

此时，将弹出提示对话框，提示文件已存在，是否进行替换，单击"是"按钮，替换保存。

操作解谜

文件替换保存

在系统中保存任意文件，当保存位置存在相同文件名的同类型文件时，就会弹出提示对话框提示是否替换原有的文件。

STEP 7 **完成创建**

此时，将电子相册演示文稿保存为"食品宣传画册 .pptx"，并替换开始创建的空白演示文稿。

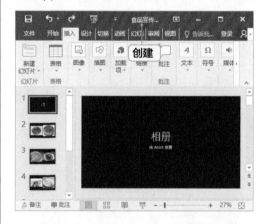

3. 新建幻灯片

当演示文稿中的幻灯片张数无法满足实际需求时，需要新建幻灯片。新建幻灯片的方式有多种，可新建具有任意版式的幻灯片，或快速插入与上一张幻灯片相同版式的幻灯片。下面在创建的"食品宣传画册 .pptx"演示文稿中使用不同方式新建多张幻灯片，具体操作步骤如下。

STEP 1　新建"标题和内容"幻灯片

❶在演示文稿中单击鼠标左键选中第 1 张幻灯片，在【插入】/【幻灯片】组中单击"新建幻灯片"选项；❷在打开的下拉列表中选择"标题和内容"选项。

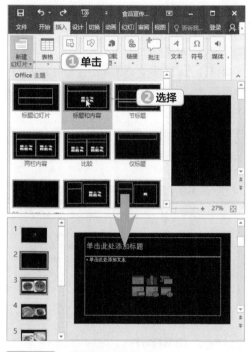

STEP 2　新建相同版式幻灯片

在演示文稿中选择第 3 张幻灯片，按【Enter】键在第 3 张幻灯片下方新建与其版式相同的幻灯片。

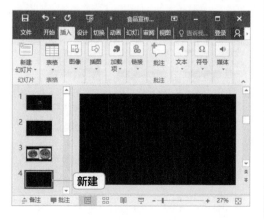

4. 移动和复制幻灯片

在制作演示文稿的过程中，当幻灯片顺序不正确或不符合逻辑时，可通过移动操作将其移动到正确位置上。若需要制作的幻灯片与某张幻灯片版式非常相似，可通过复制功能对其进行复制。下面在"食品宣传画册 .pptx"演示文稿中执行移动和复制操作，具体操作步骤如下。

STEP 1　复制幻灯片

❶选择第 2 张"标题和内容"幻灯片，在【开始】/【剪贴板】组中单击"复制"按钮；❷然后按【Ctrl+V】组合键在第 2 张幻灯片的下方粘贴幻灯片，以此来复制第 2 张幻灯片。

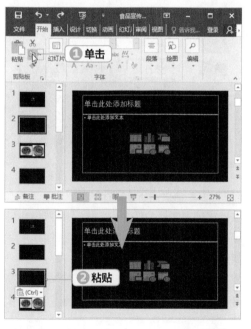

技巧秒杀

其他方式复制幻灯片

选择幻灯片后，按【Ctrl+D】组合键或在【插入】/【幻灯片】组中单击"新建幻灯片"右侧的下拉按钮，在打开的下拉列表中选择"复制选定幻灯片"选项，都可在选定幻灯片下方复制该幻灯片。

第 **7** 章　创建并编辑演示文稿

第1部分

STEP 2 移动幻灯片

❶选择第5张空白的幻灯片；❷按住鼠标左键不放向上拖动，当幻灯片缩略图显示到第2张幻灯片上方时释放鼠标，将该幻灯片移到第2张幻灯片上方。

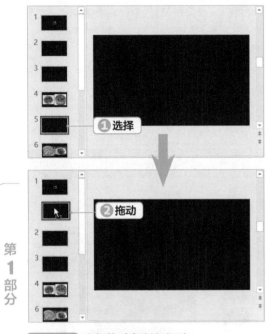

STEP 3 鼠标拖动复制幻灯片

选择移动位置后的空白幻灯片，按住【Ctrl】键不放，向下拖动鼠标到最下方，将该幻灯片复制到最后位置。

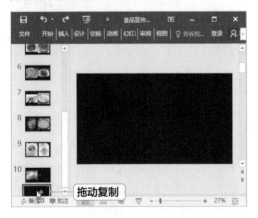

5. 删除幻灯片

　　Office办公软件中的删除操作主要通过【Delete】键或【Backspace】键实现，删除幻灯片可删选中的单张幻灯片，也可删除多张幻灯片。下面删除"食品宣传画册.pptx"演示文稿中的首页幻灯片和只包含一张图片的幻灯片，具体操作步骤如下。

STEP 1 删除幻灯片

选择第1张幻灯片，然后按住【Ctrl】键，再选择第10张幻灯片，按【Delete】键删除选中的幻灯片。

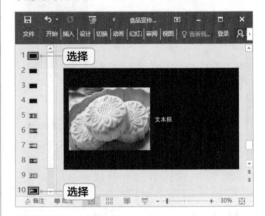

STEP 2 浏览幻灯片

删除幻灯片后，在演示文稿的状态栏中单击"浏览幻灯片"按钮，在"浏览幻灯片"视图下可查看初步创建的演示文稿的效果，其中包含了9张幻灯片。

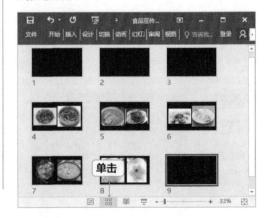

7.1.2 设计演示文稿整体效果

制作演示文稿时，根据制作的内容可先设计演示文稿的整体效果，搭建演示文稿的结构，然后再对幻灯片内容进行输入和编辑。搭建演示文稿的结构，设计演示文稿的整体效果，可通过设计演示文稿的主题和母版幻灯片实现，下面分别进行介绍。

微课：设计演示文稿整体效果

1. 应用内置主题

幻灯片主题与 Word 中提供的样式类似，当颜色、字体、格式、整体效果保持某一主题标准时，可将所需的主题应用于整个演示文稿。下面在"食品宣传画册.pptx"演示文稿中应用"木头类型"主题，具体操作步骤如下。

STEP 1　选择主题样式

选择任意幻灯片，在【设计】/【主题】组的"主题"下拉列表中选择"木头类型"选项。

STEP 2　查看应用主题的效果

在浏览幻灯片视图模式下可查看主题效果。

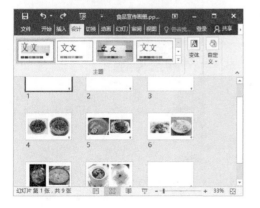

操作解谜

切换到普通视图模式

在演示文稿的状态栏单击"普通视图"按钮，或在浏览幻灯片视图窗口中双击幻灯片，都可切换到普通视图模式。

2. 自定义主题

为当前演示文稿应用主题后，如果觉得该主题不能更好地突出幻灯片中的内容，可对主题的颜色、字体、背景等进行更改，使其更符合当前演示文稿。下面在"食品宣传画册.pptx"演示文稿中自定义主题，具体操作步骤如下。

STEP 1　自定义占位符字体

❶在【设计】/【变体】组的下拉列表中单击"字体"按钮；❷在打开的下拉列表中选择"华文新魏 - 华文楷体"选项，将幻灯片的标题字体设置为华文新魏，正文字体设置为华文楷体。

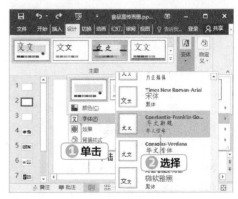

STEP 2　查看自定义字体效果

在演示文稿中选择第 2 张幻灯片，可查看更改主题字体前后的对比效果。

173

STEP 3 自定义主题背景

❶在【设计】/【变体】组的下拉列表中单击"背景样式"按钮；❷在打开的下拉列表中选择"设置背景格式"选项。

操作解谜

其他填充方式

在"设置背景格式"窗格的"填充"栏中包含"渐变填充""图片或纹理"和"图案填充"3个单选项，单击选中某个单选项，可以使用相应的图片、纹理、图案等方式进行填充。

STEP 5 自定义颜色

❶打开"标准"对话框，单击"自定义"选项卡；❷在"颜色模式"栏中将"RGB"颜色模式的"红色、绿色、蓝色"数值设置为"239、233、221"；❸单击"确定"按钮。

STEP 4 选择"其他颜色"选项

❶在右侧打开"设置背景格式"窗格，在"填充"栏中单击选中"纯色填充"单选项；❷在"颜色"栏中单击"颜色"按钮；❸在打开的下拉列表中选择"其他颜色"选项。

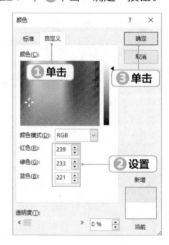

STEP 6 **全部应用**

返回"设置背景格式"窗格，单击"全部应用"按钮，为所有幻灯片设置相同的背景颜色。然后关闭"设置背景格式"窗格，在浏览幻灯片视图中可查看设置背景后的效果。

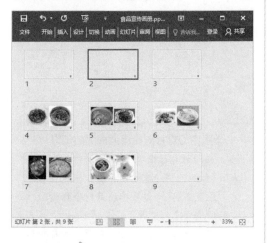

技巧秒杀

重置背景

设置幻灯片背景后，在"设置背景格式"窗格中单击"重置背景"按钮取消当前背景设置，返回原来的模式。

3. 设计和应用幻灯片母版

幻灯片母版通常用来制作具有统一标志、背景、占位符格式、各级标题文本格式等的内容。幻灯片母版设计实际上就是在母版视图下设置占位符格式、项目符号、背景、页眉/页脚，并将其应用到幻灯片中，相对于通过主题设置演示文稿效果，应用母版更加灵活和全面。下面首先在"食品宣传画册.pptx"演示文稿中更改相应幻灯片的版式，然后设计并应用幻灯片母版，具体操作步骤如下。

STEP 1 **为首页幻灯片设置标题版式**

❶选择第 1 张幻灯片，在【开始】/【幻灯片】组中单击"版式"按钮；❷在打开的下拉列表

中选择"标题幻灯片"选项，将原先的空白幻灯片版式更改为标题幻灯片版式。

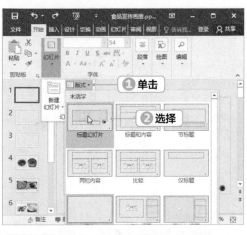

STEP 2 **为图片幻灯片设置仅标题版式**

❶选择第 4~8 张幻灯片，单击鼠标右键，在弹出的快捷菜单中选择"版式"选项；❷然后在其子菜单中选择"仅标题"选项，将原先的空白幻灯片版式更改为仅标题幻灯片版式。

操作解谜

更改幻灯片版式的原因

幻灯片母版视图中各页母版对应普通视图中相应版式的幻灯片，为了更加方便地统一设置和应用，需要先更改版式。

STEP 3 查看更改幻灯片版式的效果

更改版式后，可查看更改相应版式后幻灯片的显示效果。

STEP 4 进入母版编辑状态

在【视图】/【母版视图】组中单击"幻灯片母版"按钮，进入母版编辑状态。

STEP 5 设置内容幻灯片文本格式

选择第 1 张内容幻灯片，选择标题占位符，在【开始】/【字体】组中将字体颜色设置为"红色"，选择下方的一级正文内容"编辑母版文

本样式"，将其字号设置为"32"。

操作解谜

母版中幻灯片对应普通视图的幻灯片

在幻灯片母版中，第1张幻灯片表示内容页幻灯片，第2张幻灯片表示标题页幻灯片。设置第1张幻灯片将应用到除标题幻灯片的所有内容幻灯片，设置第2张幻灯片只应用到标题幻灯片。其他母版页，如标题和内容页对应普通视图中的"标题和内容"版式幻灯片，在该页母版中设置，只应用到相应的"标题和内容"版式幻灯片。

STEP 6 设置页眉和页脚

在【插入】/【文本】组中单击"页眉和页脚"按钮。

STEP 7 显示编号

❶单击"页眉和页脚"对话框的"幻灯片"选

项卡，单击选中"幻灯片编号"复选框；❷单击选中"标题幻灯片中不显示"复选框；❸单击"应用"按钮，在除标题幻灯片外的其他幻灯片中显示编号。

技巧秒杀

添加页脚内容

　　在"页眉和页脚"对话框中单击选中"页脚"复选框，在其下方的文本框中可输入页脚内容，如标题或公司名称等。

STEP 8　删除标题母版中的对象

❶选择第 2 张标题幻灯片；❷按【Ctrl+A】组合键选中该母版幻灯片中所有的对象，按【Delete】键删除。

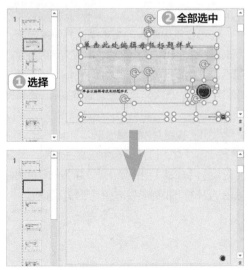

STEP 9　退出母版视图编辑状态

在【幻灯片母版】/【关闭】组中单击"关闭母版视图"按钮，退出母版视图编辑状态。

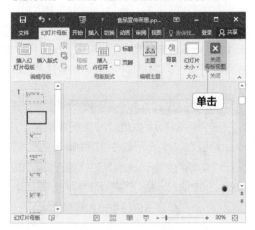

技巧秒杀

编辑主题

　　在幻灯片母版视图的【幻灯片母版】/【编辑主题】组中同样可进行主题设置，包括应用内置主题、自定义主题字体和背景等。

STEP 10　查看设置母版后的幻灯片效果

返回普通视图后，可看到幻灯片中的内容已发生相应改变。

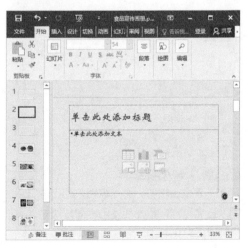

第 7 章　创建并编辑演示文稿

7.1.3　添加文本与图片

　　文本内容和图片是宣传类演示文稿必不可少的组成元素，也是幻灯片中最基本和最常使用的元素。在幻灯片中插入图片，不仅可以让幻灯片更具有观赏性，还能起到辅助文字说明、丰富演示文稿内容的作用。在 PowerPoint 添加文本与图片并进行编辑与设置的方法与在 Word 中添加文本与图片的操作相似，两者有共通性。用户在学习操作时，可以融会贯通、举一反三。

微课：添加文本与图片

1. 在占位符中输入文本

　　在 PowerPoint 中通过各类版式新建幻灯片后，可直接在幻灯片的占位符中输入文本。下面在"食品宣传画册 .pptx"的标题占位符和正文占位符中输入标题和正文，具体操作步骤如下。

STEP 1　在标题占位符中输入标题文本

①在"食品宣传画册 .pptx"演示文稿中选择第 2 张幻灯片，单击标题占位符，将光标插入到占位符中；②输入标题文本。

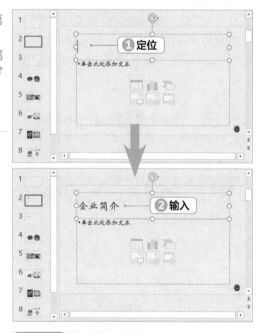

STEP 2　输入其他文本

①单击正文占位符，将光标插入到占位符中，输入正文内容；②然后使用相同方法输入其他标题和正文文本。

2. 调整文字方向

　　在占位符中输入的文本默认为横排显示，而根据版式需要，在幻灯片中常将文字内容竖排显示。下面在"食品宣传画册 .pptx"中将第 3 张幻灯片中的正文文本设置为竖排显示，具体操作步骤如下。

STEP 1　设置文本竖排显示

①选择第 3 张幻灯片，选中正文占位符；②在【开始】/【段落】组中单击"文字方向"按钮；③在打开的下拉列表中选择"竖排"选项。

STEP 2　调整占位符大小

选中正文占位符，更改字体为"华文新魏"，将鼠标指针移动到左侧中间的控制点上，向右侧拖动鼠标，调整占位符的大小。

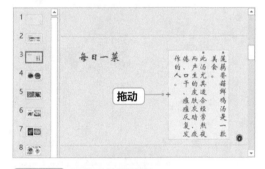

STEP 3　调整占位符位置

将鼠标指针移动到占位符的边框上，当鼠标指针变为 ✥ 形状时，向左拖动鼠标，将占位符移动到幻灯片左侧。

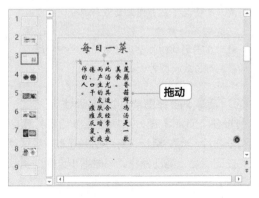

3. 插入图片

在 PowerPoint 中插入图片主要通过【插入】/【插图】组实现，通过图片可以丰富演示文稿的内容。下面在"食品宣传画册 .pptx"演示文稿的首页幻灯片中插入背景图片，具体操作步骤如下。

STEP 1　插入图片

❶ 在"食品宣传画册 .pptx"演示文稿中选择第 1 张幻灯片，选择【插入】/【图像】组，单击"图片"按钮，打开"插入图片"对话框；

❷ 在对话框左侧导航窗格中选择图片的位置；

❸ 在右侧列表框选择图片，这里选择"首页背景 .tif"文件（素材 \ 第 7 章 \ 首页背景 .tif）；

❹ 单击"插入"按钮。

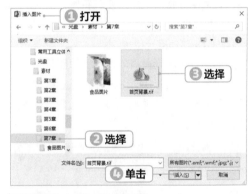

STEP 2　查看插入的图片

返回幻灯片编辑区即可查看插入图片后的效果，插入的图片默认浮于文字上方。

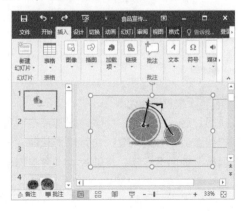

4. 调整图片位置和大小

插入图片后，根据幻灯片版面可调整图片的大小和位置。下面在"食品宣传画册 .pptx"演示文稿中调整首页图片及已有图片的大小和位置，具体操作步骤如下。

STEP 1　移动图片位置

第 1 部分

将鼠标指针移动到首页幻灯片背景图片上，当鼠标指针变为✥形状时，按住鼠标左键不放进行拖动，将图片移动到幻灯片左上角，使图片边框与幻灯片边框对齐。

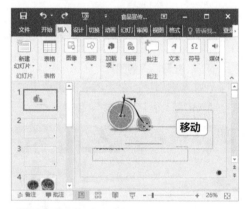

STEP 2　调整图片大小

选择图片后，将鼠标指针移动到图片右下角的控制点上，当鼠标指针变为↖形状时，按住鼠标左键向下拖动，将图片大小调整到与幻灯片大小一致。

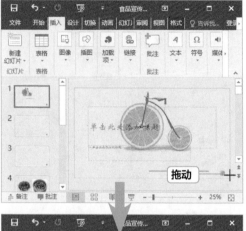

STEP 3　对多张图片大小进行调整

❶按住【Shift】键，选择第 4 张幻灯片中的两张图片；❷将鼠标指针移动到任意一张图片的控制点上，拖动鼠标，同时缩小选择的两张图片。

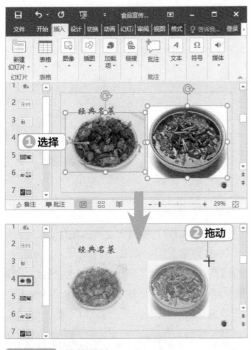

STEP 4　裁剪图片

❶选择第 6 张幻灯片中左侧的图片,选择【格式】/【大小】组,单击"裁剪"按钮;❷将鼠标指针移动到图片上方中间的黑色控制点上,向下拖动到合适位置后释放鼠标,完成图片裁剪。

STEP 5　调整其他图片的大小与位置

使用前面的方法,对其他幻灯片中已有图片的大小和位置进行初步调整,查看调整后的效果。

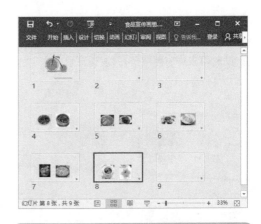

5. 调整颜色与更改图片

　　因为插入幻灯片中的图片的来源多样化,所以插入的图片风格、色调等特质并不统一,必须对图片的颜色效果进行调整,如调整亮度、曝光度及删除图片白色背景等,使其显示协调,对于不如意的图片则可进行替换。下面在"食品宣传画册 .pptx"演示文稿中对相应图片进行颜色效果的调整和图片的更换,具体操作步骤如下。

STEP 1　选择"设置透明色"选项

❶选择第 4 张幻灯片中右侧的图片,选择【格式】/【调整】组,单击"颜色"按钮;❷在打开的下拉列表中选择"设置透明色"选项。

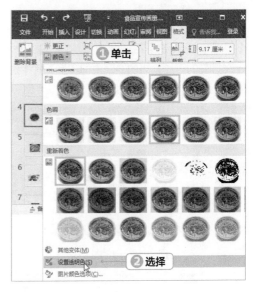

STEP 2 设置透明色

将鼠标指针移动到图片白色底纹处单击鼠标左键,此时可去掉白色背景,并设置背景为透明色。

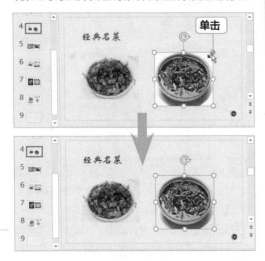

操作解谜

设置透明色的注意事项

当图片背景色只有一种颜色或非常近似的颜色,并且与图像颜色存在明显差异时,才能得到较好的透明色效果。

STEP 3 增加饱和度

❶在第6张幻灯片中选择右侧的图片,选择【格式】/【调整】组,单击"颜色"按钮;❷在打开的下拉列表的"颜色饱和度"栏中选择"饱和度:200%"选项。

STEP 4 查看图片效果

添加图片的色泽效果。然后使用类似方法调整其他图片的颜色效果。

STEP 5 替换图片

❶在第8张幻灯片中选择左侧的图片,选择【格式】/【调整】组,单击"更改图片"按钮;❷打开"插入图片"对话框,在地址栏中选择图片保存的位置;❸选择替换的素材图片文件;❹单击"插入"按钮。

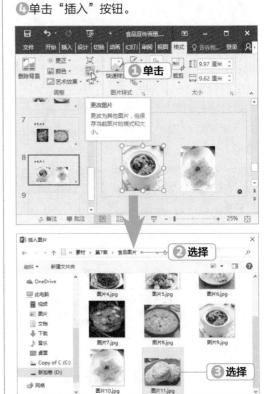

STEP 6　调整其他图片的颜色效果

添加图片的色泽效果。然后使用类似方法调整其他图片的颜色效果。

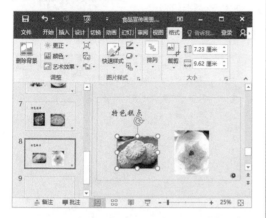

6. 设置图片样式

　　为了方便用户快速对图片进行美化，PowerPoint 预设了多种效果精美的图片样式，如映像圆角矩形、柔滑边缘矩形和矩形投影等。下面在"食品宣传画册 .pptx"演示文稿中应用图片样式，具体操作步骤如下。

STEP 1　设置图片样式

❶ 选择第 4 张幻灯片中左侧的图片，在【格式】/【图片样式】组中单击"快速样式"按钮；

❷ 在打开的下拉列表中选择"旋转，白色"选项。

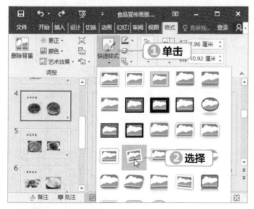

STEP 2　查看图片样式

此时，可查看应用样式后的图片效果。

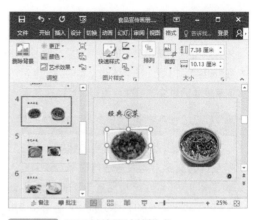

STEP 3　设置其他图片的样式

使用相同方法，为其他图片应用不同样式。

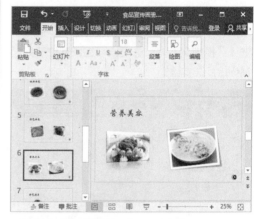

STEP 4　设置第 3 张幻灯片样式

选择第 3 张幻灯片，插入素材文件中的"图片 9.jpg"，将其移动到右侧，并设置图片样式。

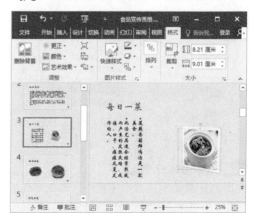

7.1.4 使用文本框

文本框属于演示文稿的常用对象，通过文本框可以在幻灯片中对输入的文本内容进行灵活排版，任意移动文本内容，并且可设置出艺术字效果和形状样式。接下来主要通过文本框在首页幻灯片插入艺术字，为图片添加形状样式批注内容。

微课：使用文本框

1. 插入文本框

文本框实质上是文本内容的容器，通过它可随意排列文字，插入方法与在 Word 中插入文本框相同。下面在"食品宣传画册 .pptx"演示文稿的首页标题幻灯片中分别插入竖排和横排文本框，并输入相应文本，具体操作步骤如下。

STEP 1 绘制文本框

❶选中第 1 张幻灯片，在【插入】/【文本】组中单击"文本框"按钮，在打开的下拉列表中选择"横排文本框"选项；❷在所需位置拖动鼠标绘制文本框。

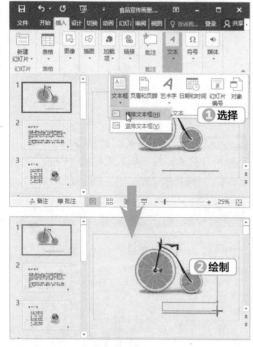

STEP 2 输入并设置文本

此时光标自动定位到文本框中，输入"尚品居"，将字体设置为"方正胖娃简体，72"。

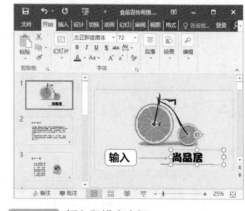

STEP 3 插入竖排文本框

❶在【插入】/【文本】组中单击"文本框"按钮，在打开的下拉列表中选择"竖排文本框"选项；❷在竖排文本框中输入"品味生活，源自尚品"，将字体设置为"方正大标宋简体，24"。

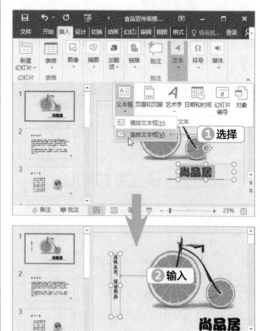

2. 设置文本框艺术字样式

插入文本框后，可为里面的文字内容设置艺术字样式，使其外观更加靓丽。下面在"食品宣传画册 .pptx"演示文稿中设置文本框的艺术字样式，具体操作步骤如下。

STEP 1　设置文本填充颜色

❶选择首页幻灯片中的竖排文本框，在【格式】/【艺术字样式】组中单击"文本填充"按钮；❷在打开的下拉列表中选择"深蓝"选项。

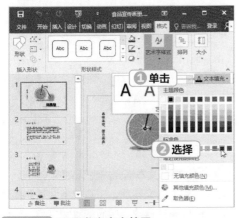

STEP 2　设置发光文本效果

❶在【格式】/【艺术字样式】组中单击"文本效果"按钮；❷在打开的下拉列表中选择"发光 / 深红，5pt 发光，个性色 2"选项。

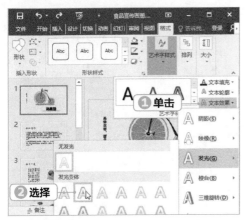

STEP 3　设置映像文本效果

❶选择首页幻灯片中的横排文本框，在【格式】/

【艺术字样式】组中单击"文本效果"按钮；❷在打开的下拉列表中选择"映像"/"紧密映像，接触"选项。

3. 设置文本框形状样式

PowerPoint 不仅可为文本框的内容设置艺术字样式，还可设置文本框的形状样式。下面在"食品宣传画册 .pptx"演示文稿的图片幻灯片中插入文本框，然后设置其形状样式，具体操作步骤如下。

STEP 1　插入横排文本框

选择第 4 张幻灯片，在【插入】/【文本】组中单击"文本框"按钮，在打开的下拉列表中选择"横排文本框"选项，然后在左侧图片的右上角绘制文本框，输入"啤酒鸭"文本，将字号设置为"24"，效果如下图所示。

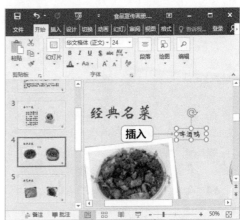

STEP 2 设置填充颜色

❶选择文本框,在【格式】/【形状样式】组中单击"形状填充"按钮;❷在打开的下拉列表中选择"深红"选项。

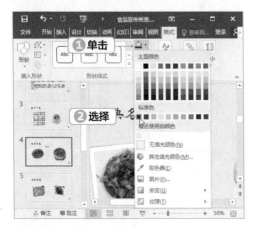

STEP 3 更改形状

❶保持文本框的选中状态,在【格式】/【插入形状】组中单击"编辑形状"按钮;❷在打开的下拉列表中选择"更改形状"选项,再在其子列表的"星与旗帜"栏中选择"爆炸形1"选项。

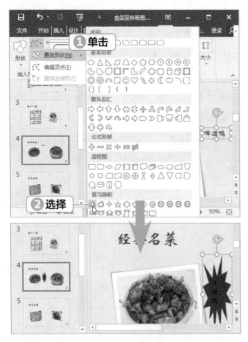

STEP 4 调整文本框形状大小

在【开始】/【字体】组中将文本框字体颜色设置为"白色",然后将鼠标指针移动到文本框右侧中间的控制点上,拖动鼠标调整其大小,再将其移动到图片右上角。

STEP 5 复制文本框完成演示文稿的创建

复制设置完成的文本框,将其放置到其他图片上的合适位置并修改为相应的食物名称。最后复制首页幻灯片,将其移到末尾作为结束页,修改其中的内容,完成演示文稿的创建(效果\第7章\食物宣传画册.pptx)。

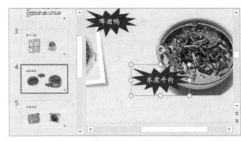

第1部分

7.2 编辑"营销计划书"演示文稿

企业营销计划是指，在对企业市场营销环境进行调研分析的基础上，制定企业的营销目标以及实现这一目标应采取的策略、措施和步骤的明确规定和详细说明。使用 PowerPoint 制作营销计划、工作总结、产品上市等这类演示文稿时，常会涉及结构图、示意图和流程图的应用，本例将使用 SmartArt 图形制作结构图、示意图，完成演示文稿的编辑。

7.2.1 插入与编辑 SmartArt 图形

SmartArt 图形在商务办公中应用非常广泛，通过 PowerPoint 中的 SmartArt 图形能够清楚地表明不同事物之间的各种关系。制作演示文稿时，通过编辑 SmartArt 图形可创作各式各样的示意图或流程图。插入形状和 SmartArt 图形后，还可进行编辑，使其满足用户不同的需求。

微课：插入与编辑
SmartArt 图形

1. 插入 SmartArt 图形

PowerPoint 2016 中提供了种类丰富的 SmartArt 图形，并对 SmartArt 图形进行了详细的分类，用户可根据需要进行选择。下面在"营销计划书.pptx"演示文稿中插入 SmartArt 图形，具体操作步骤如下。

STEP 1 执行插入命令

打开"营销计划书.pptx"（素材\第7章\营销计划书.pptx）演示文稿，选择第6张幻灯片，选择【插入】/【插图】组，单击"SmartArt"按钮。

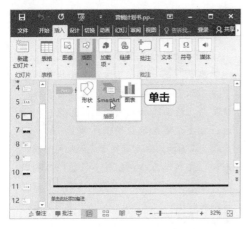

STEP 2 选择 SmartArt 图形

❶打开"选择 SmartArt 图形"对话框，单击"层次结构"选项卡；❷在右侧列表框中选择"组织结构图"选项；❸单击"确定"按钮。

STEP 3 查看插入 SmartArt 图形的效果

返回幻灯片，可查看插入的组织结构图的效果。

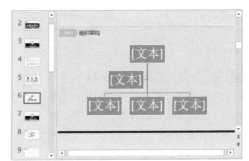

第 7 章 创建并编辑演示文稿

2. 添加或删除形状与调整布局

SmartArt 图形实际上可看作由一组形状组成的图形，用于说明事物的关系。默认插入的 SmartArt 图形的形状数量是固定的，可能无法满足用户的需要，此时可根据需要为 SmartArt 图形添加或删除形状。在删除或添加形状后，还应根据公司部门的等级调整形状布局。下面在 "营销计划书 .pptx" 演示文稿中的组织结构图中执行添加和删除形状的操作，构建出公司组织框架的结构图，具体操作步骤如下。

STEP 1 删除形状

按住【Shift】键并选择组织结构图中第 3 行中的左右两个文本框，然后按【Dlete】键将其删除。

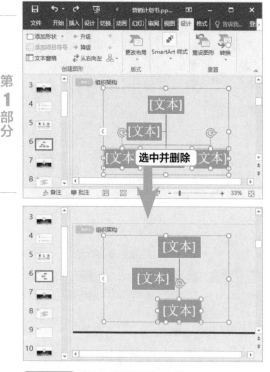

STEP 2 通过功能组添加形状

❶选中第 3 个形状，在 "SmartArt 工具" 的【设计】/【创建图形】组中单击 "添加形状" 按钮；❷在打开的下拉列表中选择 "在下方添加形状" 选项。

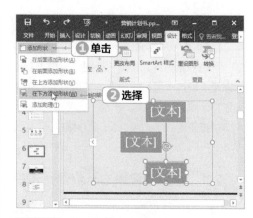

STEP 3 使用快捷菜单添加形状

保持图形的选择状态，在其上单击鼠标右键，在弹出的快捷菜单中选择 "添加形状" / "在后面添加形状" 选项。

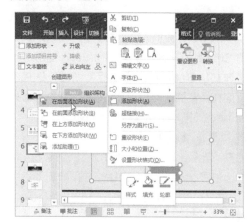

操作解谜

在下方和在后面添加形状的区别

默认状态下，在下方添加形状是指在下方添加下一级别的形状；在后面添加形状是指在后面添加相同级别的形状。相应地，在上方添加形状用于添加上一级别的形状；在前面添加形状用于添加相同级别的形状。在实际办公中制作公司组织结构图时，可先在纸上手绘结构图的布局，然后根据绘制的手稿，在 PowerPoint 中清晰地进行形状的设置和布局。

第 1 部分

STEP 4 在后面添加其他相同等级的形状

使用相同的方法，在添加的形状后面再添加5个级别相同的形状。

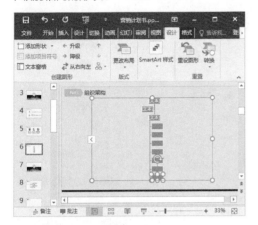

STEP 5 更改形状布局

❶选择第3行中的所有形状，在"SmartArt工具"的【设计】/【创建图形】组中单击"布局"按钮；❷在打开的下拉列表中选择"标准"选项；❸将添加的形状从垂直排列调整为水平排列。

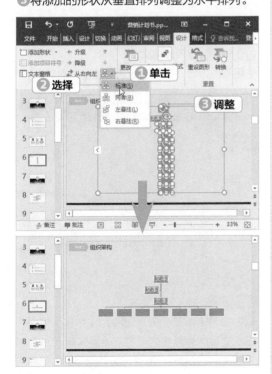

STEP 6 在下方添加形状

❶选择添加的第1个形状，在【设计】/【创建图形】组中单击"添加形状"按钮；❷在打开的下拉列表中选择"在下方添加形状"选项。

STEP 7 在后面添加形状

❶保持添加形状的选择状态；❷在"SmartArt工具"的【设计】/【创建图形】组中单击"添加形状"按钮，在打开的下拉列表中选择"在后面添加形状"选项。

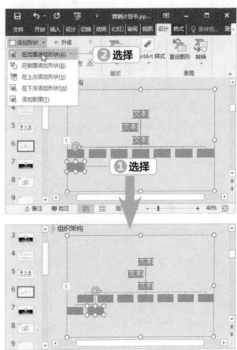

STEP 8 **添加其他形状**

❶利用前面介绍的添加形状和更改布局的方法，为第4行中第6个形状添加2个下一级别的形状和6个第3等级的形状；❷为第4行中最后一个形状添加3个下一级别的形状，查看完成后的效果。

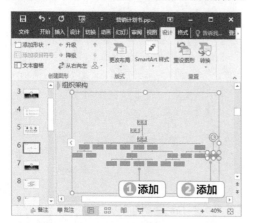

3. 输入文本

结构图创建完成后就可在其中输入文本，用于说明结构图中每个形状所代表的含义。默认插入的形状中有"文本"字样，可将光标插入形状中直接输入文本，而其他添加的形状则需执行命令后输入，然后可设置文本的字体格式。下面在"营销计划书.pptx"演示文稿中的组织结构图中输入文本，具体操作步骤如下。

STEP 1 **直接输入文本**

在第1个形状中单击鼠标左键，插入光标，输入"董事会"文本。

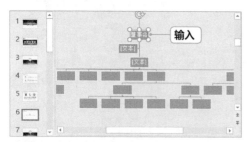

STEP 2 **通过命令输入文本**

❶在其他默认的形状中输入相应文本。然后选

择添加的形状，单击鼠标右键，在弹出的快捷菜单中执行"编辑文字"命令；❷将光标插入形状中，输入"市场部"文本。

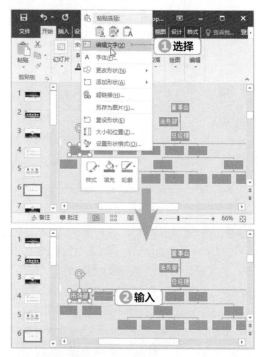

STEP 3 **输入其他文本**

使用相同方法，在其他形状中输入文本。

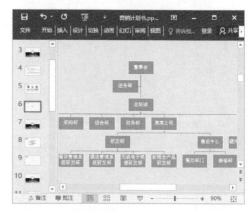

STEP 4 **输入其他文本**

选中组织结构图，在【开始】/【字体】组中将形状文本字体设置为"方正中雅宋简，14"，然后选择"董事会"形状，将字号设置为"18"，

选择"法务部"和"总经理"形状，将字号设置为"16"。

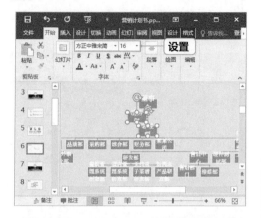

4.调整形状大小和位置

在形状中输入文本后，形状默认的尺寸无法满足文本的排列，因此在确认图形的结构后，需要调整形状的大小和位置，让结构图布局更清晰。下面在"营销计划书.pptx"演示文稿中的组织结构图中调整形状大小和位置，具体操作步骤如下。

STEP 1 **调整组织结构图大小**

选择结构图，将鼠标指针移动到结构图外边框的右下角，按住鼠标左键不放向下拖动边框，调整结构图大小，从整体上更改形状大小。

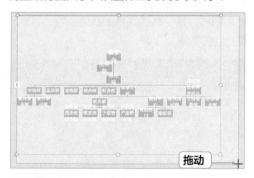

STEP 2 **移动组织结构图位置**

将鼠标指针移动到结构图的外边框上，按住鼠标不放，拖动鼠标移动组织结构图的位置，将其放置到幻灯片的中间。

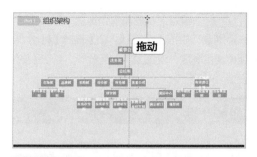

STEP 3 **调整形状大小使文本横排显示**

选择第4行中的最后一个形状，将鼠标指针移动到其边框的中间控制点上，向右侧拖动鼠标，使文本横排显示。

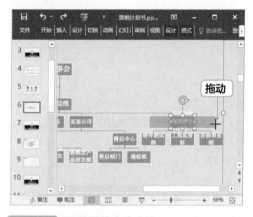

STEP 4 **设置形状文本方向**

❶选择第5行中第1个形状；❷在【开始】/【段落】组中单击"文字方向"按钮，在打开的下拉列表中选择"竖排"选项。

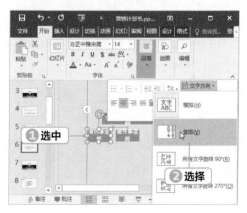

STEP 5 设置形状的高度和宽度

选择第 5 行中第 1 个形状，在【格式】/【大小】组中将"高度"设置为"3 厘米"，将"宽度"设置为"1 厘米"。

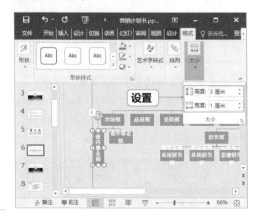

操作解谜

为什么设置形状大小的具体数值

设置形状的具体数值，可以保证相同形状的大小统一，使结构图更加规范。在设置"高度"和"宽度"数值时，可通过单击数值框右侧的数值"增大"和"减小"按钮调整高度和宽度值，同时在幻灯片中观察形状的变化，直到形状大小适合文本的显示。

STEP 6 设置其他形状大小值

将第 5 行中其他 5 个形状的"高度、宽度"均设置为"3 厘米、1 厘米"，然后将"研发部"形状的下一级别形状的"高度、宽度"均设置为"4 厘米、1.3 厘米"。

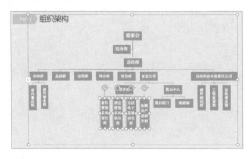

STEP 7 移动形状位置

选择"研发部"形状下一级别的 4 个形状，按住【Shift】键，向下拖动鼠标，将形状平行移动，垂直方向不发生改变。

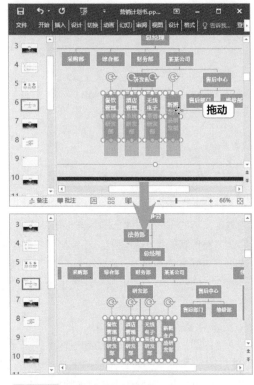

STEP 8 移动其他形状的位置

使用相同方法，移动其他形状的位置，并查看完成后的效果。

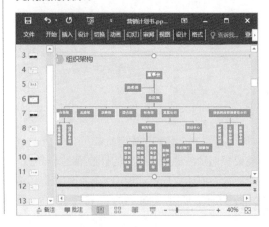

第 1 部分

7.2.2 美化 SmartArt 图形

为了让 SmartArt 图形更加符合幻灯片的风格，通常在编辑完 SmartArt 图形后，还要对其进行美化。美化 SmartArt 图形包括设置 SmartArt 图形的样式、形状格式以及图片的 SmartArt 混排等。

微课：美化 SmartArt 图形

1. 设置 SmartArt 图形样式

默认插入的 SmartArt 图形没有应用任何样式，通过应用 PowerPoint 2016 预设的快速样式和颜色样式，可以快速美化 SmartArt 图形。下面在"营销计划书 .pptx"演示文稿中设置组织结构图的 SmartArt 图形样式，具体操作步骤如下。

STEP 1　设置颜色样式

❶选择组织结构图，在"SmartArt 工具"的【设计】/【SmartArt 样式】组中，单击"更改颜色"按钮；❷在打开的下拉列表中选择"彩色范围，个性色 5-6"选项。

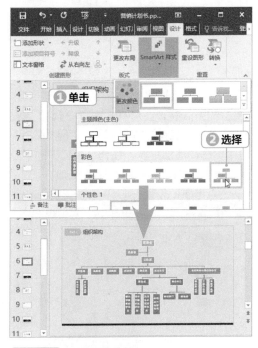

STEP 2　设置图形样式

选择"SmartArt 工具"的【设计】/【SmartArt

样式】组，单击"SmartArt 样式"列表框右下方的下拉按钮，在打开的下拉列表中选择"中等效果"选项。

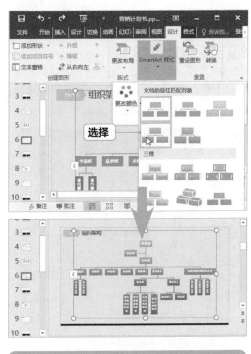

2. 设置形状格式

应用内置的样式后，SmartArt 图形将按照形状格式进行更改，此时可进一步对 SmartArt 图形中的形状进行格式设置，通过局部美化，使 SmartArt 图形更加符合演示文稿的风格。下面在"营销计划书 .pptx"演示文稿中设置组织结构图的形状格式，具体操作步骤如下。

STEP 1　更改形状样式

❶选择组织结构图上方的 3 个形状，选择【格式】/【形状】组，单击"更改形状"按钮；❷在打开的下拉列表中选择"圆角矩形"选项。

193

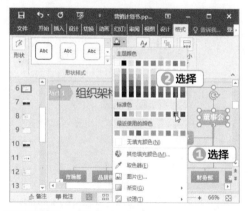

STEP 2　设置形状填充色

❶选择"董事会"形状，选择【格式】/【形状样式】组，单击"形状填充"按钮；❷在打开的下拉列表中选择"深蓝"选项。

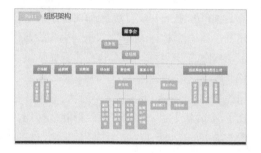

STEP 3　设置形状和轮廓填充色

使用相同方法，将下方形状填充色设置为"深青"。然后选择连接线，在【格式】/【形状样式】组，单击"形状轮廓"按钮，将连接线的轮廓颜色设置为"深青"。

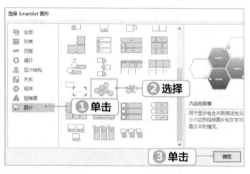

3. 图片的 SmartArt 混排

在 PowerPoint 2016 提 供 的 部 分 SmartArt图形中，可以插入图片进行配合使用，设计出自定义的图形效果，以便更好地表达内容，同时使 SmartArt 图形更加丰富和美观。下面在"营销计划书.pptx"演示文稿中插入 SmartArt 图形并进行设置，具体操作步骤如下。

STEP 1　插入六边形群集图形

❶选择第 9 张幻灯片，选择【插入】/【插图】组，单击"SmartArt"按钮，打开"选择 SmartArt 图形"对话框，单击"图片"选项卡；❷在右侧列表框中选择"六边形群集"选项；❸单击"确定"按钮。

STEP 2　添加形状

❶选择 SmartArt 图形中任意一个形状；❷在"SmartArt 工具"的【设计】/【创建图形】组中单击"添加形状"按钮，在打开的下拉列表中选择"在后面添加形状"选项。

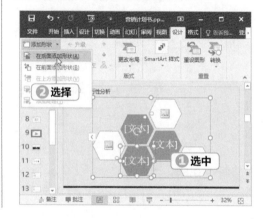

第 1 部分

STEP 3 移动文本形状位置

❶选中中间位置的文本形状和其上的小六边形；❷按住鼠标左键不放，向右下方移动，使其位置与图片形状重合。

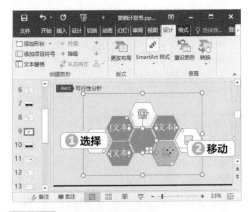

STEP 4 移动图片形状位置

选中右下的图片形状和其上的小六边形，按住鼠标左键不放，向右上方移动，将其放置到图形中间。

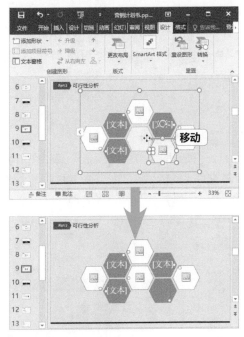

STEP 5 复制图形形状

❶选中右下的图片形状和其上的小六边形，

按【Ctrl+C】组合键复制；❷在幻灯片空白处单击鼠标，按【Ctrl+V】组合键在SmartArt 图形外粘贴形状。

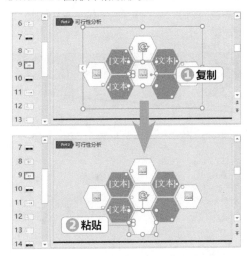

 操作解谜

在复制的形状中插入图片

在SmartArt图形外粘贴的图片形状是普通的形状，不能直接插入图片，可通过在形状中填充图片实现在形状中插入图片。

STEP 6 输入文本并设置字体

在文本形状中输入文本，将字体设置为"微软雅黑，32"。

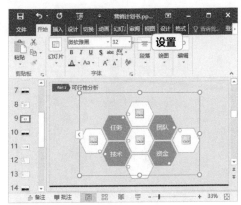

STEP 7 设置 SmartArt 图形样式

❶选择 SmartArt 图形，在"SmartArt 工具"的【设计】/【SmartArt 样式】组中单击"更改颜色"按钮；❷在打开的下拉列表中选择"彩色范围，个性色 4-5"选项。

STEP 8 在形状中插入图片

❶在左侧第一个图片形状中单击鼠标，打开"插入图片"对话框，选择"技术 .jpg"图片文件（素材\第 7 章\技术 .jpg）；❷单击"插入"按钮，在形状中插入图片。

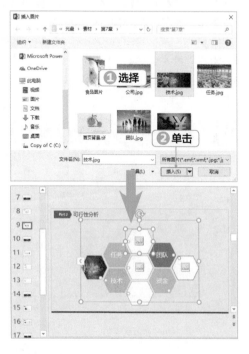

STEP 9 插入其他图片

使用相同方法，插入其他图片（素材\第 7 章\任务 .jpg、公司 .jpg、团队 .jpg）。

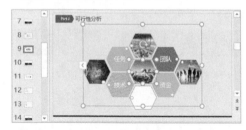

STEP 10 选择"图片"选项

❶选中下方的形状，在【格式】/【形状样式】组中单击"形状填充"按钮；❷在打开的下拉列表中选择"图片"选项。

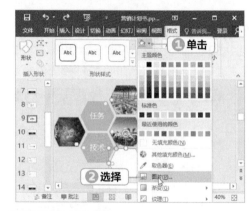

STEP 11 插入图片

❶打开"插入图片"对话框，选择"资金 .png"图片文件（素材\第 7 章\资金 .png）；❷单击"插入"按钮，在形状中插入图片。

第 1 部分

STEP 12 查看图片填充效果

返回幻灯片，可查看填充图片的效果。

STEP 13 查看完成后的效果

最后在幻灯片中插入文本框，输入相应文本，创建出自定义样式的图形，完成演示文稿的编辑（效果 \ 第 7 章 \ 营销计划书 .pptx）。

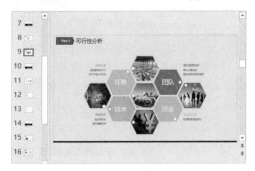

新手加油站——创建并编辑演示文稿技巧

1. 对演示文稿进行加密

完成演示文稿的制作后，为了防止他人对演示文稿进行查看和更改，还可以对演示文稿进行加密，具体操作如下。

❶ 选择【文件】/【另存为】选项，双击"这台电脑"选项，打开"另存为"对话框，在其中单击"工具"按钮，在打开的下拉列表中选择"常规选项"选项。

❷ 打开"常规选项"对话框，在"打开权限密码"文本框中设置打开演示文稿的密码，在"修改权限密码"文本框中设置修改文档的密码，然后单击"确定"按钮。

❸ 在打开的"确认密码"对话框中依次输入打开权限密码和修改权限密码，返回"另存为"对话框，单击"保存"按钮保存操作。

❹ 再次打开该演示文稿时，在打开的提示框中输入正确密码，单击"确定"按钮即可打开和编辑演示文稿。

2. 将演示文稿保存为模板

在制作演示文稿的过程中，使用模板不仅可提高制作演示文稿的速度，还能为演示文稿设置统一的背景、外观，使整个演示文稿风格统一。 模板既可以是网上下载的，也可以是 PowerPoint 自带的，还可将制作的演示文稿保存为模板，以供日后使用。方法是：打开制作好的演示文稿，打开"另存为"对话框，在"文件名"文本框中输入保存的名称，在"保存类型"下拉列表框中选择"PowerPoint 模板 (*.potx)"选项，将自动保存在"C:\Users\Administrator\Documents\ 自定义 Office 模板"文件夹中，然后单击"保存"按钮即可完成保存操作。

高手竞技场 ——创建并编辑演示文稿练习

1. 制作"旅游宣传画册"演示文稿

打开素材文件（素材\第7章\旅游宣传画册.pptx），编辑演示文稿，要求如下。

● 打开"旅游宣传画册.pptx"素材文件，新建8张幻灯片。

● 在幻灯片中插入风景图片（素材\第7章\风景图片），并对图片进行编辑裁剪。

● 输入图表标题并设置格式。

● 在幻灯片中插入文本框，输入风景图片的描述内容，并设置其字体格式（效果\第7章\旅游宣传画册.pptx）。

2. 编辑"管理培训"演示文稿

打开素材文件"管理培训.pptx"（素材\第7章\管理培训.pptx），插入 SmartArt 图形并设计母版，要求如下。

● 打开"管理培训.pptx"素材文件，在第1张幻灯片中输入标题文本并设置格式。

● 新建8张幻灯片，输入标题，分别在幻灯片中插入 SmartArt 图形，输入文本并设置格式，颜色应与背景相似。

● 进入幻灯片母版，在第1张幻灯片中将中间的矩形形状填充"金色，强调文字颜色4，淡色80%"（效果\第7章\管理培训.pptx）。

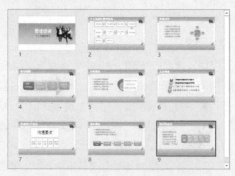

第 1 部分

第 8 章

演示文稿动态设计与放映输出

/ 本章导读

　　演示文稿如果只是由文字、图形等对象组成，一张一张简单地放映，演讲过程将略显枯燥，为了让演示文稿更加丰富和生动，可以为幻灯片中的对象添加动画，让其动态显示，以及添加链接以实现交互。本章将讲解使用不同的方式设置生动而富有变化的演示文稿，然后放映演示文稿。

8.1 为"员工入职培训"演示文稿设置动画效果

员工入职培训主要用于对公司新进职员的工作态度、思想修养等进行培训，以端正员工的思想和工作态度。培训类演示文稿的最终目的是放映讲解，讲解时为了活跃气氛或配合演讲，通常会在演示文稿中设置动画效果。本例将为"员工入职培训.pptx"演示文稿设置动画效果，主要涉及设置幻灯片内容动画和设置幻灯片切换动画两方面的操作。

8.1.1 设置幻灯片内容动画

为了使演示文稿中某些关键或需要强调的对象（如文字或图片），在放映过程中能生动地展示在观众面前，可以为这些对象添加合适的动画效果，使幻灯片内容更加生动、活泼。本节将介绍添加内置动画效果、更改动画效果和播放顺序、设置动画计时，以及设置路径动画的操作方法。

微课：设置幻灯片内容动画

第 1 部分

1. 添加动画效果

为了使制作出来的演示文稿更加生动，用户可为幻灯片中不同的对象设置不同的动画，使幻灯片中的对象以不同方式出现在幻灯片中。PowerPoint 2016 提供了丰富的内置动画样式，用户可以根据需要进行添加。下面在"员工入职培训.pptx"演示文稿中通过"动画"组和动画对话框为幻灯片中的内容添加动画效果，具体操作步骤如下。

STEP 1 在"动画"组中添加动画

打开"员工入职培训.pptx"演示文稿（素材\第8章\员工入职培训.pptx），首先选择需要添加动画效果的对象，这里选择第 1 张幻灯片中的标题文字。选择【动画】/【动画】组，然后在"动画样式"下拉列表中选择需要的动画选项，如选择"轮子"选项，放映幻灯片即可查看动画效果。

操作解谜

设置内容动画效果的注意事项

要设置幻灯片中内容的动画效果，首先需要选中对象。

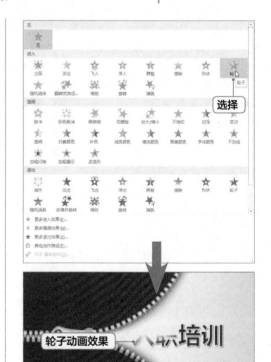

选择

轮子动画效果

演示者:秦汉武
2018.7.15

STEP 2 设置副标题文本的动画效果

使用相同方法将副标题文本的动画效果设置为"波浪形"的强调动画效果。

STEP 3　在动画对话框中添加动画

❶选择第 2 张幻灯片中的图形对象，选择【动画】/【动画】组，在"动画样式"下拉列表中选择"更多进入效果"选项。打开"更改进入效果"对话框，其中提供了更多的动画样式，这里选择"华丽型"栏中的"玩具风车"选项；❷单击"确定"按钮。

即时预览动画效果

在"动画"组中选择动画效果时，将鼠标指针停留在选项上，可在幻灯片中同步预览对象的效果变化；如果是在"更改进入效果"对话框中设置动画，要预览对象的变化效果，则需要在对话框中单击选中"预览效果"对话框。

STEP 4　查看动画效果

此时预览动画，图形将由小到大产生玩具风车的旋转效果。

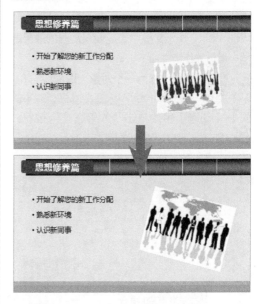

操作解谜

各种动画类型的释义

　　PowerPoint 提供了"进入""强调""退出""动作路径"4 种类型动画。放映进入和退出动画时，对象最初并不在幻灯片编辑区中，而是从其他位置，通过相应方式进入幻灯片；强调动画的对象在放映过程中不是从无到有的，而是一开始就存在于幻灯片中，放映时对象颜色和形状会发生变化；放映动作路径动画时，对象将沿着指定的路径进入到幻灯片编辑区相应的位置，这类动画比较灵活，能够实现画面的千变万化。

STEP 5　设置其他内容的动画效果

使用相同方法，为第 3 张幻灯片中的 SmartArt 图形设置"擦除"动画，为结尾幻灯片中的标题文本设置"波浪形"动画。为幻灯片中所有文本框设置"浮入"动画，为图片和形状设置"玩具风车"动画。

2. 更改动画选项

为对象添加动画效果，相关动画效果选项是默认的，用户可自行更改，如更改进入方向等，使动画效果更加自然。下面在"员工入职培训.pptx"演示文稿中更改设置动画的效果选项，具体操作步骤如下。

STEP 1 选择"作为一个对象"选项

❶选择第 1 张幻灯片的副标题文本框，在【动画】/【动画】组中单击"效果选项"按钮；❷在打开的下拉列表中选择"作为一个对象"选项，使文本作为一个对象播放动画。

STEP 2 修改擦除动画的方向

❶选择第 3 张幻灯片的 SmartArt 图形，在【动画】/【动画】组中单击"效果选项"按钮；❷在打开的下拉列表中选择"自左侧"选项，将"擦除"动画更改为从左侧开始擦除。

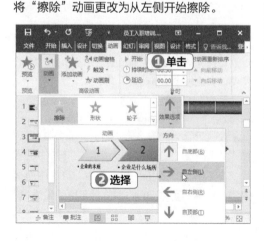

STEP 3 查看播放效果

通过播放动画的效果，可看到从左侧开始的擦除动画比从底部开始的动画更加自然。

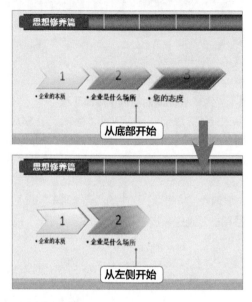

技巧秒杀

在幻灯片中播放动画

在【动画】/【预览】组中单击"预览"按钮，可随时在幻灯片中预览动画的播放效果。

3. 调整播放顺序

播放顺序是指按照设置动画的先后顺序进行播放，用户完成设置后，同样可对之前的动画播放顺序进行更改，使动画播放更合理。下面在"员工入职培训.pptx"演示文稿中调整动画的播放顺序，具体操作步骤如下。

STEP 1 调整位置

❶选择第 4 张幻灯片，在【动画】/【高级动画】组中单击"动画窗格"按钮；❷打开"动画窗格"，选择图形对应的动画选项，将鼠标指针移动至其上方，按住鼠标不放进行拖动，到达相应位置后释放鼠标即可。

第 1 部分

STEP 2 查看调整位置后的效果

返回幻灯片中，可看到图形的动画顺序编号由"3"变为"2"。此时，先播放第 1 个段落文本"企业的本质"，然后显示图片，最后播放其他段落文本。

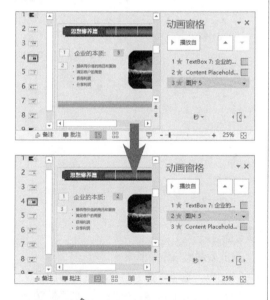

STEP 3 调整其他动画的位置

选择第 7 张幻灯片，将对应的文本动画移到相应

形状后面，调整顺序前后的对比效果如下图所示。

4. 设置动画计时

　　默认设置的动画效果的播放时间和速度都是固定的，而且只有在单击鼠标后才会开始播放下一个动画，如果想将各个动画衔接起来，就需要设置动画的计时。下面在"员工入职培训 .pptx"演示文稿中设置动画计时，具体操作步骤如下。

STEP 1 设置标题计时

在第 1 张幻灯片中选择标题文本框，在【动画】/【计时】组的"开始"下拉列表框中选择"上一动画之后"，然后在"持续时间"文本框中输入"03.00"，将动画播放时间设置为 3 秒。

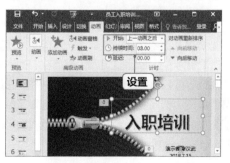

STEP 2 **设置副标题计时**

❶选择副标题文本框,在【动画】/【计时】组的"开始"下拉列表框中选择"上一动画之后",表示在上一动画播放完成后,将自动进行播放;❷在"持续时间"文本框中将动画持续时间设置为1秒。

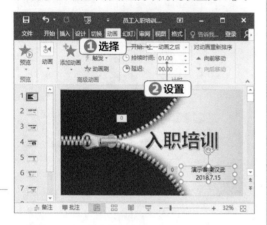

第1部分

操作解谜

动画计时选项的含义

"开始"下拉列表框中"单击时"表示放映幻灯片时,单击鼠标即播放动画;"与上一动画同时"表示与上一个动画同时进行播放;"上一动画之后"表示在上一个动画完成后自动播放。将幻灯片中第1个对象动画设置为"上一动画之后",那么放映至该幻灯片时,出现幻灯片后,动画将自动播放;设置为"与上一动画同时",该动画与幻灯片同时播放。"延迟"文本框用于设置动画的延迟播放时间。"对动画重新排序"则可调整动画的播放顺序。

STEP 3 **单击"计时"选项卡**

❶选择第4张幻灯片,将第1个段落文本动画计时设置为"上一动画之后",然后在【动画】/【高级动画】组中单击"动画窗格"按钮,在打开的窗格中选择要调整的图片动画选项,单击其右侧的下拉按钮;❷在打开的下拉列表中选择"计时"选项。

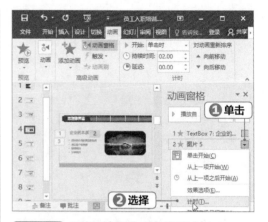

STEP 4 **设置玩具风车动画计时**

❶打开"玩具风车"对话框,单击"计时"选项卡,在"开始"下拉列表框中选择"单击时"选项;❷在"期间"下拉列表框中将播放持续时间设置为"快速(1秒)";❸单击"确定"按钮。

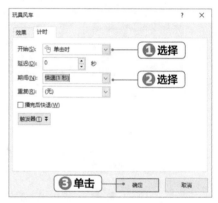

技巧秒杀

播放后退出与重复播放

单击选中"播完后快退"复选框后,动画播放完成后将快速退出;在"重复"下拉列表框中可设置动画重复播放的次数;在对话框的"效果"选项卡中可设置动画选项等。

STEP 5 **设置文本内容的动画计时**

❶在第3个文本动画上单击鼠标右键,在打开的下拉列表中选择"计时"选项,打开"上浮"

对话框，单击"计时"选项卡，在"开始"下拉列表框中选择"上一动画之后"，在"延迟"文本框中输入"60"，在"期间"下拉列表框中选择"中速（2 秒）"选项；❷单击"确定"按钮。

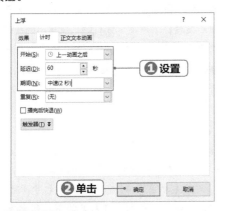

STEP 6 完成设置

完成后，在【动画】/【计时】组和"动画窗格"中可查看设置效果。然后使用相同方法，为其他幻灯片中的动画选项设置计时。

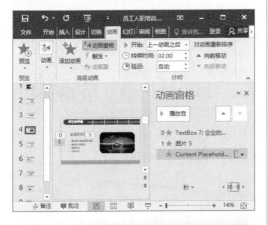

5. 设置动作路径动画

　　动作路径动画指对象将沿着指定的路径进入到幻灯片编辑区相应的位置。默认的路径动画选项不能满足需求时，用户可以按照自己的思路绘制路径，让对象根据绘制的路径进行规律运动，增加演讲的趣味性和互动性。下面在"员

工入职培训 .pptx"演示文稿中设置路径动画效果，具体操作步骤如下。

STEP 1 选择"自定义路径"选项

❶选择第 8 张幻灯片中左侧的文本框；❷在【动画】/【动画】组中的下拉列表中选择"动作路径"栏中的"自定义路径"选项。

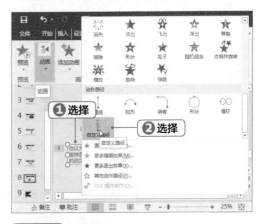

STEP 2 绘制路径

此时将鼠标指针移动到幻灯片上，指针将变成十字形状，首先将鼠标指针移动到图片上，单击鼠标左键，作为路径的起点，然后拖动鼠标绘制动作路径，单击鼠标可在需要的地方形成转折点。

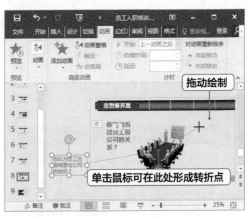

STEP 3 完成绘制

绘制完成后双击鼠标，确定路径的终点，此时路径起点显示为绿色箭头样式，终点显示为红色箭

头样式。然后将鼠标指针移动到路径的边框上，按住鼠标不放并拖动鼠标可将动画移动到终点位置。

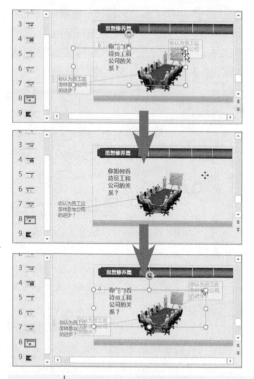

技巧秒杀

调整路径节点

为幻灯片中的对象绘制动作路径后，默认情况下会自动对设置的动作路径进行播放，如果效果不对，可及时进行修改。方法为：在路径上单击鼠标右键，在弹出的快捷菜单中选择"编辑定点"选项，然后将鼠标指针移到节点上，拖动鼠标移动定点位置即可。

操作解谜

为对象应用多个动画效果

在【动画】/【高级动画】组中单击"添加动画"按钮，在打开的下拉列表中也可选择动画样式，为同一对象同时应用多个动画，其选项与"动画样式"下拉列表中的选项相同，然后通过调整动画播放顺序设置出丰富的动画效果。

8.1.2 设置幻灯片切换动画

为幻灯片中的各个对象设置动画效果后，可进一步对幻灯片的切换效果进行动画设计。为幻灯片添加切换动画是指在放映幻灯片时，各幻灯片进入屏幕或离开屏幕时以动画效果显示，使幻灯片与幻灯片之间产生动态效果，使各张幻灯片连贯起来。设置幻灯片的切换动画与设置幻灯片中的动画操作类似，只要掌握对象动画的设置即可。下面将介绍为幻灯片添加和设置切换效果的相关操作。

微课：设置幻灯片切换动画

1. 添加切换动画

在 PowerPoint 2016 中，默认情况下幻灯片没有切换效果，需要在【切换】/【切换到此幻灯片】组进行添加，在"切换样式"下拉列表中提供了多种切换效果样式，用户可任意选择其中一项。下面在"员工入职培训.pptx"演示文稿中添加幻灯片的切换效果，具体操作

步骤如下。

STEP 1 选择"涡流"选项

选择第1张幻灯片，选择【切换】/【切换到此幻灯片】组，然后在"切换样式"下拉列表中选择需要的动画选项即可，这里选择"涡流"选项。

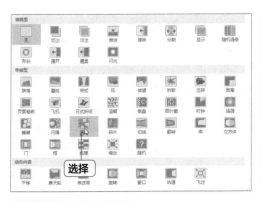

STEP 2 查看切换效果

放映演示文稿，查看幻灯片的切换效果。

2. 设置切换动画效果

为幻灯片添加切换效果后，可对切换效果进行设置，主要通过"切换"功能面板设置切换动画的"效果选项"与"计时"，达到最佳切换效果。下面在"员工入职培训 .pptx"演示文稿中设置幻灯片的切换效果，具体操作步骤如下。

STEP 1 设置效果选项

❶在【切换】/【切换到此幻灯片】组中单击"效果选项"按钮；❷在打开的下拉列表中选择"自

顶部"选项。

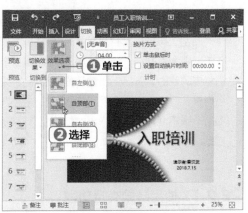

STEP 2 设置切换声音和计时

❶在【切换】/【计时】组的"声音"下拉列表中选择"风铃"选项，将"持续时间"设置为 5 秒；❷单击"全部应用"按钮，为所有幻灯片应用"涡流"切换效果（效果\第8章\员工入职培训 .pptx）。

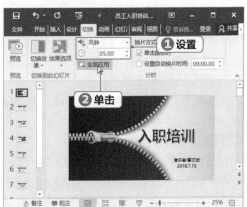

操作解谜

"换片方式"栏的作用

单击选中"单击鼠标时"复选框，表示单击鼠标将切换到下一张幻灯片；单击选中"设置自动换片时间"复选框，在旁边的文本框中设置时间，表示该幻灯片在设置的时间后直接切换到下一张幻灯片。

8.2 为"新品上市营销推广"演示文稿添加交互功能

新品上市营销推广是公司常用的一种演示文稿类型，通常公司研发出一款新产品后，都会在市场中大力推广，演示文稿的展示和流通将发挥巨大的作用，让产品消息迅速传播，达到营销宣传的目的。新品上市营销推广演示文稿分为多个部分，在演示文稿的开始部分将制作一个小目录，提炼出内容大纲，为其添加链接交互功能，快速实现内容的跳转，从一张幻灯片跳转到另一张幻灯片，让用户更快接收新产品的各类信息。本例将详细介绍在演示文稿中添加各类链接、实现交互功能等操作。

8.2.1 使用链接交互功能

除了可单纯地在演示文稿中插入不同的对象来丰富演示文稿的内容外，还可应用超链接，制作出具有交互式效果的演示文稿。在 PowerPoint 2016 中，可为幻灯片中的文本、图像、形状等对象添加超链接，添加的方法基本相同，主要可通过创建超链接或动作来实现。本节将对超链接的使用方法分别进行介绍。

微课：使用链接交互功能

第1部分

1. 创建超链接实现交互

一些大型的演示文稿内容较多，信息量很大，通常会制作目录页，用户可为目录页的内容添加超链接，跳转到具体的幻灯片页面。下面在"新品上市营销推广.pptx"演示文稿中的第 4 张目录幻灯片中创建超链接，具体操作步骤如下。

STEP 1 选择设置文本内容链接

❶打开"新品上市营销推广.pptx"演示文稿（素材\第 8 章\新品上市营销推广.pptx），在第 4 张幻灯片中选择目标文本内容；❷在【插入】/【链接】组中单击"超链接"按钮。

技巧秒杀

右键菜单打开"插入超链接"对话框

在需要添加超链接的对象上单击鼠标右键，在弹出的快捷菜单中选择"超链接"选项，也可打开"插入超链接"对话框。

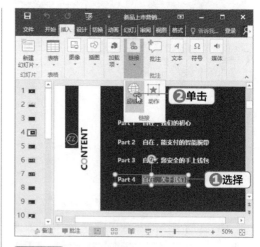

STEP 2 设置链接目标

❶打开"插入超链接"对话框，在"链接到"列表框中单击"本文档中的位置"按钮；❷在"请选择文档中的位置"列表框中选择链接到的幻灯片，这里选择第 25 张幻灯片；❸单击"确定"按钮。

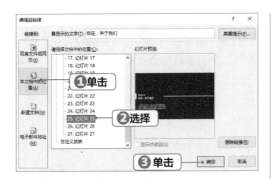

第 8 章 演示文稿动态设计与放映输出

操作解谜

"插入超链接"对话框

　　"链接到"列表框中的"现有文件或网页"按钮，用于链接到现有的某个文件或网页；"新建文档"按钮用于新建文档，并链接到该文档；"电子邮件地址"按钮用于链接到邮箱地址，它们的操作方法相似。

　　"要显示的文字"文本框则用于设置要显示的超链接的文本内容。

STEP 3　查看设置文字超链接的效果

返回幻灯片，即可看到选择的"自在，关于我们"文字内容添加超链接后的效果，其颜色发生改变，变为默认的蓝色。

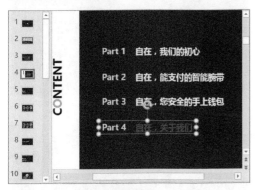

STEP 4　添加其他超链接

使用相同方法，分别将"Part 1""Part 2""Part 3"中的文字内容链接到第 5 张、第 9 张和第 20 张幻灯片。

STEP 5　查看链接后的效果

放映幻灯片时，将鼠标指针移动到"Part 1"的文字内容上，鼠标指针变为手型样式，单击鼠标可跳转到第 5 张幻灯片。类似地，单击"Part 2"的文字内容将跳转到第 9 张幻灯片。

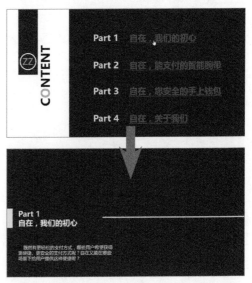

2. 创建动作实现交互

　　在幻灯片中，通过创建动作同样可实现添加超链接的目的，动作比超链接能实现更多的跳转和控制功能。下面继续在"新品上市营销推广.pptx"演示文稿中的第 10 张幻灯片中创建动作，实现超链接功能，具体操作步骤如下。

STEP 1　执行动作命令

❶在第 10 张幻灯片中选择目标文本内容"娱

乐支付"；❷在【插入】/【链接】组中单击"动作"按钮。

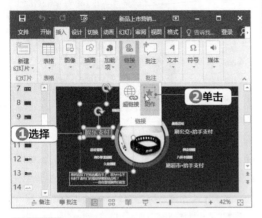

STEP 2 操作设置

❶打开"操作设置"对话框，单击"单击鼠标"选项卡，单击选中"超链接到"单选项；❷然后在下方的下拉列表框中选择"幻灯片"选项。

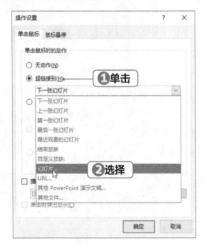

操作解谜

"单击鼠标"与"鼠标悬停"选项卡

　"单击鼠标"选项卡是指设置后单击鼠标进行链接跳转到目标；"鼠标悬停"选项卡是指设置后，当鼠标指针停放到超链接内容上进行链接跳转到目标。这两个选项卡中的内容是完全相同的。

STEP 3 选择链接目标

❶打开"超链接到幻灯片"对话框，在"幻灯片标题"列表框中选择链接到的幻灯片，这里选择第 23 张幻灯片；❷单击"确定"按钮，在返回的"操作设置"对话框中单击"确定"按钮。

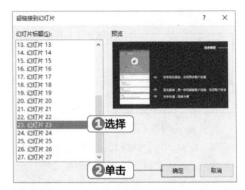

STEP 4 添加其他链接并查看链接效果

使用相同方法，分别将"刷公交抬手支付""刷超市抬手支付"中的文字内容链接到第 12 张和第 14 张幻灯片。然后在放映时单击其中任意一个超链接，查看链接跳转效果。

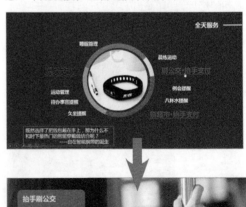

STEP 5 添加图片超链接

❶选择最后一张幻灯片中的 Logo 图片，在【插

入】/【链接】组中单击"动作"按钮，打开"操作设置"对话框，单击"单击鼠标"选项卡，单击选中"超链接到"单选项；❷然后在下方的下拉列表框中选择"第一张幻灯片"选项；❸单击"确定"按钮。

STEP 6　跳转后的效果

放映时，将鼠标指针移动到 Logo 图片上，此时鼠标指针将变为手型样式，单击鼠标，将跳转到第 1 张幻灯片。

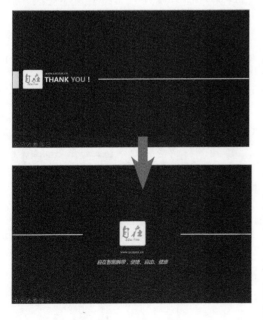

技巧秒杀

删除链接

　　若需要取消添加的文本超链接，可以在设置了超链接的文本上单击鼠标右键，在弹出的快捷菜单中选择"编辑超链接"选项，在打开的"编辑超链接"对话框中单击"删除链接"按钮。

3. 更改文本链接默认显示颜色

　　将文本内容设置为超链接后，单击前后超链接的颜色都呈默认显示。该颜色可能无法与幻灯片整体效果融合，此时可更改文本超链接的颜色，使其更清晰地显示在幻灯片中。下面在"新品上市营销推广.pptx"演示文稿中更改超链接的显示颜色，具体操作步骤如下。

STEP 1　选择"自定义颜色"选项

❶选择第 4 张幻灯片，选择【设计】/【变体】组，在"变体"下拉列表中选择"颜色"选项；❷在打开的下拉列表中可选择任意一种颜色，这里选择"自定义颜色"选项。

STEP 2　设置链接颜色

❶打开"新建主题颜色"对话框，在"名称"文本框中输入新建主题的名称；❷单击"超链接"栏中的颜色按钮，在打开的列表框中选择"橙色"选项，单击"已访问的超链接"栏中的颜

第 **8** 章　演示文稿动态设计与放映输出

色按钮，在打开的列表框中选择"绿色"选项；❸单击"保存"按钮。

击前为"橙色"，单击后为"绿色"。

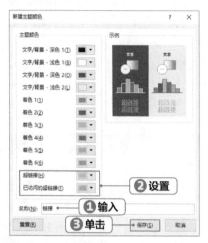

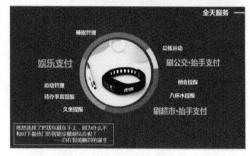

此时文本超链接的默认颜色都将发生更改，单

第1部分

8.2.2　使用动作按钮

　　除了可为幻灯片中的对象创建超链接和动作实现交互功能外，用户还可自行绘制动作按钮，来实现幻灯片的交互功能，同时可扩充幻灯片的内容。本节将介绍创建动作按钮和设置动作按钮的方法。

微课：使用动作按钮

1. 绘制动作按钮

　　通过动作按钮实现交互的设置与动作的设置相似，只是动作按钮实现交互的对象是绘制的按钮，原理是单击绘制的动作按钮来实现链接跳转。下面在"新品上市营销推广.pptx"演示文稿的第 2 张幻灯片中创建动作按钮，具体操作步骤如下。

STEP 1　选择动作按钮类型
在"新品上市营销推广.pptx"演示文稿的第 2 张幻灯片中选择【插入】/【插图】组，单击"形状"按钮，在打开的下拉列表中选择"动作按钮"/"后退或前一项"选项。

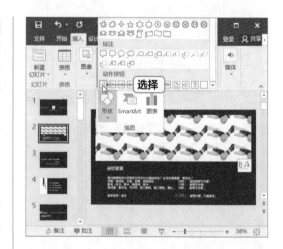

STEP 2　绘制动作按钮

此时，鼠标指针将变成＋字形状。拖动鼠标在
幻灯片右下角绘制一个动作按钮。

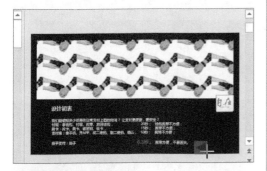

STEP 3　设置链接目标

❶绘制完成后释放鼠标，将打开"操作设置"
对话框，在"超链接到"下方的下拉列表框中
选择"上一张幻灯片"选项；❷单击"确定"
按钮。

STEP 4　绘制其他动作按钮

使用相同方法，绘制"前进或下一项""开始""结
束"动作按钮，分别链接跳转到下一张幻灯片、
第一张幻灯片和最后一张幻灯片。

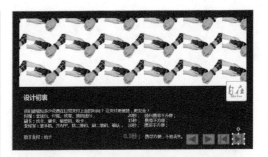

2. 设置动作按钮格式

　　绘制完成后的动作按钮的格式是默认
的，与幻灯片整体可能不协调，通过格式设置
可使其更加美观。下面在"新品上市营销推
广.pptx"演示文稿中为创建的动作按钮设置
格式，使其颜色和样式更加协调和美观，具体
操作步骤如下。

STEP 1　选择形状样式

按住【Shift】键并单击鼠标左键，连续选中第
2张幻灯片中的所有动作按钮，在【格式】/【形
状样式】组的样式列表框中选择"强烈效果，
橙色，强调颜色6"选项。

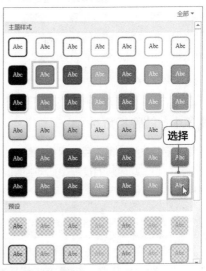

STEP 2　设置形状效果

在【格式】/【形状样式】组中单击"形状效果"
按钮，在打开的下拉列表中选择"映像"选项，
在其子列表中选择"半映像，接触"选项。

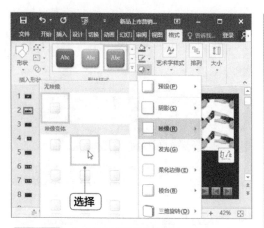

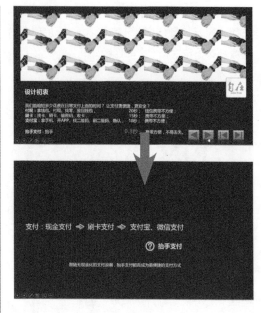

STEP 3 完成设置超链接的操作

完成设置后，可查看完成后的效果。放映时，当鼠标指针移动到按钮上，指针将变为手型样式，单击鼠标左键即可链接跳转到目标幻灯片（效果\第8章\新品上市营销推广.pptx）。

8.3 放映与输出"年度工作计划"演示文稿

年度工作计划是公司或单位经常需要制作的演示文稿。通常，工作计划需要在公司进行放映说明，那么就需要掌握演示文稿的放映知识，学会控制放映，以便与到会者形成互动。输出演示文稿，能够实现共享演示文稿的目的。输出结果可以是图片、也可以是视频等，即使其他观看者没有安装PowerPoint 2016软件，也能够查看演示文稿的具体内容。本例主要介绍演示文稿的放映和输出等知识。

8.3.1 放映幻灯片

制作演示文稿的最终目的是放映给观众看，因此放映者需要掌握如何对幻灯片进行放映、在放映的过程中如何控制幻灯片、在放映状态下怎样切换定位幻灯片等。下面将介绍放映幻灯片的相关知识。

微课：放映幻灯片

1. 控制幻灯片放映过程

放映演示文稿，首先要掌握控制幻灯片放映过程，即进入放映、结束放映和按照幻灯片的顺序进行播放。下面对"年度工作计划.pptx"演示文稿进行放映操作，具体操作步骤如下。

STEP 1 从当前幻灯片开始放映

打开"年度工作计划.pptx"演示文稿（素材\第8章\年度工作计划.pptx），选择第24张幻灯片，在【幻灯片放映】/【开始放映幻灯片】组中单击"从当前幻灯片开始"按钮，或按【Shift+F5】组合键，从当前幻灯片开始放映。

STEP 2 放映下一页

进入放映后，单击鼠标右键，在弹出的快捷菜单中执行"下一张"命令，或单击鼠标左键进入下一页放映。

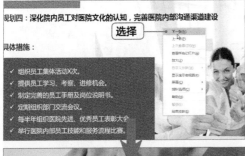

操作解谜

播放动画

　　如果演示文稿中设置了对象的动画效果，放映时单击鼠标左键将先播放动画。

STEP 3 从开始位置放映

放映后，按【Esc】键退出幻灯片放映状态，返回幻灯片普通视图。选择【幻灯片放映】/【开始放映幻灯片】组，单击"从头开始"按钮，或直接按【F5】键，从演示文稿的开始位置放映。

2. 快速定位幻灯片

　　默认状态下，演示文稿以幻灯片的顺序进行放映，通过超链接执行切换幻灯片放映是在添加动作按钮的前提下进行的。若没有添加超链接，演讲者通常会使用快速定位功能来实现幻灯片的定位，可以实现任意幻灯片的切换，如从第 1 张幻灯片定位到第 5 张幻灯片等。下面在放映"年度工作计划 .pptx"演示文稿时，快速定位到第 16 张幻灯片中，具体操作步骤如下。

STEP 1 查看所有幻灯片

放映演示文稿，在幻灯片中单击鼠标右键，在弹出的快捷菜单中选择"查看所有幻灯片"选项。

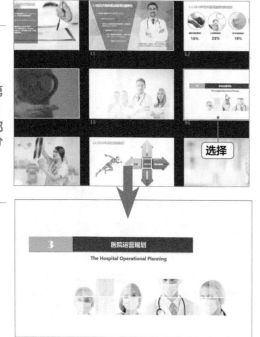

STEP 2 **定位到第 16 张幻灯片**

在打开的窗口中可查看所有幻灯片的内容，这里鼠标单击第 16 张幻灯片，快速定位到第 16 张幻灯片。

第1部分

选择

医院运营规划

The Hospital Operational Planning

技巧秒杀

使用键盘快速定位幻灯片

在放映幻灯片的过程中，按键盘上的数字键输入需要定位的幻灯片编号，再按【Enter】键，可快速切换到该幻灯片。

3. 隐藏 / 显示幻灯片

放映幻灯片时，系统将自动按设置的放映顺序依次放映每张幻灯片，但在实际放映过程中，可以将暂时不需要放映的幻灯片隐藏起来，等到需要时再将其显示即可。下面在"年度工作计划 .pptx"演示文稿中进行幻灯片的隐藏和显示设置，具体操作步骤如下。

STEP 1 **隐藏多张幻灯片**

❶选择需要隐藏的幻灯片，这里选择第 16~28 张幻灯片；❷选择【幻灯片放映】/【设置】组，单击"隐藏幻灯片"按钮或单击鼠标右键，在弹出的快捷菜单中执行"隐藏幻灯片"命令，隐藏选择的幻灯片内容。

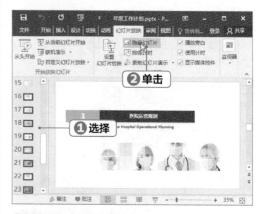

STEP 2 **查看隐藏效果**

此时，在被隐藏的幻灯片缩略图的编号上会有一条斜线。

STEP 3 重新显示隐藏的内容

选择第 16~21 张幻灯片，然后选择【幻灯片放映】/【设置】组，再次单击"隐藏幻灯片"按钮或单击鼠标右键，在弹出的快捷菜单中执行"隐藏幻灯片"命令，即可显示所选幻灯片。

操作解谜

放映隐藏幻灯片

在放映包含隐藏幻灯片的演示文稿时，将不再放映隐藏的幻灯片，而是直接跳转到下一页幻灯片进行放映。

4. 为幻灯片添加注释

放映演示文稿的过程中，演讲者若想突出幻灯片中的某些重要内容，着重进行讲解，可以通过在屏幕上添加下划线和圆圈等注释方式来勾勒出重点。下面在放映"年度工作计划 .pptx"演示文稿时，为第 6 张和第 12 张幻灯片添加注释内容，具体操作步骤如下。

STEP 1 选择"笔"命令

放映演示文稿，在第 6 张幻灯片中单击鼠标右键，在弹出的快捷菜单中选择【指针选项】/【笔】选项。

STEP 2 设置笔颜色

在该幻灯片上单击鼠标右键，在弹出的快捷菜单中选择【指针选项】/【墨迹颜色】选项，在弹出的子菜单中选择笔触的颜色，这里选择"蓝色"选项。

STEP 3 绘制下划线

此时，鼠标指针的形状变为一个小圆点，在需要突出重点的内容下面拖动鼠标可绘制下划线。

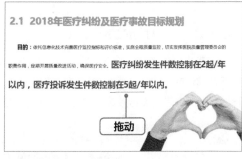

STEP 4 使用荧光笔

❶标注完成后，切换到第 12 张幻灯片，在左下角的工具栏中单击"笔触"按钮，在打开的下拉列表中选择"荧光笔"选项；❷将颜色设

置为"红色"。

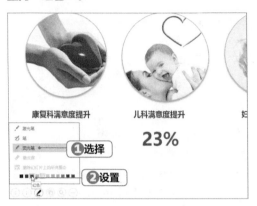

框，提示是否保留标记痕迹，单击"保留"按钮保存标注，只有对标记的痕迹进行保存后，标记才会永久显示在幻灯片中。

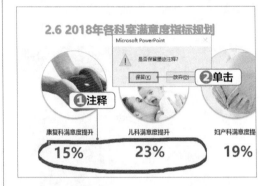

操作解谜

放映页面左下角的工具栏

进入放映状态后，在左下角将显示工具栏，其功能应用与右键菜单对应：▣按钮用于切换到上一张或下一张幻灯片；▣按钮对应"指针选项"；▣按钮对应"显示演示者视图"；▣按钮则包含其他选项。

STEP 5 标注重点内容

❶使用相同方法拖动鼠标，使用荧光笔将该幻灯片中的重点内容圈起来；❷放映后，按【Esc】键退出幻灯片放映状态，此时将打开提示对话

技巧秒杀

删除注释的多种方式

在添加标注的过程中，如果要删除刚添加的标注，可在幻灯片中单击鼠标右键，在弹出的快捷菜单中选择【指针选项】/【橡皮擦】或【擦除幻灯片上的所有墨迹】选项，此时鼠标指针变成✎形状，然后在墨迹上单击鼠标左键即可擦除幻灯片；如果是在普通视图中，删除标注的方法更加简单，直接在幻灯片中选择标注墨迹，然后按【Delete】键即可。

8.3.2 | 幻灯片放映设置

不同的放映场合对演示文稿的放映要求会有所不同，因此在放映之前，还需要对演示文稿进行一些放映设置，使文稿更加符合放映的场合，如设置排练计时、录制旁白、设置放映方式等。下面将介绍幻灯片放映设置的相关知识。

微课：幻灯片放映设置

1. 设置排练计时

排练计时是指将放映每张幻灯片的时间进行记录，然后在放映演示文稿时，就可按排练的时间和顺序进行放映，从而实现演示文稿的自动放映，演示者则可专心进行演讲而不用再去控制幻灯片的切换等操作了。下面在"年度

工作计划 .pptx"演示文稿中设置排练时间，具体操作步骤如下。

STEP 1 进入放映排练状态

选择【幻灯片放映】/【设置】组，单击"排练计时"按钮，进入放映排练状态。

STEP 2 开始计时

进入放映排练状态后，将打开"录制"工具栏，并自动为该幻灯片计时。

STEP 3 完成第一张幻灯片计时

该幻灯片播放完成后，在"录制"工具栏中单击"下一项"按钮或直接单击鼠标左键切换到下一张幻灯片，并且"录制"工具栏中的时间又将从头开始为下一张幻灯片的放映进行计时。

操作解谜

计时的操作方法

在"录制"工具栏中单击"暂停"按钮将暂停计时；单击"重复"按钮可重新进行计时。在计时过程中按【Esc】键可退出计时。

STEP 4 保存排练计时

使用相同的方法录制其他幻灯片的放映时间，所有幻灯片放映结束后，屏幕上将打开提示对话框，询问是否保留幻灯片的排练时间，单击"是"按钮进行保存。

2. 录制旁白

在放映演示文稿时，可以通过录制旁白的方法事先录制好演讲者的演说词，这样播放时会自动播放录制好的演说词。需要注意的是：在录制旁白前，需要保证电脑中已安装声卡和麦克风，且两者处于工作状态，否则将不能进行录制或录制的旁白无声音。下面在"年度工作计划.pptx"演示文稿首页录制开场白，具体操作步骤如下。

STEP 1 录制旁白

❶选择【幻灯片放映】/【设置】组，单击"录制幻灯片演示"按钮右侧的下拉按钮；❷如果选择从第一张幻灯片开始录制，可在打开的下拉列表中选择"从头开始录制"选项；如果选择为从当前幻灯片或为该张幻灯片录制旁白，可选择"从当前幻灯片开始录制"选项。

第8章 演示文稿动态设计与放映输出

STEP 2　开始录制幻灯片

❶在打开的"录制幻灯片演示"对话框中撤销选中"幻灯片和动画计时"复选框,取消录制幻灯片放映计时;❷单击"开始录制"按钮。

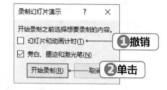

STEP 3　录入旁白

此时进入幻灯片录制状态,打开"录制"工具栏并开始对录制旁白进行计时,录入准备好的演说词。

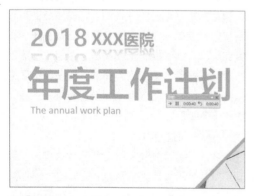

STEP 4　完成旁白录制

录制完成后,按【Esc】键退出幻灯片录制状态,返回幻灯片普通视图,此时录制旁白的幻灯片中将会出现声音文件图标。

STEP 5　试听旁白语音效果

将鼠标指针移动到声音文件图标上,将打开声音播放条,单击"播放"按钮,可试听旁白语音效果。

操作解谜

放映时不播放录制内容与清除录制内容

　　如果放映幻灯片时,不需要使用录制的排练计时和旁白,可在【幻灯片放映】/【设置】组中撤销选中"使用计时"和"播放旁白"复选框,这样不会将录制的旁白和计时删除。若想将录制的计时和旁白从幻灯片中彻底删除,可以单击"录制幻灯片演示"按钮右侧的下拉按钮,在打开的下拉列表中选择"清除"选项,在打开的子列表中选择相应的清除选项即可。

第1部分

3. 设置放映方式

根据放映的目的和场合不同，对演示文稿的放映方式会有所不同。设置放映方式包括设置幻灯片的放映类型、放映选项、放映幻灯片的范围以及换片方式和性能等，这些设置都可通过"设置放映方式"对话框进行设置。下面在"年度工作计划.pptx"演示文稿中设置放映方式，具体操作步骤如下。

STEP 1 设置放映方式

❶选择【幻灯片放映】/【设置】组，单击"设置幻灯片放映"按钮，打开"设置放映方式"对话框，在"放映类型"栏中可根据需要选择不同的放映类型，这里单击选中"演讲者放映（全屏幕）"单选项；❷在"放映选项"栏中设置放映时的一些操作，如"放映时不加动画"等，这里单击选中"循环放映，按 Esc 键终止"复选框；❸在"放映幻灯片"栏中可设置幻灯片放映的范围，这里单击选中"从"单选项，在文本框中输入"5"到"15"，放映第 2 部分内容；❹在"换片方式"栏中可设置幻灯片放映时的切换方式，这里单击选中"如果存在排练时间，则使用它"单选项；❺单击"确定"按钮。

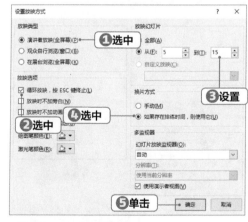

STEP 2 以演讲者放映

此时放映演示文稿将以"演讲者放映（全屏幕）"进行，这是最常用的方式，通常用于演讲者指导演示。这种方式下演讲者具有对放映的完全控制，并可用自动或人工方式进行幻灯片放映。演讲者可以暂停幻灯片放映，以便添加会议细节或即席反应；还可以在放映过程中录下旁白；也可以使用该方式，将幻灯片投射到大屏幕上，主持联机会议或广播演示文稿。

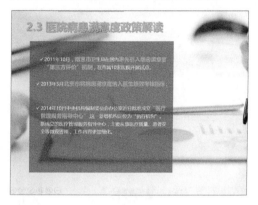

操作解谜

其他两种放映类型适合的场合

观众自行浏览（窗口）：选择此选项可运行小屏幕的演示文稿。如个人通过公司网络或全球广域网浏览的演示文稿。演示文稿会出现在小型窗口内，并在放映时提供移动、编辑、复制和打印幻灯片的命令。在此模式中，可使用滚动条或按【Page Up】键及【Page Down】键从一张幻灯片切换到另一张幻灯片。在展台浏览（全屏幕）：选择此选项可自动运行演示文稿。

4. 自定义放映

如果只需要对演示文稿中的部分幻灯片进行放映，可采用自定义放映方式来选择放映的幻灯片。用户可随意选择演示文稿中需放映的幻灯片，既可以是连续的，也可以是不连续的，这种放映方式一般多应用于大型的演示文稿中。下面在"年度工作计划.pptx"演示文稿中设置放映第 5~21 张幻灯片，并将第 12 张幻灯片的

第 **8** 章 演示文稿动态设计与放映输出

"满意度指标规划"数据页移到第 5 张幻灯片后放映，具体操作步骤如下。

STEP 1 新建自定义放映方式

选择【幻灯片放映】/【开始放映幻灯片】组，单击"自定义幻灯片放映"按钮，在打开的下拉列表中选择"自定义放映"选项，在打开的"自定义放映"对话框中单击"新建"按钮。

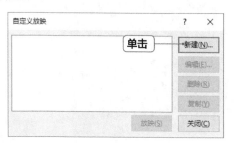

STEP 2 选择放映幻灯片

❶打开"定义自定义放映"对话框，在"幻灯片放映名称"文本框中输入名称"管理规划和运营规划"；❷在"在演示文稿中的幻灯片"列表框中双击要添加的幻灯片选项或单击选中选项前的复选框；❸单击"添加"按钮。

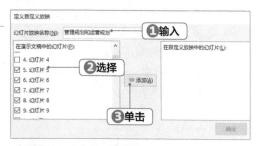

STEP 3 调整放映顺序

❶此时，选中的幻灯片被添加到"在自定义放映中的幻灯片"列表框中，在其中选择要调整放映顺序的第 12 张幻灯片，连续单击右侧的"上移"按钮将其调整到第 5 张幻灯片的下方；❷单击"确定"按钮。

STEP 4 自定义放映效果

返回"自定义放映"对话框，单击"放映"按钮放映演示文稿，可查看自定义放映效果。此时选择【幻灯片放映】/【开始放映幻灯片】组的"自定义幻灯片放映"按钮，在打开的下拉列表中显示了保存的自定义放映名称选项，选择该选项，将以自定义方式自动放映设置范围内的每张幻灯片（效果\第 8 章\年度工作计划 .pptx）。

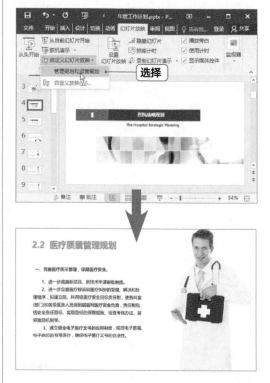

第 1 部分

8.3.3 │ 输出演示文稿

不同的用途对演示文稿的格式会有不同的要求。可以根据不同的需要，将制作好的演示文稿导出为不同的格式，方便观看者在没有安装 PowerPoint 2016 的情况下也能查看演示文稿内容。本节将对演示文稿导出为不同格式的方法进行讲解，包括将演示文稿转换为视频或 PDF 文档，以及将演示文稿转换为图片等。

微课：输出演示文稿

1. 将演示文稿转换为图片

制作完成演示文稿后，可将其转换为其他格式的图片文件，如 JPG、PNG 等，这样浏览者可以以图片的方式观看演示文稿的内容。下面将"年度工作计划 .pptx"演示文稿的幻灯片转换为图片，具体操作步骤如下。

STEP 1　启用转换命令

❶打开"年度工作计划 .pptx"演示文稿，选择【文件】/【导出】选项，在"导出"栏中选择"更改文件类型"选项；❷在右侧"更改文件类型"界面的"图片文件类型"栏中选择输出图片的格式，这里双击"PNG 可移植网络图形格式"选项。

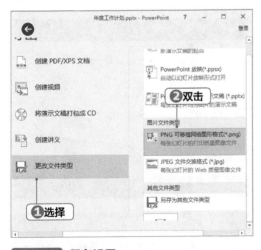

STEP 2　保存设置

❶打开"另存为"对话框，在地址栏中选择保存位置；❷在"文件名"文本框中输入文件名；❸单击"保存"按钮。

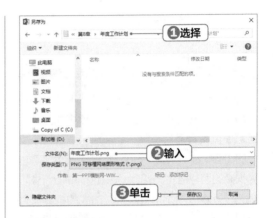

STEP 3　转换所有幻灯片

此时打开提示对话框，单击"所有幻灯片"按钮可将演示文稿中所有幻灯片保存为图片；单击"仅当前幻灯片"按钮，则只将当前幻灯片转换为图片文件。这里单击"所有幻灯片"按钮。

STEP 4　查看保存的图片文件

打开保存幻灯片图片的文件夹，在其中可查看图片内容（效果 \ 第 8 章 \ 年度工作计划）。

第 8 章 演示文稿动态设计与放映输出

2. 将演示文稿导出为视频文件

　　将演示文稿导出为视频文件，不仅可以使添加了动画和切换效果的演示文稿更加生动，还可使浏览者通过任意一款播放器查看演示文稿的内容。在 PowerPoint 2016 中提供了导出为视频的两种格式，分别为".wmv"和".mp4"。相比".mp4"格式，".wmv"格式的视频文件占用空间大，但两种文件的画质都比较清晰。下面将"年度工作计划.pptx"演示文稿导出为".wmv"视频文件，具体操作步骤如下。

STEP 1　**单击"创建视频"按钮**

❶选择【文件】/【导出】选项，在打开页面的"导出"栏中选择"创建视频"选项；❷在"创建视频"栏的"放映每张幻灯片的秒数"文本框中输入"10.00"；❸单击"创建视频"按钮。

STEP 2　**保存设置**

❶打开"另存为"对话框，在地址栏中设置保存位置；❷在"文件名"文本框中保持默认文件名，在"保存类型"下拉列表框中选择"Windows Media 视频（*.wmv）"选项；❸单击"保存"按钮。

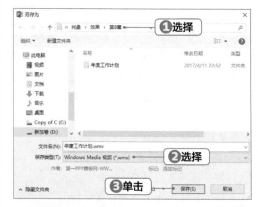

STEP 3　**播放视频**

开始导出视频，导出完成后，在保存位置双击发布的视频文件，将开始播放视频（效果\第8章\年度工作计划.wmv）。

3. 将演示文稿导出为 PDF 文件

　　PDF 是一种常用的电子文件格式，类似于网络中的电子杂志，便于阅读。在跨操作系统，或者 Office 软件版本不同时，PowerPoint 演示文稿格式会发生变化，将其导出为 PDF 文件则可避免这种情况发生。下面将"年度工作计划.pptx"

演示文稿导出为 PDF 文件，具体操作步骤如下。

STEP 1 单击"创建 PDF/XPS"按钮

❶选择【文件】/【导出】选项，在打开页面的"导出"栏中选择"创建 PDF/XPS 文档"选项；❷在"创建 PDF/XPS 文档"栏中单击"创建 PDF/XPS"按钮。

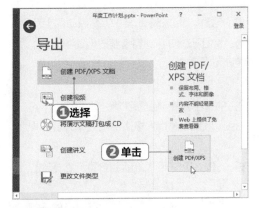

STEP 2 保存设置

❶打开"发布为 PDF/XPS 文件"对话框，在地址栏中设置保存位置；❷在"文件名"文本框中保持默认文件名，单击"选项"按钮。

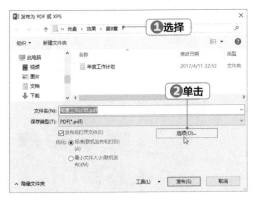

 操作解谜

PDF 文件

　　PDF文件体积相对较小，适合传播，如果要打开PDF文件，需要在电脑中安装PDF阅读器。

STEP 3 导出选项设置

❶打开"选项"对话框，在"范围"栏中单击选中"全部"单选项；❷在"发布选项"栏中单击选中"包括隐藏的幻灯片"和"包括批注和墨迹标记"复选框；❸其他保持默认设置，单击"确定"按钮。

STEP 4 查看 PDF 幻灯片

返回"发布为 PDF/XPS 文件"对话框，单击"发布"按钮，开始进行发布。如果电脑中安装了 PDF 阅读器，那么发布完成后将自动打开发布的 PDF 文件，在其中拖动鼠标或滚动鼠标滑轮可依次查看每张幻灯片的效果（效果\第 8 章\年度工作计划 .pdf）。

新手加油站 ——演示文稿动态设计与放映输出技巧

1. 使用格式刷复制动画效果

如果需要为演示文稿中的多个幻灯片对象应用相同的动画效果，依次添加动画会非常麻烦，而且浪费时间，这时可使用动画刷快速复制动画效果，然后应用于幻灯片对象即可。使用动画刷的方法是：在幻灯片中选择已设置动画效果的对象，再选择【动画】/【高级动画】组，单击"动画刷"按钮，此时鼠标指针将变成 形状，将鼠标指针移动到需要应用动画效果的对象上，然后单击鼠标左键，即可为该对象应用复制的动画效果。

2. 复制动作按钮

在幻灯片中制作动作按钮时，为了保证动作按钮的大小相等，位置在同一水平线上，可在绘制按钮后复制动作按钮，然后更改形状和链接目标来完成制作，提高绘制效率，具体操作步骤如下。

❶ 首先在演示文稿中绘制"后退：上一项"按钮，按住【Shift+Ctrl】组合键向右拖动，水平复制该按钮。

❷ 选择复制的按钮，在【格式】/【插入】组中单击"编辑形状"按钮，在打开的下拉列表中选择"前进：下一项"动作按钮选项。

❸ 此时将打开"操作设置"对话框，单击选中"超链接"单选项，将链接目标设置为下一张幻灯片，单击"确定"按钮，即可快速完成其他动作按钮的绘制添加。

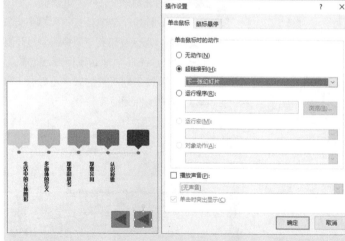

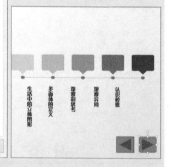

3. 用"显示"代替"放映"

在放映演示文稿时，一般都是先打开演示文稿，然后再通过各种命令或单击某些按钮才能进入放映状态，这对于讲究效率的演示者来说，并不是最快的方法，可以选择快速、方便的方法对演示文稿进行放映，如用"显示"来代替"放映"。方法是：在电脑中找到需要放映的演示文稿的保存位置，选择需要放映的演示文稿缩略图，单击鼠标右键，在弹出的快捷菜单中执行"显示"命令，即可从头放映该演示文稿。

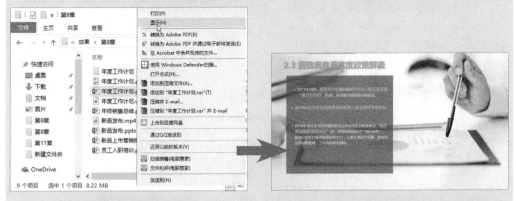

4. 让幻灯片以黑屏显示

放映演示文稿的过程中，需要休息或与观众进行讨论时，为了避免屏幕上的图片分散观众的注意力，可单击鼠标右键，在弹出的快捷菜单中选择【屏幕】/【黑屏】选项或按【B】键使屏幕显示为黑色。讨论完成后再执行右键菜单，选择【屏幕】/【屏幕还原】选项或按【B】键即可恢复正常。按【W】键也会产生类似的效果，只是屏幕将自动变成白色。

5. 放映时隐藏鼠标光标

在放映幻灯片的过程中，如果鼠标指针一直放在屏幕上，会影响放映效果。若放映幻灯片时不使用鼠标进行控制可将鼠标隐藏。方法是：在放映的幻灯片上单击鼠标右键，在弹出的快捷菜单中选择【指针选项】/【箭头选项】/【永远隐藏】选项，即可将鼠标指针隐藏。

6. 导出为演示文稿类型

演示文稿的文件类型包括放映演示文稿 (*.pptx)、PowerPoint 97-2003 演示文稿 (*.ppt)、模板 (*.p0tx)、PowerPoint 放映 (*.ppsx)、PowerPoint 图片演示文稿 (*.pptx) 等。不同的文件类型，导出的演示文稿格式也不同，用户可以根据需要进行选择。方法是：在"导出"页面选择"更改文件类型"选项，在右侧的"更改文件类型"栏中选择"演示文稿文件类型"栏中的选项，然后根据提示进行操作即可。

高手竞技场——演示文稿动态设计与放映输出练习

---

1. 设计"年终销售总结"动态效果

打开素材文件"年终销售总结 .pptx"演示文稿（素材 \ 第 8 章 \ 年终销售总结 .pptx），设计动画和链接交互，要求如下。

● 为幻灯片中的对象设置动画效果。
● 为每张幻灯片设置切换效果。

第 8 章 演示文稿动态设计与放映输出

● 创建动作按钮（效果\第8章\年终销售总结.pptx）。

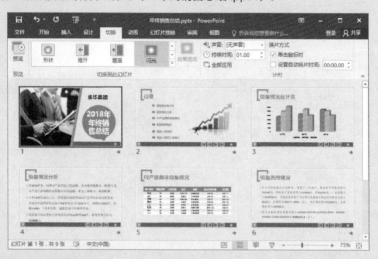

2. 放映输出新品发布

打开素材文件"品牌构造方案.pptx"演示文稿（素材\第8章\新品发布.pptx），自定义放映演示文稿，完成后将其分别导出为视频文件，要求如下。

● 设置自定义放映第1~54张幻灯片，将"拍摄样片"的照片第49~53张提至首个放映位置。
● 以自定义方式开始放映幻灯片。
● 为放映中的第42张幻灯片添加注释内容（效果\第8章\新品发布.pptx）。
● 放映完成后，将演示文稿导出为.mp4格式的视频文件（效果\第8章\新品发布.mp4）。

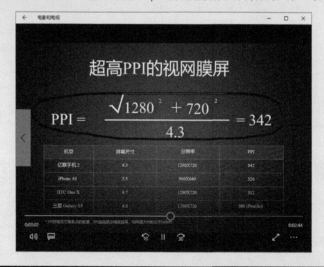

第1部分

第 9 章

常用办公工具软件的使用

/ 本章导读

　　工作中，经常需要在电脑中安装常用工具软件辅助办公。使用频率较高的是文件和图片处理软件，通过这类软件完成文件和图片的编辑处理，实现办公需求。本章介绍的常用办公工具软件包括 WinRAR 压缩软件、Adobe Acrobat 电子文档阅读软件，以及光影魔术手图片编辑工具、格式工厂图片格式转换工具和 Snagit 抓图工具等，下面分别进行介绍。

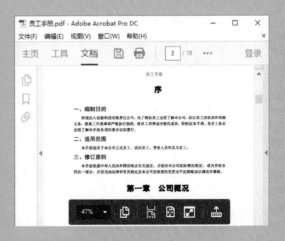

9.1 常用文件编辑工具

文件编辑工具是办公中必备的软件，满足工作中处理文件的需要。本节将介绍 WinRAR 压缩软件和 Adobe Acrobat 软件这两个在日常办公中使用频率较高，同时也是办公必备的软件，其中压缩软件主要用于压缩和解压文件，Adobe Acrobat 主要用于电子文件的阅读和编辑，下面将分别介绍常用文件编辑工具的使用方法。

9.1.1 使用压缩软件

文件压缩是指将大容量的文件压缩成小容量的文件，节约计算机的磁盘空间，提高文件的传输速率。WinRAR 是目前最流行的压缩工具软件，它不但能压缩文件，还能保护文件，使文件便于在网络上传输，还可以避免文件被病毒感染。

微课：使用压缩软件

第 2 部分

1. 使用 WinRAR 压缩文件

有的文件占用的磁盘空间过大，当用户需要在网络中传输某些大文件时，可先将文件进行压缩，减小文件占用的空间，节省传输时间。下面将本书中导出的"新品上市 .mp4"视频文件进行压缩，具体操作步骤如下。

STEP 1　执行压缩命令

在文件保存位置中选择"新品发布 .mp4"文件，单击鼠标右键，在弹出的快捷菜单中选择执行不同的压缩命令，这里选择执行"添加到'新品发布 .rar'"命令。

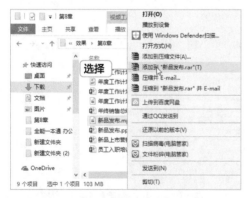

STEP 2　压缩文件

系统开始对所选文件进行压缩，并显示压缩进度。完成后，压缩文件将被保存到原文件的保

存位置，后缀名显示为".rar"。

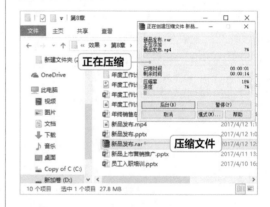

操作解谜

压缩时间与效率

通常文件越大，压缩与解压缩的时间越长，对于文字文档、exe文件来说，其压缩率较高，而图形等文件的压缩率相对低一些。压缩时可同时选择多个文件一起进行压缩。

2. 使用 WinRAR 解压缩文件

在网络中下载的多数文件都进行过压缩，文件图标显示为 ，下载压缩文件后，要使用该文件，首先需要对文件进行解压。下面将

Adobe Acrobat 软件安装程序文件进行解压，具体操作步骤如下。

STEP 1 **执行解压操作**

打开 Adobe Acrobat 软件安装程序压缩文件的保存位置，在压缩文件上单击鼠标右键，在弹出的快捷菜单中选择执行"解压到当前文件夹"命令。

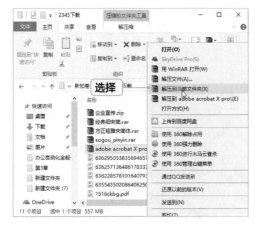

操作解谜

WinRAR 软件右键菜单命令的含义

安装WinRAR软件后，在其上单击鼠标右键，在弹出的快捷菜单中执行"解压到当前文件夹"或"解压到'文件名'"命令将直接解压；选择"解压文件"选项，将打开"解压路径和选项"对话框，可设置解压文件名称和保存位置后进行解压。相应地，在压缩文件时，选择"添加到压缩文件"选项，将打开"压缩文件名和参数"对话框，选择"添加到'文件名'"命令将以原名称直接进行压缩。

STEP 2 **解压文件**

对文件进行解压，并显示解压进度，解压后的文件将保存到原位置。

3. 加密压缩

　　加密压缩文件指在压缩文件时添加密码，当解压该文件时需要输入密码才能进行解压，加密压缩是一种保护文件的方法，防止他人任意解压并打开该文件。下面将"新品上市 .mp4"视频文件进行加密压缩，并删除源文件，具体操作步骤如下。

STEP 1 **选择"添加到压缩文件"选项**

在文件保存位置选择"新品上市 .mp4"文件，单击鼠标右键，在弹出的快捷菜单中选择"添加到压缩文件"选项。

STEP 2 **启用加密**

❶打开"压缩文件名和参数"对话框，在"压缩选项"栏中单击选中"压缩后删除原来的文件"复选框；❷其他保持默认设置，单击"设置密码"按钮。

STEP 3 **输入密码**

❶打开"输入密码"对话框,在"输入密码"和"再次输入密码以确认"文本框中输入相同的密码;
❷单击"确定"按钮。

STEP 4 **加密压缩**

返回"压缩文件名和参数"对话框,单击"确定"按钮,开始压缩文件,并显示压缩进度。完成压缩后,源文件将被删除。

操作解谜

解压加密文件

"加密压缩"后的文件在解压时,执行解压命令后,将打开"输入密码"对话框,只有在输入正确的密码后才能顺利解压。

9.1.2 | 使用 Adobe Acrobat 软件

PDF 格式是一种全新的电子文档格式,该格式能如实地保留文档原来的面貌和内容,以及字体和图像。PDF 文档在办公中的应用较为广泛,使用 Adobe Acrobat 可方便地阅读、创建、转换和编辑文档。

微课:使用 Adobe Acrobat 软件

1. 阅读 PDF 文档

在第 8 章中介绍了将 PPT 演示文稿转换为 PDF 文件的方法,便于在办公中传递和审阅文件。若需要查看 PDF 文档,需使用 Adobe Acrobat 软件。下面将使用 Adobe Acrobat 查看"年度工作计划 .pdf"文档,具体操作如下。

STEP 1 **打开 PDF 文档**

单击"开始"按钮,在"开始"面板的"最近添加"程序栏中选择"Adobe Acrobat"选项,或双击桌面的▉快捷图标,启动 Adobe Acrobat 软件,在软件工作界面选择【文件】/【打开】选项。

STEP 2　选择 PDF 文档

❶在"打开"对话框的地址栏中选择文件的保存位置；❷然后在右侧列表框中选择"年度工作计划 .pdf"文档；❸单击"打开"按钮。

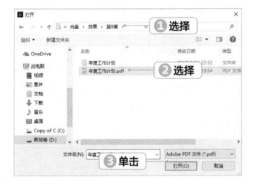

技巧秒杀

设置PDF文档默认打开

　　安装Adobe Acrobat后，在软件中设置所有PDF文档默认使用Adobe Acrobat打开。在文件保存位置双击PDF文档图标，可直接启动Adobe Acrobat打开文档。

STEP 3　跳转页面

打开文件，在软件窗口中默认显示第 1 页，滚动鼠标滚轮可以依次从第 1 页、第 2 页……进行查看，在工具栏的"页数"文本框中输入页码，如输入"8"，按【Enter】键会跳转到第 8 页。

STEP 4　显示缩略图

单击浮动工具栏中的"显示 / 隐藏页面缩略图"按钮。

STEP 5　查看缩略图

此时，在左侧的窗格中可查看文档页面的缩略图。

STEP 6　以阅读模式查看文件

单击"关闭"按钮关闭"页面缩略图"窗格。
单击"以阅读模式查看文件"按钮，在工作界
面中将隐藏工具栏，只显示文档页面。

2. 编辑 PDF 文档

打开 PDF 文档后，使用 Adobe Acrobat

软件可对文档内容，如文字和图像等进行编辑，
方法与在 Word 中编辑文本和图片的方法相似，
具体操作步骤如下。

STEP 1　选择"编辑"选项

打开 PDF 文档后，单击上方的"工具"选项卡，
然后在右侧窗格中选择"编辑 PDF"选项。

STEP 2　编辑文本内容

进入编辑界面，将光标插入点定位到文本处或
选择文字内容，可对文字进行修改、删除以及
设置字体、颜色等操作，与在 Word 中编辑文
本的方法相似。

STEP 3　编辑图片

选择图片，在"对象"栏中单击相应按钮可执
行旋转、裁剪图像等操作，与在 Word 中编辑
图片的方法相似。

第2部分

3. 将 PDF 文档与 Office 文件进行转换

在办公中，有时需要将已有的 PDF 文档转换为 Word、Excel、PowerPoint 等格式的文件，以便使用办公软件编辑内容。在编辑过程中，有时则需要将办公软件制作完成的文件转换为 PDF 文档进行统一查看，便于文档的传阅，无论将什么格式的文件进行转换，方法基本相似。下面将前面打开的"年度工作计划 .pdf"文档转换为 PowerPoint 演示文稿进行编辑或放映，然后将前面制作的"员工手册 .docx"转换为 PDF 文档进行查看，具体操作如下。

STEP 1　执行导出命令

在"年度工作计划 .pdf"文档的工具面板中选择"导出 PDF"选项。

STEP 2　执行导出操作

❶ 在打开的"导出 PDF"工作界面中选择导出文件的格式，这里选择"Microsoft PowerPoint"选项；❷ 单击下方的"导出"按钮。

STEP 3　导出为演示文稿

打开"导出"对话框，设置导出文件的保存位置和名称，单击"保存"按钮，开始导出文件。导出完成后，将自动打开"年度工作计划 .pptx"演示文稿。

STEP 4 执行创建命令

返回 PDF 工作界面，在工具面板中选择"创建 PDF"选项，在打开的"创建 PDF"界面中单击"选择文件"超链接。

STEP 5 选择需创建 PDF 的文件

❶ 在打开的"打开"对话框中选择需要转换的"员工手册 .docx"文档；❷ 单击"打开"按钮。

STEP 6 查看标签颜色效果

返回"创建 PDF"界面，单击"创建"按钮，开始转换，转换完成后可查看 PDF 文档效果。然后选择【文件】/【保存】选项，将文档进行保存（效果\第 9 章\员工手册 .pdf）。

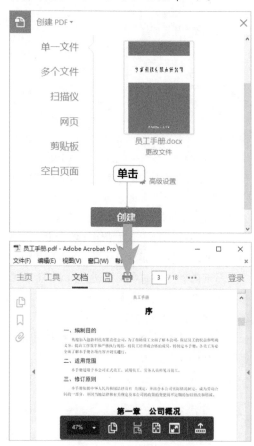

9.2 常用图片编辑工具

图片编辑工具与文件编辑工具一样，是办公必备软件，在处理日常事务中占有重要的地位。通常，公司的电脑中会安装一款占用体积小、方便实用的图片处理软件，用于对工作中的图片进行浏览查看或美化编辑。另外，还需配备图片格式转换软件和截图软件，辅助图片处理。本节将介绍光影魔术手、格式工厂和 Snagit 软件的使用方法。

9.2.1　使用光影魔术手处理图片

光影魔术手是一款专门针对数码照片的画质进行改善和效果处理的工具软件，它能够满足大多数照片的后期处理要求。光影魔术手功能全面，操作简单，各项设置方法类似，下面介绍光影魔术手的使用方法。

微课：使用光影魔术手处理图片

1. 浏览图片

光影魔术手具有强大的图片处理功能，可以快速浏览电脑中某个文件夹包含的所有图片，操作十分简单。下面在光影魔术手中浏览"公司图片"文件夹中的图片（素材\第9章\公司图片），具体操作步骤如下。

STEP 1　**执行"浏览图片"命令**

双击桌面的 ⊙ 快捷图标，启动光影魔术手，单击"浏览图片"按钮。

STEP 2　**查看图片缩略图**

在软件左侧打开文件夹窗格，选中图片所在的"公司图片"文件夹选项，在右侧界面可浏览该文件夹中所有图片的缩略图。

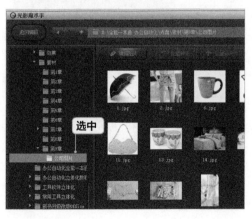

STEP 3　**浏览图片**

双击任意一张图片的缩略图，返回光影魔术手的主界面，查看其大图，单击下方的"下一张"按钮浏览下一张大图。

2. 编辑图片

在办公中，有时需要展示某些活动照片或发布公司产品照片，由于拍摄技巧等原因，拍摄出的效果不尽如人意，如曝光度不够或照片形式单调等，这时可为照片进行编辑美化，使照片看起来更加漂亮。下面使用光影魔术手对"公司图片"文件夹中的产品图片进行美化操作，具体操作步骤如下。

STEP 1　旋转图片

当浏览到"8.jpg"图片时，单击"旋转"按钮右侧的下拉按钮，在打开的下拉列表中选择"向右旋转"选项，将图片向右旋转90°，摆正图片。

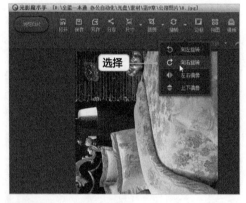

STEP 2　美化图片效果

❶旋转图片后，在工具栏中单击"数码暗房"选项卡；❷然后在下拉列表中选择"反转片效果"选项。

STEP 3　设置反转片参数

❶打开"反转片效果"面板，在滑块上拖动鼠标调整参数，使图片显示更自然；❷然后单击"确定"按钮确认设置。

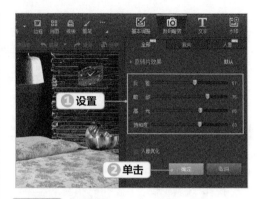

STEP 4　保存图片

单击"下一张"按钮浏览下一张图片，打开提示对话框，单击"是"按钮直接保存图片。

STEP 5　修改图片曝光度

❶当浏览到"11.jpg"图片时，图片显示曝光过度，在工具栏中单击"基本调整"选项卡；❷然后在"基本"栏拖动滑块调整参数。

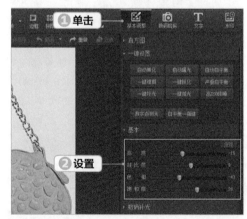

STEP 6　查看编辑图片的效果

查看图片编辑前后的效果，减少曝光后颜色显示更加明显。利用相同方法可继续编辑其他图片。

第2部分

操作解谜

图片的打开、保存和另存操作

　　光影魔术手工具栏中的"打开"按钮、"保存"按钮、"另存"按钮，分别用于打开、保存和另存为图片，其操作与Office办公软件相同。

3. 图片批处理

　　如果要对多张图片执行相同的编辑设置，可使用光影魔术手的批处理功能实现。下面使用批处理功能为"公司图片"文件夹中的全部图片添加标签，具体操作步骤如下。

STEP 1　执行"批处理"命令

将鼠标指针移动到"更多设置"按钮上，在打开的下拉列表中选择"批处理"选项。

STEP 2　选择添加方式

打开"批处理"对话框，进入"第一步：添加照片"界面，在下方单击"添加文件夹"按钮。

STEP 3　添加文件夹

①打开"请选择要添加的文件夹"对话框，选择"公司图片"文件夹；②单击"选择文件夹"按钮。

STEP 4　添加文字

返回"第一步：添加照片"界面，单击"下一步"按钮，打开"第二步：动作设置"界面，单击"添加文字"按钮。

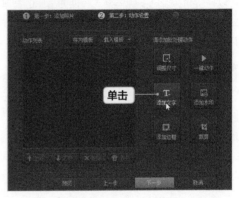

STEP 5　设置文字标签

❶在打开的"添加文字"对话框的"请输入文字"栏下的文本框中输入标签文本内容；❷在其下方设置文本格式和显示位置；❸单击"确定"按钮。

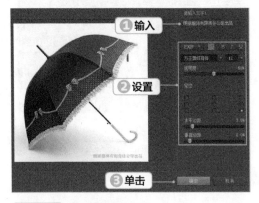

STEP 6　批处理图片文件

❶返回"第二步：动作设置"界面，单击"下一步"按钮，打开"第三步：输出设置"界面，在"输出路径"栏中单击选中"原文件路径"单选项，保存到原位置；❷在"输出文件名"栏中单击选中"重命名"单选项；❸在"命名格式"文本框中输入"服饰"，在其下方单击选中"后接序号"复选框；❹其他保持默认设置，单击"开始批处理"按钮。

STEP 7　查看效果

处理完成后，每张图片都添加了同样的文字标签（效果\第9章\公司图片）。

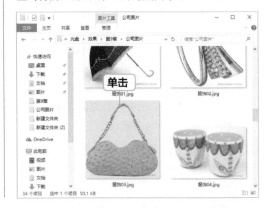

9.2.2　使用格式工厂软件

格式工厂（Format Factory）是一款免费的多媒体格式转换软件，它几乎可以将所有类型的多媒体格式转换为常用的音频和视频格式，同时还支持图片格式之间的转换。转换图片、音视频文件等的操作方法相同，下面主要介绍格式工厂软件的使用方法。

微课：使用格式工厂软件

1.转换图片格式

不同场所或不同软件所需要的图片格式不同，如".tif"格式的图片常用于书籍出版或海报中，画面质量高，但占用空间较大。而在网络中常使用".jpg"等格式的图片，其占用空间较小。下面使用格式工厂将".tif"格式的图片转换为".jpg"格式的图片，具体操作步骤如下。

STEP 1　选择转换的图片格式

❶双击桌面的 快捷图标，启动格式工厂，在工作界面左侧的窗格中首先单击"图片"选项卡；❷然后选择要转换为的图片格式选项，这里选择"JPG"选项。

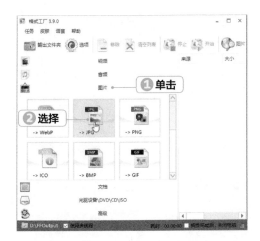

操作解谜

图片格式的说明和应用

常用的图片格式有JPG、GIF、BMP、PNG、TIF等。JPG占用空间较小，广泛应用于网络中；GIF是用于网络的一种很小的图像文件，文件非常小，质量较差；BMP是微软的位图格式，压缩率很小，容量较大；PNG图像支持的颜色相当广泛，因此高清图片一般使用PNG格式，缺点就是图像较大；TIF能保持原有图像的颜色及层次，但占用空间很大，用于印刷或喷绘高质量的文件。

STEP 2 **添加文件**

打开"JPG"图片格式转换对话框，单击"添加文件"按钮。

技巧秒杀

同时转换文件

在"JPG"对话框中单击"添加文件夹"按钮，可将文件夹中包含的图片同时进行转换。

STEP 3 **选择需要打开的图片**

❶打开"打开"对话框，选择要进行格式转换的图片文件；❷单击"打开"按钮。

STEP 4 **设置保存位置**

❶返回"JPG"对话框，单击右下角的"改变"按钮；❷打开"浏览文件夹"对话框，选择转换后的文件保存位置，默认保存在"FFOutput"文件夹；❸单击"确定"按钮。

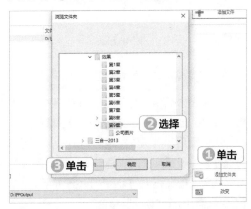

STEP 5 **设置文字标签**

返回"JPG"对话框，单击"确定"按钮。此时在格式工厂主界面的"文件列表区"中将自动显示所添加的图片文件,大小为 40M 左右,单击工具栏中的"开始"按钮,即可执行转换操作并显示转换进度。

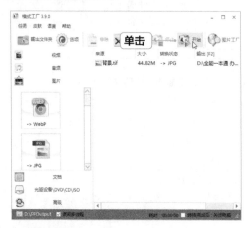

STEP 6 **查看处理后的图片文件**

打开图片转换后的保存位置,可看到 TIF 格式图片已转换为 JPG 格式图片,大小为不到 8M。

2. 设置格式转换默认值

如果在办公中经常使用格式工厂进行图片格式转换,那么可自定义格式转换参数配置。第一次设置后,再次进行相同转换时,不用重复操作,如设置文件的保存位置、执行完成打开文件夹查看效果等,具体操作步骤如下。

STEP 1 **执行"选项"命令**

❶在工具栏中单击"选项"按钮,打开"选项"对话框,单击"选项"选项卡,在"转换完成后"栏中单击选中"打开输出文件夹"复选框;❷单击"输出文件夹"栏中的"改变"按钮。

STEP 2 **设置默认保存位置**

❶打开"浏览文件夹"对话框,选择图片文件的默认位置;❷单击"确定"按钮。

STEP 3 **设置转换图片质量**

❶返回"选项"对话框,单击"图片"选项卡;❷将转换图片的输出质量设置为"100";❸单击"确定"按钮确认设置。

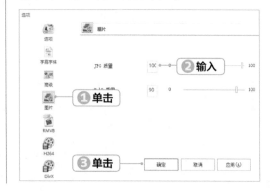

9.2.3 使用 Snagit 截图软件

Snagit 是一款强大的截图软件，除了拥有截图软件普遍具有的功能外，还可以捕捉文本和视频图像，捕获后可以保存为 BMP、PNG、TIF、GIF 或 JPG 等多种图片格式，或使用其自带的编辑器编辑。Snagit 的常用版本较多，操作界面和使用方法大同小异，本节介绍系统兼容性较好的 Snagit 10 版本。

微课：使用 Snagit 截图软件

1. 使用自定义捕获模式截图

Snagit 提供了几种预设的捕捉方案，如统一捕捉、全屏和延时菜单等，操作方法基本相似。下面介绍统一捕捉图像，具体操作步骤如下。

STEP 1　选择捕捉方式

❶双击桌面上的快捷图标，启动 Snagit，进入操作界面，在右侧的"捕捉"栏下选择一种预设的捕捉方案，这里选择"统一捕捉"选项；❷然后单击"捕捉"按钮进行捕捉。

操作解谜

Snagit 软件的特性

Snagit 捕捉种类很多，不仅可以捕捉静止图像，还可以获得动态图像和声音，另外也可在选中的范围内只获取文本，如按钮；捕捉范围更灵活，可选择整个屏幕、某个静止或活动的窗口，也可随意选择捕捉内容。

STEP 2　捕捉图片

此时出现一个黄色选项边框和一个十字型的黄色线条，其中黄色边框用来捕捉窗口，十字型黄色线条则用来选择区域。这里将黄色边框移至文件列表区。

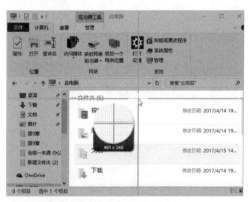

STEP 3　复制和保存捕捉的图像

确认捕捉图像后，单击鼠标左键，将自动打开"Snagit 编辑器–捕捉库"预览窗口，并在"绘图"选项卡中显示已捕捉的图像，单击"剪贴板"组中的"复制"按钮，即可将图像复制到其他文档中，或单击"保存"按钮保存图片。

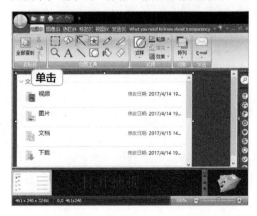

2. 添加捕获模式

当预设的方案无法满足实际需求或操作比较复杂时，用户可添加捕获配置文件并设置相应的快捷键。下面利用向导添加一个"窗口—剪贴板"的配置文件，具体操作步骤如下。

STEP 1　使用向导创建方案

❶启动 Snagit 软件，进入操作界面，单击"预设方案"栏右侧的"使用向导创建方案"按钮；❷打开"新添加方案向导"对话框，单击"图像捕捉"按钮；❸单击"下一步"按钮。

STEP 2　选择"窗口"捕获模式

❶在打开的对话框中，单击"输入"下方的下拉按钮，在打开的下拉列表中选择捕捉内容，这里选择"窗口"选项；❷单击"下一步"按钮。

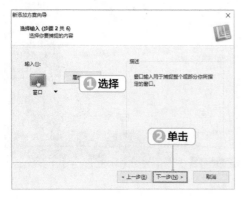

STEP 3　选择输出方式

❶打开"选择输出"对话框，单击"输出"下方的下拉按钮，在打开的下拉列表框中选择"剪贴板"选项；❷单击"属性"按钮。

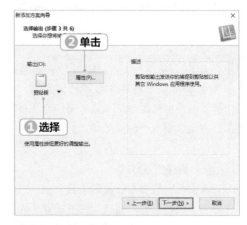

STEP 4　设置输出格式

❶打开"输出属性"对话框，在"文件格式"栏中单击选中"总是使用以下文件格式"单选项；❷在下面的列表框中选择"JPG–JPEG 图像"选项；❸单击"确定"按钮。

STEP 5　设置在编辑器中预览

❶返回"选择输出"对话框，并在其中单击"下一步"按钮，在打开的"选择选项"对话框中，单击"在编辑器中预览"按钮；❷然后单击"下一步"按钮。

第 2 部分

STEP 6　完成添加设置

❶在打开的对话框中可选择要应用的效果，如撕裂边缘效果、阴影效果和缩放效果等，这里保持默认设置，直接单击"下一步"按钮。打开"保存新方案"对话框，单击"热键"栏中的下拉按钮，在打开的下拉列表框中选择"F6"选项；❷单击"完成"按钮，即可完成新捕捉方案的添加。

3. 编辑捕获的屏幕图片

在"Snagit 编辑器"预览窗口的"图像"

选项卡中可对图像进行一些常用的编辑操作。下面编辑捕获的屏幕图片，调整大小并设置模糊度，具体操作步骤如下。

STEP 1　调整图像大小

❶捕捉图片后将自动打开"Snagit 编辑器"预览窗口，在【图像】/【画布】组中单击"调整大小"按钮，在打开的下拉列表中选择"调整图像大小"选项；❷打开"调整图像大小"对话框，在"缩放"栏中单击选中"按百分比设置缩放"单选项；❸在"宽度"和"高度"数值框中均输入"85"，缩小图片。

STEP 2　图像灰度设置

单击"关闭"按钮，关闭"调整图像大小"对话框。在"修改"组中单击"灰度"按钮，将图像设置为"黑白"图像。图片编辑后，可进行复制或保存操作。

新手加油站 ——常用办公工具软件的使用技巧

1. 直接打开压缩文件

如果在计算机中安装了 WinRAR 工具软件，在文件保存位置直接双击 ".rar" 压缩文件，可在 WinRAR 操作界面中打开压缩文件，然后双击压缩文件中的文件选项，可直接打开文件进行查看。

2. 拖动文件打开 PDF 文档

打开 PDF 文档的保存位置，选择文档，按住鼠标左键不放，向 Adobe Acrobat 工具软件的窗口上方拖动，当出现 "复制" 字样后松开鼠标，可快速打开 PDF 文档。

3. 打印 PDF 文档

PDF 文档也可打印输出，操作方法与打印 Word 文档相似，选择【文件】/【打印】选项，或按【Ctrl+P】组合键，打开 "打印" 对话框，在 "份数" 数值框中可设置打印份数；"要打印的页面" 栏中可设置打印范围。单击 "页面设置" 按钮打开 "页面设置" 对话框，可设置纸张大小和打印方向等，设置后在 "打印" 对话框中单击 "打印" 按钮即可。

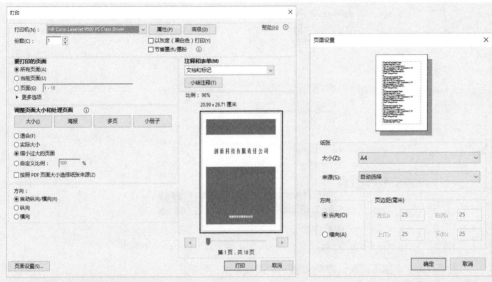

4. 快速转换文件格式

　　启动格式工厂后，选择需要转换格式的文件，向格式工厂的主界面中拖动。若选择转换图片文件，在打开对话框的"图片"列表框中选择转换后的文件格式选项，然后在"输出文件夹"栏中单击"改变"按钮，设置文件的输出位置，单击"确定"按钮，返回格式工厂主界面，然后单击工具栏中的"开始"按钮，可快速完成格式的转换操作。

高手竞技场——*常用办公工具软件的使用练习*

1. 加密压缩公司文件

　　练习对公司重要的文件进行加密压缩，要求如下。

● 选择多个要压缩的文件夹，单击鼠标右键，在弹出的快捷菜单中选择"添加到压缩文件"选项，打开"压缩文件名和参数"对话框。

● 设置压缩文件名称和保存路径。

● 设置加密压缩密码。

2. 将 Word 文档转换为 PDF 文档并压缩

　　将第 3 章制作的"市场调查报告 .docx"文档转换为 PDF 文档并压缩，要求如下。

● 启动 Adobe Acrobat 软件，通过软件将 Word 文档"市场调查报告 .docx"转换为 PDF 文档。

● 使用 WinRAR 软件压缩 PDF 文档并删除原 PDF 文档（效果\第 9 章\市场调查报告 .rar）。

3. 设置 Snagit 预设方案

使用 Snagit 截取图片，然后设置一个捕捉方案，要求如下。

- 使用 Snagit "预设方案"栏中的"统一捕捉"选项捕捉网络 3 张图片。
- 自定义名为"窗口—文件"的捕捉方案，将其热键设置为"F3"，保存位置为 "F:\图片"。

4. 处理并制作艺术照

使用光影魔术手处理计算机中保存的图像文件（素材\第 9 章\小镇 .jpg），要求如下。

- 启动光影魔术手，打开需要处理的照片。
- 分别将照片亮度、饱和度设置为"18""24"。
- 在"数码暗房"中设置"柔光镜"效果。
- 添加"小镇旧时光"文字，并设置文字参数。
- 使用格式工厂将图片文件格式转换为".tif"格式（效果\第 9 章\小镇 .tif）。

第 10 章

常用办公设备的使用与维护

/ 本章导读

　　通过学习 Office 软件，我们不禁产生疑问，Word 文档和表格通过什么打印到纸上，而演示文稿又该使用什么进行放映呢？这就需要使用打印机和投影仪。本章除了介绍打印机和投影仪的使用方法外，还将介绍其他常用的办公硬件设备，如扫描仪、一体化速印机、移动办公设备等。

10.1 常用输入办公设备

输入设备可将外部文字、图像或文件等内容传送到计算机中保存，并保证传送的文字、图像或文件内容保持原貌。日常办公中，常用的输入办公设备有扫描仪和移动办公设备等。下面将分别介绍扫描仪和移动办公设备的使用方法。

10.1.1 扫描仪的使用

扫描仪是一种捕获图像并将其转换为计算机可以显示、编辑、储存和输出的数字化输入设备。自动化办公普遍使用平板式扫描仪。这种扫描仪体积小、便于放置，操作便捷。

1. 安装扫描仪设备

要使用计算机和硬件设备办公，首先需要将设备与计算机连接。下面介绍扫描仪与计算机如何连接，具体操作步骤如下。

STEP 1 准备扫描仪

将扫描仪平放，下图为常用扫描仪的外观。

STEP 2 连接计算机

将数据线的一端插入计算机的 USB 接口，将另一端插入扫描仪的 USB 接口，示意图如下。

STEP 3 连接电源

连接扫描仪电源线，将插头插入插座，示意图如下。

STEP 4 安装驱动

根据提示，使用安装光盘安装扫描仪的驱动程序，或在网络中下载与扫描仪型号对应的驱动程序进行安装，安装方法与安装一般软件的方法相同。

 操作解谜

驱动程序的安装

硬件设备一般可分为即插即用型和非即插即用型。即插即用设备，如U盘等移动设备，连接计算机后可直接使用；而非即插即用设备，如打印机、扫描仪等，连接后需要安装驱动程序才可使用。购买硬件设备时，驱动程序保存在附带的光盘中，或在设备的官方网站下载相应型号的驱动程序，然后像安装一般工具软件那样进行安装。

第 2 部分

2. 扫描文件

连接扫描仪并安装驱动程序后，即可开始对所需文件进行扫描，然后将扫描结果保存到计算机中。办公过程中，通常将一些发票、印有公章的文件或其他文档扫描为图片格式，将其保存或发送给同事及客户查看。虽然不同品牌扫描仪的扫描界面有所差异，但是工作方式和操作方法相似。下面使用爱普生扫描仪扫描文件，具体操作步骤如下。

STEP 1 放置扫描文稿

打开扫描仪盖板，将要扫描的文件放在文件台内，需要扫描的一面朝下，将文件抚平，盖上扫描仪盖板，以免文稿页面移动。

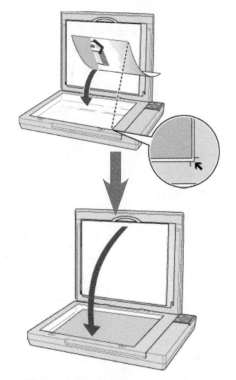

STEP 2 选择扫描模式

①按下扫描仪的电源按钮，启动扫描仪设备，在"开始"菜单中选择扫描仪选项，打开扫描仪软件的扫描对话框，在"模式"下拉列表框中选择"全自动模式"选项；②然后单击"自定义"按钮。

STEP 3 设置输出图像分辨率

①在打开的"自定义"对话框中可设置分辨率、去杂质或颜色翻新等，分辨率越高图像越清晰，扫描时间会越长，保存的文件越大；②单击"文件保存设置"按钮。

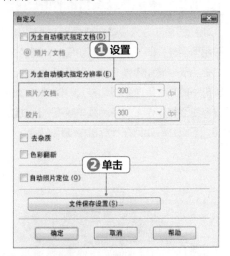

STEP 4 设置文件保存参数

①打开"文件保存设置"对话框，在"本地"栏中可设置扫描图像的保存路径；②在"文件名称"栏中可设置扫描图像的名称；③在"图像格式"栏中可设置扫描图像的格式。

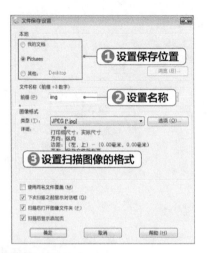

STEP 5 扫描文件

单击"确定"按钮，返回扫描对话框，单击"扫描"按钮，开始扫描文件。扫描完成后将生成扫描文件的预览图。扫描的图像文件将被保存到所设置的位置中。如果没有设置文件保存位置，图像将以默认格式保存在"我的文档"中。

操作解谜

清洁扫描仪

扫描仪应保持干净，扫描仪文件台上如有污垢，可用软布蘸少量酒精擦拭。

10.1.2 | 移动办公设备的使用

常用的移动办公设备主要是指 U 盘和移动硬盘，如下图所示。它们属于即插即用型硬件，即不用安装驱动程序，连接计算机后可直接使用。移动硬盘和 U 盘主要用于存储和传输文件，即将移动办公设备中的文件传送到计算机中，或将计算机中的文件传送到移动办公设备中。U 盘具有体积小巧、外观别致、易于携带且支持热插拔的特点，在日常生活和工作中的使用频率较高；移动硬盘可看作大型的 U 盘，存储空间更大，二者的使用方法相同。下面介绍如何在计算机中使用 U 盘。

微课：移动办公设备的使用

硬盘

U 盘

1. 连接 U 盘

移动办公设备使用 USB 接口，将接口与计算机主机上的端口连接，即可自动安装驱动程序；计算机可对移动办公设备进行管理和使用。连接 U 盘的具体操作步骤如下。

STEP 1　插入 U 盘

将 U 盘连接到已启动计算机主机的 USB 接口上，系统将自动提示正在安装驱动程序，稍等片刻后，将提示已成功安装程序，在桌面的通知区域中将显示成功安装 U 盘的图标。

STEP 2　查看 U 盘

打开"此电脑"窗口即可查看添加的 U 盘设备，双击该选项可打开 U 盘窗口，查看其中存储的文件。

2. 使用 U 盘

移动硬盘和 U 盘通常用于存储或传输文件，即将移动硬盘或 U 盘中存储的文件传送到计算机中，或将计算机中的文件传送到移动硬盘或 U 盘中；然后连接另外一台计算机，将文件复制到该计算机中。下面将 U 盘中的文件复制到计算机中，具体操作步骤如下。

STEP 1　复制文件

❶打开 U 盘窗口；❷选择要复制的文件；❸在【主页】/【剪贴板】组中单击"复制"按钮，或按【Ctrl+C】组合键复制文件。

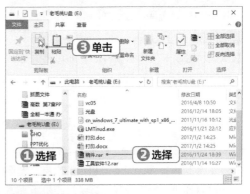

STEP 2　粘贴文件

❶双击打开要保存文件的计算机中的存储位置；❷在【主页】/【剪贴板】组中单击"粘贴"按钮，或按【Ctrl+V】组合键，将文件粘贴到计算机中，复制过程中将显示复制进度。

STEP 3　安全移除 U 盘

❶关闭 U 盘窗口，在通知区域单击图标；❷在打开的列表中选择 U 盘对应的选项。

STEP 4 拔出 U 盘

系统提示可以安全移除硬件后，即可将 U 盘从计算机的 USB 接口拔出。

操作解谜

正确拔出 U 盘

在移除U盘前，应先关闭所有与该硬件相关的程序或文件，否则将会提示该硬件无法停止。如果直接拔出U盘，有可能破坏U盘中的文件或损害U盘设备。

10.2 常用输出办公设备

输出设备可以将计算机中的文字、图像等内容进行输出。常用的输出办公设备有打印机、一体速印机和投影仪等，其中打印机用于将文档、图片打印输出到纸张上，一体速印机一般包含打印机和复印机的功能，而投影仪可用于演示文稿的放映。下面分别介绍打印机、一体速印机和投影仪的使用方法。

10.2.1 打印机的使用

打印机是办公自动化中重要的输出设备之一，主要用于将计算机运算和处理后的结果输出到纸张上。用户可通过简单的操作，利用打印机把制作好的各种类型的文档输出到纸张或有关介质上。办公应用中不仅要学会在 Word 等办公软件中通过打印机打印出文档内容，还应该了解打印机设备的安装、维护等方法，以便更好地实现自动化办公。

微课：打印机的使用

1. 打印机的类型

打印机是现代化自动办公必备的设备，办公中通常需要将一些文件进行打印输出。目前家用和办公最常用的是喷墨打印机和激光打印机。下面分别对喷墨打印机和激光打印机的结构进行介绍，帮助用户更加直观地掌握打印机的使用。

● 喷墨打印机性能和外观介绍：喷墨打印机是一种经济型非击打式的高品质打印机，是一款性价比较高的彩色图像输出设备，因其强大的彩色功能和较低的价格，在现代办公领域颇受青睐。喷墨打印机的特点是体积小、操作简单方便、打印速度快、工作噪音低和分辨率高，其外观如下图所示。

● 喷墨打印机的结构介绍：喷墨打印机是将墨水喷到纸张上形成点阵图像。打印机主要由喷头和墨盒、清洁单元、小车单元和送纸单元 4 部分组成，其结构示意图如下。

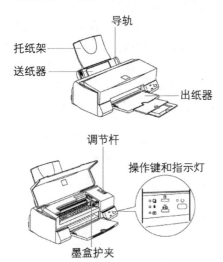

操作解谜

选购喷墨打印机

在选购喷墨打印机时，应注意墨滴控制、打印精度、耗材成本和打印速度4个方面，还应注意是否能直接打印照片。

● 激光打印机性能和外观介绍：与喷墨打印机相比，激光打印机是使用硒鼓粉盒里的碳粉形成图像。激光打印机分为黑白激光打印机和彩色激光打印机，顾名思义二者分别用于打印黑白页面和彩色页面。彩色激光打印机的价格比喷墨打印机昂贵，成像更加复杂。激光打印机的优势在于技术更成熟，性能更稳定，打印速度和输出质量较高，外观如下图所示。

● 激光打印机的结构介绍：激光打印机主要由4部分构成（示意图如下），其中 1 为控制面板，2、3、4 共同组成纸盒和纸盒托盘部分，5 为打印机电源开关按钮，6 为出纸盘。

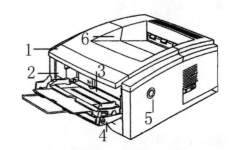

2. 安装网络打印机

将数据线与一台计算机连接，安装打印机的驱动程序，完成后就能在这台计算机中使用打印机，方法与安装扫描仪相似。但实际情况是，办公室内不可能每台计算机连接一台打印机，因此安装好本地打印机后，可为同一个工作组的其他计算机添加打印机，使这些计算机共享打印机。这种方式称作安装网络打印机，下面介绍安装方法，具体操作步骤如下。

STEP 1 打开"设备和打印机"窗口
在桌面上双击"控制面板"图标，打开"控制面板"

窗口，单击"设备和打印机"超链接。

STEP 2　添加打印机

打开"设备和打印机"窗口，在工具栏中单击"添加打印机"按钮。

第
2
部
分

STEP 3　选择网络打印机

打开"添加设备"对话框，系统开始自动搜索局域网中的打印机，选择所需打印机，单击"下一步"按钮。

STEP 4　安装驱动程序

打开"Windows 打印机安装"对话框，开始连接网络打印机，并自动下载安装打印机驱动程序，完成后单击"下一步"按扭。

STEP 5　添加打印机

❶在打开的对话框中单击选中"设置为默认打印机"复选框；❷单击"完成"按钮。在"设备和打印机"对话框中便可看到添加的网络打印机。在打开的文档中选择【文件】/【打印】选项，选择共享的打印机，便可进行打印。

操作解谜

为什么无法搜索到打印机

若无法搜索到局域网中的打印机，有可能是在连接打印机的本地计算机中没有开启打印机共享，开启文件和打印机共享以及快速配置局域网的操作方法，将在后面的章节进行详细介绍。

3. 添加纸张

在纸盒中放入纸张后，打印机在打印时会自动从盒中获取纸张，具体操作步骤如下。

STEP 1 抽出导纸板

将纸盒从设备中完全拉出。按下导纸释放杆，然后滑动导纸板以适合纸张大小，并确保其牢固地插入插槽中。

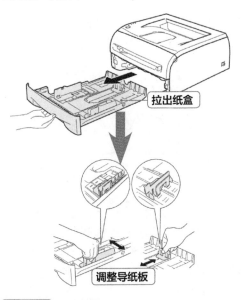

拉出纸盒

调整导纸板

STEP 2 放入纸张

将纸张放入纸盒中，确保纸张的厚度位于最大纸张限量标记之下，将纸盒牢固地装回设备中，确保其完整地置于打印机中。

4. 解决卡纸故障

使用打印机打印多份文件时，容易出现卡纸故障，在办公中经常遇到这种情况，用户可以了解一下解决卡纸故障的方法。

STEP 1 打开前盖取出卡纸

打开前盖，如果能够看到卡住的纸张，可使用适当的力量将纸张取出。

从这里取出纸张

STEP 2 拖出卡住的纸张

如果纸张被卡在更深处，取出硒鼓单元和墨粉盒组件，按下蓝色锁杆并将墨粉盒从硒鼓单元中取出，然后拖出卡住的纸张。

取出墨粉盒

10.2.2 一体机的使用

微课：一体机的使用

　　一体机是集传统打印、复印、扫描等功能于一身的设备（有些还兼具传真功能，不同的一体机其功能可能有所差别），已逐步取代单独的复印机设备。下图为常见一体机的外观。图中的一体机具有打印和复印的功能，在办公中被广泛应用，其中打印部分与打印机的组成相同，下面主要介绍复印功能。

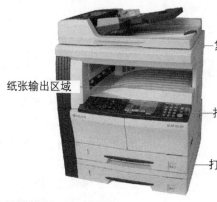

复印、扫描盖组件

纸张输出区域

打印复印设置区

打印复印入纸盒

1. 复印文件

　　使用一体机的复印功能可以快捷地复制出多份文件，复印方法非常简单，具体操作步骤如下。

STEP 1 装入纸张

将复印机电源线连接好后，开机进行预热，当操作面板上的指示灯由红色变为绿色时，预热完成。在复印机纸盒中装入纸张。

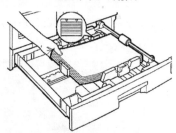

STEP 2 放置复印文件

打开盖板，将要复印的文件放在原稿台上，注意对准定位标志。盖上盖板，在数字键盘上按下数字按键设置复印数量，最后按"开始"按键，

即可开始复印。按下控制面板中的"暂停"键可暂停复印，再次按下"暂停"键可继续复印。

2. 卡纸处理

　　卡纸是复印机使用过程中常见的故障，发生卡纸时复印机将停止工作，同时"卡纸"指示灯将闪烁。下面介绍卡纸的处理方法，具体操作步骤如下。

STEP 1 打开后部斜槽盖

打开后盖，然后将滑块朝身体方向拉出，打开后部斜槽盖。

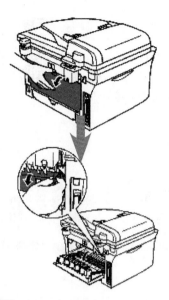

STEP 2　抽出卡纸

将卡纸从中抽出。如果不能轻松地抽出卡纸，需先用一只手按下图中所示滑块，另一只手轻轻将卡纸抽出，最后合上后盖。

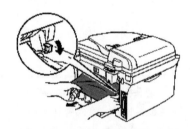

3. 清洁设备

在使用一体机的过程中，应定期进行清洁，以保证其正常工作，具体操作步骤如下。

STEP 1　清洁纸盒

关闭设备电源，用柔软的无绒干布擦去设备外部的灰尘。然后取出纸盒，用无绒干布擦拭纸盒内外部的灰尘。

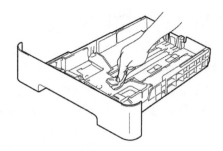

STEP 2　清洁搓纸辊

用无绒干布擦拭设备内部的搓纸辊。

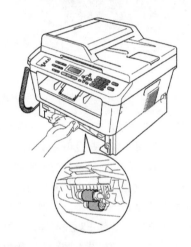

STEP 3　清洁平板扫描器

抬起原稿盖板，用柔软的无绒湿布清洁白色塑料表面及其下方的平板扫描器玻璃。

10.2.3 投影仪的使用

投影仪是用于放大显示图像的投影装置，在办公应用中与计算机连接，将计算机中的图像转换成高分辨率的图像投放在屏幕上。投影仪具有高分辨率、高清晰度和高亮度等特点，广泛应用于教学、移动办公、讲座演示和商务活动中。投影仪一般可分为两种，即便携式投影仪和吊装式投影仪，如下图所示。

微课：投影仪的使用

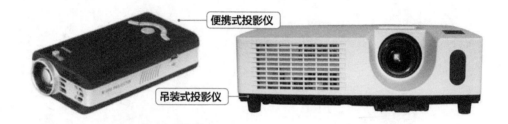

便携式投影仪

吊装式投影仪

第2部分

1. 安装投影仪

投影仪的投影方式有多种，主要有桌上正投、吊装正投、桌上背投和吊装背投 4 种，其中桌上正投和吊装正投是办公中使用最多的投影方式。不论使用哪种方式进行投影，都必须对投影的角度进行适当调整，因此首先需要将投影仪安装好，使其正对投影屏幕，再通过投影仪操作面板上的按键，调整投影角度和投影大小。下面通过示意图分别介绍不同的投影方式。

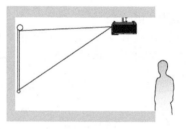

STEP 1 桌上正投

投影机位于屏幕的正前方，是最常用的放置投影仪的方式，安装快速并具有可移动性。

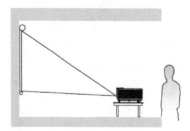

STEP 2 吊装正投

投影仪倒挂于屏幕正前方的天花板上。

操作解谜

镜头和屏幕之间的距离

安装投影仪时，要注意镜头和屏幕之间的距离，屏幕的大小不同，距离数值也有相应变化，实际操作中应根据需要和实际情况进行调整。

STEP 3 桌上背投

投影仪位于屏幕的正后方，此安装位置需要一个专用的投影屏幕。

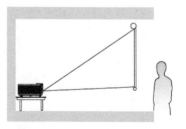

STEP 4 吊装背投

投影仪倒挂于屏幕正后方的天花板，此安装位置需要一个专用的投影屏幕和投影仪天花板悬挂安装套件。

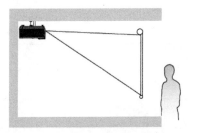

2. 连接投影仪

将投影仪连接到计算机上，即可将计算机中的画面投射到投影屏幕上，具体操作步骤如下。

STEP 1 连接视频线

关闭设备，将视频传输线缆的两端分别连接在投影仪与计算机对应的端口上。

STEP 2 设置音频线

将 A/V 连接适配器的输入端连接到投影仪上，在输出端连接音频电缆的输入端，然后将音频电缆的输出端连接到计算机对应的端口上，操作示意图如下。

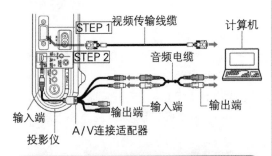

3. 使用投影仪

投影仪安装完成后即可开始使用。在投影过程中可根据投影效果进行相应调试，具体操作步骤如下。

STEP 1 开启投影仪

连接设备，当指示灯亮起时，表示投影仪进入待机状态，按下开机键。

STEP 2 调节投影仪位置

使投影仪与投影屏幕垂直（不能垂直时可稍微调整角度，最大为 10°），同时按投影仪上的调节按键，调整投影仪高度。

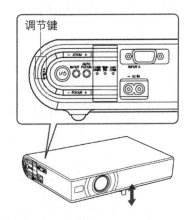

STEP 3 输入投影

切换所连接的设备，向投影仪输出信号，根据计算机类型的不同，可能需要按下某个功能键（通常为 Fn 键与 F7 键的组合，不同型号的电脑 F7 会有不同，可能是 Fx）来切换计算机的输出。

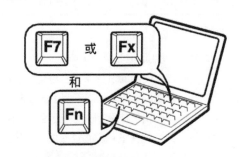

STEP 4 调整图像尺寸

在投影仪操作面板上按【Wide】键，放大投影尺寸，按【Tele】键减小投影尺寸。在适当情况下，可将投影仪移至离投影屏幕更远的地方，进一步放大图像。

STEP 5 调整焦距

当图像不太清晰时，可在投影仪操作界面上按自动调焦或变焦键调整焦距。

新手加油站 ——常用办公设备的使用与维护技巧

1. 扫描仪的故障排除

使用一段时间后，扫描仪可能会发生各种故障，故障现象和解决办法如下表所示。

现象	原因	解决办法
快速闪烁	接口设置错误	正确设置接口
	扫描仪与计算机连接不当	正确连接
荧光灯不亮	扫描仪连接不正确	确保扫描仪的电源线连接好
	正常省电功能	正常现象，进行扫描时荧光灯就会打开
扫描仪不扫描	扫描仪未准备好	等待荧光灯点亮
文件边缘扫描不到	文件尺寸超过可扫描的区域	使扫描区域距离文件台侧边 3mm 以上
图像变形或模糊	文件放置不当	确保文件平放在文件台上，并且不发生移动
图像边缘色彩失真	文件太厚或翘曲，外光太多	用纸遮住文件的边缘以遮蔽外光

2. 投影仪的注意事项

投影仪在使用时应注意以下4点。

- 对未使用的投影仪，应将其反射镜盖上，遮住放映镜头；短期不使用的投影仪还应加盖防尘罩；长期不使用的投影仪应放入专用箱内，尽量减少灰尘。
- 切勿用手触摸放映镜和正面反射镜，若光学元件有污秽和尘埃，可用橡皮球吹风除尘，或用镜头纸和脱脂棉擦拭；螺纹透镜集垢较多时，只能拆下用清水冲洗，不得使用酒精等有机溶剂。
- 投影仪工作时，要保证散热窗口通风流畅，散热风扇不转时投影仪绝对不能使用。连续放映时间不宜过长（应不超过 1 小时），否则箱体内的温度过高会烤裂新月和螺纹透镜。另外，不可长时间待机，投影仪不用时应及时关闭电源。
- 溴钨灯的投影仪灯丝受热后，若受到震动容易损毁，当投影仪开始工作时，应尽可能减少搬运，勿剧烈震动。若要搬动则应先关机，待灯丝冷却后再搬运。

3. 投影仪的故障排除

投影仪常见的故障现象、产生原因和排除方法如下表所示。

故障现象	产生原因	排除方法
灯泡不亮	灯泡钨丝烧断	更换同种规格的灯泡
	灯泡接触不良	检查灯脚与灯座、电源是否接牢
	与灯泡有关的开关接触不良	更换开关或将开关修好
	保险丝烧断	更换相同规格的保险丝
图像模糊	放映镜头位置没有调好	调节镜头位置的高低
	灯泡离聚光灯太近	通过色边调节器调节灯泡与聚光灯的距离
图像缺损	聚光镜、反光镜或灯泡位置不正	调整聚光镜、反光镜和灯泡的位置
	物镜偏离主轴，部分光线未通过	调整物镜位置，使光束通过其中心

4. 查杀移动硬盘或 U 盘的木马

移动硬盘或 U 盘经常在不同计算机之间使用，容易感染木马或病毒，可通过 360 安全卫士等软件进行 U 盘的木马查杀。在 360 安全卫士主界面单击"木马查杀"按钮，在打开的界面上单击"按位置查杀"按钮，然后在打开的对话框的"扫描区域位置"列表框中选择移动硬盘或 U 盘的选项，单击"开始扫描"按钮扫描查杀。

5. 使用 U 盘存放效果文件

使用 U 盘存放用户制作的 Word 文档、Excel 表格、PowerPoint 演示文稿的效果文件，要求如下。

- 将 U 盘插入 USB 接口。
- 复制效果文件。
- 将文件粘贴到 U 盘中，可在 U 盘中新建一个文件夹进行存放。

高手竞技场 ——常用办公设备的使用与维护练习

1. 复印员工身份证并打印员工入职登记表

本练习结合实际情况,复印员工身份证,这里使用复印机的"图像合并"功能进行双面复印,并打印"员工入职登记表"表格,登记员工基本信息,要求如下。

- 启动一体机,打开盖板,将身份证的正面朝下放置在扫描玻璃上,放下盖板。
- 找到复印机上的"图像合并"按钮。合并的意思就是将身份证的正反面合并在同一页纸上。
- 按一下"图像合并"按钮后,通过上下键选择"ID 卡复印"。"ID 卡复印"专门用于复制身份证等证件。
- 输出尺寸保持默认"A4 纸"设置,按"确定"键继续。
- 按"启动"键,扫描身份证的正面。
- 完成后,找开盖板,将身份证翻转一面。放置的位置基本保持不变,复印机程序会自动处理 2 次扫描的图片信息。
- 按"启动"键,扫描身份证的反面,并将两面打印在同一张纸上。
- 完成后,将身份证原件取出交给新入职员工,然后打开保存在计算机中的"员工入职登记表",设置页面后,执行【文件】/【打印】命令打印表格。

2. 连接投影仪放映演示文稿

连接投影仪放映演示文稿,要求如下。

- 用数据线连接投影仪和计算机。
- 打开投影仪的电源,调节投影仪高度,将其正对投影屏幕（没有投影屏幕,可以使用白色的墙壁,但是墙壁周围应避免有强光源,以免影响投影图像的显示效果）。
- 在 PowerPoint 中打开演示文稿,按【F5】键进行放映。

第 2 部分

第11章

网络办公应用

/ 本章导读

当今信息时代，自动化办公离不开网络的应用。要使用网络中的资源，首先需要掌握配置网络的方法，然后才可进行网络通信和文件传输。同时伴随着软硬件技术的革新，移动设备在办公中的作用也越来越突出，通过手机等移动设备协同计算机进行商务办公，为用户的实际操作带来诸多便利。本章将对办公室无线网络的配置、网络资源的使用、网络通信与文件传输以及移动设备协同办公等知识进行介绍。

11.1 网络连接与资源使用

现代办公大都离不开网络应用，借助网络可以获取资料或与客户进行项目交谈等。随着网络应用的普及，办公人员不但要掌握简单的网络操作，还要学会如何在办公场所配置和连接网络，有效利用网络资源，以及共享文件和打印机。

11.1.1 配置办公室无线网络

如今，绝大多数办公室都配置无线网络，无线网络省去了有线网络的网线布局，而且随着科技的进步，无线网络的覆盖范围和传输速度不会影响正常办公。作为办公人员，有必要对办公室无线网络的配置等知识进行了解和学习。

微课：配置办公室无线网络

1. 连接无线路由器

由于公司的外部网络已经搭建完成，在实际工作中，首先要做的便是配置无线路由器。它是办公室无线网络的基础，用来实现外部网络与计算机数据的传输。公司在购买宽带时，虽然有专门的工作人员连接好无线路由器，但是当遇到无线路由器需要进行更换等情况时，熟悉连接无线路由器的操作，将对工作有很大帮助。下面介绍无线路由器的连接知识，下图所示为无线路由器的连接示意图，员工在实际操作时，只需要将路由器的 WAN 端口与外部网络连接即可，一些大型公司会使用交换机将外部网络进行分配，一个无线路由器连接一个交换机的端口。LAN 端口则与计算机端连接，配置无线网络不需要用网线连接计算机。

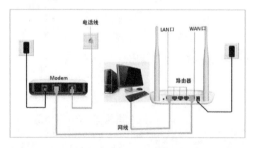

2. 设置无线网络路由器

连接无线路由器后，要实现无线上网功能，

需要对无线路由器进行设置，即设置无线网络的名称和连接无线网络的密码，具体操作步骤如下。

STEP 1 创建登录密码

❶无线路由器的铭牌标签上一般标有无线路由器的默认登录网址、用户名和密码，常贴在路由器的底部。登录无线路由器的地址一般为"192.168.1.1"或"192.168.0.1"。启动浏览器，输入地址并按【Enter】键，打开路由器的登录页面；❷初次登录需要设置登录密码，在"设置密码"和"确认密码"文本框中输入同一个密码；❸单击"下一步"按钮。

STEP 2 选择上网方式

❶进入"上网设置"界面，路由器自动检测用户的上网方式，一般为"宽带拨号上网"，然

后在相应文本框中输入"宽带账号"和"宽带密码"；❷单击"下一步"按钮。

STEP 3 设置无线网名称和密码

❶打开"无线设置"界面，在"无线名称"和"无线密码"文本框中分别输入无线网络的名称和密码；❷单击"下一步"按钮。

 操作解谜

不同品牌的路由器

不同品牌路由器的登录界面略有不同，但设置方法相似。随着技术的进步，路由器的设置越来越简便和人性化，用户在设置中仔细阅读界面提示信息，然后一步一步执行操作即可。

STEP 4 完成设置

打开"完成设置向导"界面，单击"完成"按钮，

完成无线网络的账号和密码设置。

3. 连接无线网络

由于公司的外部网络已经搭建完成，所以无线网络设置成功后即可使用上网功能，此时需要将办公室的其他计算机连接到无线网络，具体操作步骤如下。

STEP 1 执行连接

❶单击计算机系统桌面任务栏通知区域中的网络图标▓；❷在打开的界面中将显示计算机搜索到的无线网络，在设置的无线网络名称选项上单击鼠标左键，展开网络选项后，单击选中"自动连接"复选框；❸单击"连接"按钮。

STEP 2 输入无线密码

❶在"输入网络安全密钥"文本框中输入设置的无线密码；❷单击"下一步"按钮连接网络。

第 **11** 章 网络办公应用

STEP 3 完成连接

连接成功后，网络选项中显示"已连接，安全"
文字，同时网络图标变为 样式。

4. 无线网络接入控制

通过路由器可以控制连接无线网络的设备，
包括计算机和智能手机，能够有效管理员工上
网时段，具体操作步骤如下。

STEP 1 查看连接设备

打开路由器的登录页面，输入登录密码，进入
路由器的管理页面，在"连接设备管理"界面
中可查看连接网络的设备。

STEP 2 禁止设备接入网络

在"已连设备"选项卡的对应设备选项右侧单

击"禁用"按钮可禁止该设备连接无线网络。

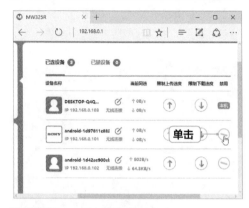

STEP 3 允许设备连接网络

①禁用设备接入网络后，单击"已禁设备"选
项卡；②在设备选项中单击"解禁"按钮，可
设置允许该设备连接无线网络。

5. 开启文件和打印机共享

将计算机成功连接后，可以通过设置，使
办公室内计算机接入同一个无线网络，从而在计
算机之间实现文件、打印机等资源共享。要实现
办公资源的共享，首先需要将计算机设置为同一
个工作组，然后在计算机中开启资源共享功能，
具体操作步骤如下。

STEP 1 单击"更改设置"超链接

在系统桌面的"此电脑"图标上单击鼠标右键，
在弹出的快捷菜单中选择"属性"选项，打开"系
统"窗口，在下方的"计算机名称、域和工作

第3部分

组设置"栏中单击"更改设置"超链接。

STEP 2 单击"更改"按钮

打开"系统属性"对话框,在"计算机名"选项卡中单击"更改"按钮。

STEP 3 设置同一个工作组

❶打开"计算机名 / 域属性"对话框,在"计算机名"文本框中可自定义计算机名称,单击选中"工作组"单选项,在下方的文本框中将资源共享的计算机设置为同一个工作组;❷单击"确定"按钮。

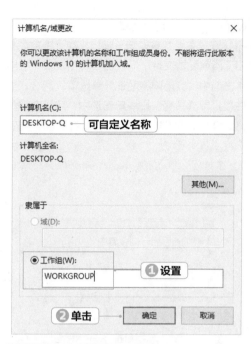

STEP 4 设置网络和共享中心

❶在系统桌面双击"控制面板"图标,打开"控制面板"窗口,单击"网络和共享中心"超链接;❷在打开的窗口中单击"更改高级共享设置"超链接。

STEP 5 启用资源共享

❶打开"高级共享设置"窗口，在"来宾或公用（当前配置文件）"栏的"网络发现"栏中单击选中"启用网络发现"单选项；❷在"文件和打印机共享"栏中单击选中"启用文件和打印机共享"单选项；❸单击"保存更改"按钮。

操作解谜

关闭密码保护共享

如果计算机设置了系统登录密码，那么需要在"所有网络"栏的"密码保护的共享"栏中撤销选中"关闭密码保护共享"单选项，否则访问共享文件时需要使用登录密码。

6. 设置文件共享属性

将计算机设置为同一个工作组，然后在计算机中开启资源共享功能，完成资源共享的准备工作后，可对计算机中的任意文件夹设置共享属性，以便快速实现计算机之间的资源共享，具体操作步骤如下。

STEP 1 执行文件共享命令

在要进行共享的文件或文件夹上单击鼠标右键，在弹出的快捷菜单中选择【共享】/【特定用户】选项。

STEP 2 设置共享

❶在打开的"选择要与其共享的用户"对话框下方的下拉列表框中选择一个用户名称（通常可选择"Everyone"）；❷然后单击"添加"按钮；❸选择的用户将显示在下方的列表框中并呈选中状态，单击"权限级别"下的下拉按钮，在打开的列表中选择访问权限；❹完成后单击"共享"按钮。

STEP 3 完成共享

在打开的对话框中显示文件夹已共享，中间的列表框显示添加的共享文件夹，单击"完成"按钮完成设置。

技巧秒杀

取消文件共享

在共享的文件或文件夹上单击鼠标右键，在弹出的快捷菜单中执行"共享/停止共享"命令，可取消共享文件。

7. 访问共享资源

如果只知道怎样设置共享文件夹，不能达到利用局域网共享资源的目的，用户还需要学会怎样访问局域网中其他计算机中设置共享的文件夹。下面将在其他计算机中访问设置过共享的"常用办公软件"文件夹，具体操作步骤如下。

STEP 1 **访问设置共享的计算机**

双击桌面上的"网络"系统图标，打开"网络"

窗口，会显示局域网中的所有计算机和其他设备，双击要访问的计算机的图标。

STEP 2 **查看共享文件**

在打开的窗口中会显示共享文件夹，显示"共享"字样的文件夹即是被访问计算机中的共享文件夹，双击可打开文件夹，查看其中的文件，双击文件图标可打开文件。

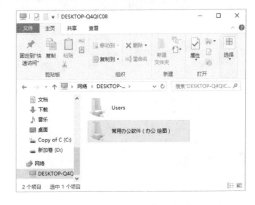

11.1.2 | 使用网络资源

互联网包含各种各样的资源信息，是现代自动化办公中不可缺少的组成部分。将计算机连接网络后即可在网络世界中浏览各种信息，并可复制、保存和下载各类网络资源。

微课：使用网络资源

1. 搜索办公资源

信息搜索是上网时经常用到的技巧，在遇到一些不太明白的问题时，通过网络搜索获取答案非常方便。通过网络不仅可以搜索一些

感兴趣的信息，还可以搜索众多知识性问题以及计算机上常用的软件程序等。下面将使用Windows10 系统自带的 Microsoft Edge 浏览器搜索通知文档的范文，具体操作步骤如下。

STEP 1 启动 Microsoft Edge 浏览器

❶在系统任务栏中单击"开始"按钮；❷在弹出的面板中单击"Microsoft Edge"图标，启动 Microsoft Edge 浏览器。

STEP 2 搜索内容

❶在搜索框中输入关键字，这里输入"通知范文"；❷单击"百度一下"按钮；❸在打开的网页中显示了众多与关键字相关的信息的超链接，用户可根据文字内容提示单击相应的超链接。

第3部分

STEP 3 查看内容

根据需要，在打开的网页中再次单击相应超链接，即可查看通知范文内容。

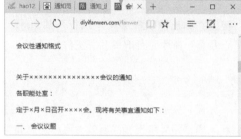

操作解谜

常用浏览器

　　Microsoft Edge浏览器是Windows老版本系统中IE浏览器的改版。如今，浏览器百花齐放，常见的浏览器还有搜狗浏览器、火狐浏览器、QQ浏览器等，其窗口与使用方法与IE浏览器相似，使用这些浏览器需要先进行安装。

2. 复制网络图片与文字

　　网络中的图片和文字可复制到计算机中保存，或通过修改设置，应用于其他场合。下面进行网络文字和图片的复制，具体操作步骤如下。

STEP 1 复制文字

在网页中可选择文字内容，单击鼠标右键，在弹出的快捷菜单中执行"复制"命令。

STEP 2　粘贴文本

按【Ctrl+V】组合键，将文字内容粘贴到
Word 等文档中保存或修改使用。

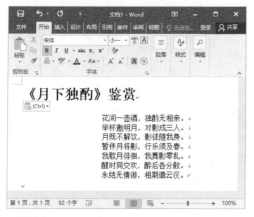

STEP 3　保存图片

在网页图片上单击鼠标右键，在弹出的快捷菜
单中选择"将图片另存为"选项。

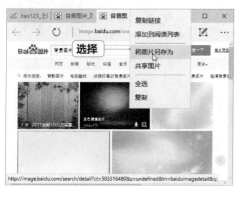

STEP 4　保存图片

❶打开"另存为"对话框，在地址栏中设置保
存位置；❷在"文件名"文本框中更改图片名
称；❸单击"保存"按钮保存图片。

3. 下载网络文件

　　网络中的资源十分丰富，有很多网站提供
资源下载服务，下载的对象包括文档、软件程
序、音乐、视频等。可以通过搜索引擎搜索资
源下载，也可以在文件的官方网站中下载，关
键在于找到文件的下载链接。下面将在 QQ 官
方网站下载 QQ 软件的安装程序，具体操作步
骤如下。

STEP 1　单击"下载"按钮

❶打开 QQ 软件官方网站，单击"下载"选
项卡；❷打开"下载"界面，找到文件下载
的链接，这里在"QQ PC 版"栏下方单击"下
载"按钮。

STEP 2 **启动下载功能**

启动浏览器的下载功能，在下载框中单击"另存为"按钮。

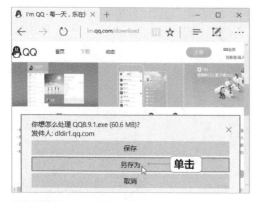

STEP 3 **设置保存位置**

❶打开"另存为"对话框，设置文件的保存位置；
❷单击"保存"按钮。

STEP 4 **下载文件**

在下载框中显示下载进度，下载完成后单击"运行"按钮，可直接运行安装程序；单击"打开文件夹"按钮，则可打开安装程序的保存位置。

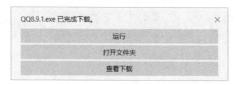

11.2 网络通信与文件传输

随着互联网的普及，网络通信与文件传输在办公中应用非常广泛，它没有时间和距离的限制，使办公人员的沟通交流变得方便快捷。下面将分别通过 QQ 即时通信软件和百度网盘实现网络通信和文件传输。

11.2.1 使用 QQ 协助办公

互联网开始普及后，网络通信工具一直备受网友的推崇，在现代办公中更是普遍使用。目前提供网络即时通信的软件有很多，如 QQ、UC 等。即时通信工具的优势在于，通过网络和软件的服务器实现信息交流。在众多即时聊天工具中，使用人数最多的当属腾讯 QQ，办公人员可通过 QQ 与同事和客户进行信息交流和文件传输。

微课：使用 QQ 协助办公

1. 文件传送

现代办公中，几乎每个办公人员都有一个 QQ 账号。除了使用 QQ 进行文字信息交流外，文件传送的功能使用也非常频繁。需要发送文件夹时，可先使用压缩软件压缩文件，然后发送该压缩文件，具体操作步骤如下。

STEP 1 **打开会话框**

登录 QQ 后，在 QQ 界面的组别中双击某个好友头像，打开 QQ 对话框。

STEP 2　添加发送文件

❶在 QQ 对话框中单击"传送文件"按钮；
❷在打开的列表中选择"发送文件"选项；
❸在打开的"打开"对话框中选择要发送的文件；❹单击"打开"按钮。

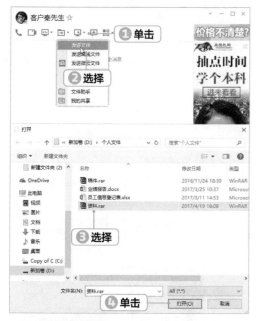

STEP 3　发送文件

在 QQ 对话框中打开"传送文件"窗格，显示已添加发送的文件，等待对方接收文件，待对方接收文件后，开始传送文件并显示传送进度。

技巧秒杀

发送离线文件

若好友没有在线，或迟迟没有接收文件，可在"传送文件"窗格中单击"转离线发送"超链接，发送离线文件，文件被保存在QQ客户端，好友看到提示信息后，接收文件即可。

STEP 4　接收文件

当好友发来文件后，在"传送文件"窗格中单击"另存为"超链接，然后在打开的"另存为"对话框中选择文件的保存位置，单击"保存"按钮接收文件。

2. 创建公司群

QQ 群是腾讯公司推出的多人聊天交流的一个公众平台，创建群以后，公司群的发起者作为群主可以邀请同事加入群，参与日常事务的讨论、交流和分享。下面在 QQ 中创建一个公司群，具体操作步骤如下。

STEP 1　开始创建

❶在 QQ 界面单击"群聊"按钮，在界面中单

击"创建"按钮; ❷在打开的下拉列表中选择"创建群"选项。

STEP 2　选择群类别

打开"创建群"对话框的"选择群类别"选项卡，选择创建群的类别。

STEP 3　设置群信息

❶打开"填写群信息"选项卡，在"分类"栏中单击选中"同事"单选项; ❷在"群名称"文本框中输入群名称; ❸在"群规模"栏中单击选中"200 人"单选项; ❹单击"下一步"按钮。

STEP 4　完成创建

❶在"好友列表"列表框中双击好友选项，或单击鼠标选择好友选项，然后单击"添加"按钮，

将好友添加到"已选成员"列表框; ❷单击"完成创建"按钮。

STEP 5　提交验证信息

❶在打开的对话框中输入验证信息; ❷单击"提交"按钮。

STEP 6　完成创建

成功创建群后，在打开的对话框中显示了群名称和群账号，公司群创建完成。

STEP 7 查看群会话窗口

在"群聊"界面的"QQ 群"选项卡中双击创建的"公司群"选项,打开"公司群"对话窗口,在其中可与所有群成员进行文字交流。

3. 创建办公讨论组

QQ 讨论组是除 QQ 群以外的一个非常实用的多人讨论的方式,而且建立讨论组非常方便、快捷。如果将 QQ 群比作一个厂,那么QQ 讨论组则是一个车间,下面讲解创建办公讨论组的方法,具体操作步骤如下。

STEP 1 开始创建

❶在 QQ 界面单击"群聊"按钮;❷在打开的界面单击"创建"按钮,在打开的下拉列表中选择"发起多人聊天"选项。

STEP 2 添加讨论组成员

❶在打开的对话框中添加讨论组成员;❷单击"确定"按钮。

STEP 3 查看讨论组会话窗口

在"群聊"界面的"多人聊天"选项卡中双击创建的"讨论组"选项,打开"讨论组"对话窗口,所有组内成员可在其中进行文字交流。

4. 利用 QQ 远程协助办公

在办公中如果遇到不懂的操作,可通过QQ 发送远程协助请求,邀请好友通过网络远程控制自己的计算机系统,由对方对系统进行操作。同时,也可接受好友的远程协助请求,来控制好友的计算机系统进行操作。下面在QQ 中邀请好友协助办公,具体操作步骤如下。

STEP 1 邀请协助

单击"远程桌面"按钮,在打开的列表中选择"邀请对方远程协助"选项。

STEP 2　进行远程控制

对方接受邀请后，在对方的 QQ 对话框中将显示自己的系统桌面，然后好友可对自己的系统进行操作。如果邀请控制对方计算机，待对方接受邀请后，在自己的 QQ 对话框中显示对方的计算机系统桌面，然后可以操作对方的系统。

操作解谜

远程协助信息安全

使用远程控制技术时，应先确定对方的身份，特别是涉及商业机密的交流时，更应做好保密工作，以确保重要信息的安全。在进行远程协助前，需在"系统属性"对话框的"远程"选项卡中单击选中"允许远程协助连接这台计算机"复选框。

第 3 部分

11.2.2　使用网盘传输办公文件

网盘，又称网络 U 盘或网络硬盘，它是由网络公司推出的在线存储服务，向用户提供文件的存储、访问、备份、共享等管理服务。网盘从 2005 年开始逐渐普及，从 2012 年开始，百度网盘、腾讯微云、华为网盘、115 网盘纷纷崛起，竞争激烈。但是从 2016 年开始，部分运营商暂停网盘服务，或取消部分功能，或关闭普通用户服务功能等，究其原因，主要包括商业模式、监管规范、用户行为，以及网盘存储、传播内容的合法性和安全性等多方面。从当初运营商"超大容量，永久保存"的声明，发展到现在，网盘厂商提供的储存量变小，并且开始实行收费策略。未来网盘是采取完善的措施还是转型，目前尚未可知。虽然网盘关闭风波影响较大，但百度网盘却成为了其中的佼佼者，仍然有不少用户使用。下面将对网盘的使用进行简单介绍，包括上传、下载和分享分件。

微课：使用网盘传输办公文件

1. 登录百度网盘

要使用百度网盘，首先需要登录，具体操作步骤如下。

STEP 1　使用 QQ 账号登录

启动浏览器，登录百度网盘官方网站，进入百度网盘的登录界面，单击页面上的 QQ 图标。

操作解谜

注册百度账号

进入百度网盘的登录界面后，单击"立即注册"按钮可申请注册百度账号，注册方法很简单，根据提示进行操作即可。同时，百度网盘也支持使用QQ账号、新浪微博账号快速登录，使用方便。

STEP 2 登录网盘

❶打开QQ登录对话框，输入QQ账号和密码；
❷单击"授权并登录"按钮即可登录网盘。

2. 上传与下载文件

登录百度网盘后，可将本地计算机中的资料上传到网盘中进行存储；而通过网盘下载文件，可将网络中的网盘资源下载到自己的网盘中进行存储，也可将文件下载到计算机中。下面介绍通过网盘上传和下载文件的方法，具体操作步骤如下。

STEP 1 选择上传的文件

❶在百度网盘主页上单击"上传"按钮；
❷打开"打开"对话框，进入要上传的文件的保存位置，选择要上传的文件；❸单击"打开"按钮。

STEP 2 上传文件

返回"百度网盘"主页，系统自动上传所选文件，并打开提示对话框，显示上传进度，完成后对话框将自动关闭，网页中将显示成功上传的文件。

技巧秒杀

批量上传

选择上传文件时，可选择多个文件，实现文件的批量上传。如果选择文件夹进行上传，将依次上传文件夹中包含的所有文件。

STEP 3　保存到网盘

❶在浏览器中打开网盘分享文件的页面，选择要保存的文件；❷在工具栏中单击"保存至网盘"按钮将文件保存到自己的网盘中进行存储。

STEP 4　直接下载到计算机中

❶将鼠标指针移到文件的选项上，单击"下载"按钮；❷打开下载对话框，单击"另存为"按钮，打开"另存为"对话框，可将文件直接下载到计算机中。

STEP 5　从网盘中下载文件

❶将鼠标指针移到自己网盘中存储文件的选项

上，单击"下载"按钮；❷打开下载对话框，单击"另存为"按钮，打开"另存为"对话框，可将网盘中的文件下载到计算机中。

3. 分享文件

　　上传到百度网盘中的文件可在网络中进行分享，其他用户通过分享链接，可下载上传的文件，实现文件的传输。下面介绍分享文件、创建分享链接的方法，具体操作步骤如下。

STEP 1　分享文件

❶选择网盘中要进行分享的文件；❷在工具栏中单击"分享"按钮。

STEP 2 创建分享链接

❶打开"分享文件"对话框，单击"链接分享"选项卡；❷然后在该选项卡中单击"创建私密链接"按钮。

STEP 3 复制链接及密码

此时将自动创建分享链接和密码，单击"复制链接及密码"按钮，将密码通过 QQ 等方式发送给好友，好友将通过链接打开网页。

STEP 4 通过链接打开下载页面

好友将通过链接打开网页，在下载时需要输入密码才能进行下载操作。

操作解谜

公开分享

打开"分享文件"对话框后，如果选择"公开分享"选项卡，然后单击"创建公开链接"按钮，将新建一个链接，好友通过该链接可打开下载页面，下载时不需要密码，其他用户在网页中浏览到链接网页，也可进行下载。

11.3 移动设备与计算机协同办公

随着软硬件技术的发展，诸如手机、平板电脑等移动设备越来越多地参与到商务办公中。与计算机相比，移动设备功能不是十分全面，但便于携带，可以随时随地进行简单的办公操作，协同计算机辅助完成日常事务。下面将介绍使用移动设备进行文件操作及与计算机互传文件的方法。

11.3.1 使用手机等移动设备进行文件操作

微软 Office 手机版自 2015 年 6 月面向全球首发，对于办公族来说，这是一个福音，可以方便地直接使用智能手机办公。用户可以在手机中像使用计算机一样进行文件的简单操作，如新建文档、输入文本等。

微课：使用手机等移动设备
进行文件操作

1. 在手机上安装 Word

既然微软 Office 手机版软件已经投入使用，那么如何下载安装微软 Office 手机版呢？其实安装方法与安装一般手机 App 应用程序相同，其中 Word 程序的使用最为广泛，因为其操作界面更加适应手机屏幕，下面在手机中安装 Word 程序，具体操作步骤如下。

STEP 1　在软件商店中执行下载操作

❶在手机桌面点击"软件商店"图标；❷打开软件商店，在搜索框中输入"Office"；❸在搜索结果中可看到 Office 手机版程序，单击 Word 程序选项栏的"安装"按钮。

操作解谜

其他下载方式

本例使用OPPO手机下载安装Word程序，其他品牌手机的下载方法相似，进入类似"软件商店""应用商店"程序管理软件中下载安装。同时，也可在手机中使用"应用宝"等管理软件搜索安装。

STEP 2　下载安装 Word 程序

手机系统开始自动下载 Word 程序，完成后自动进行安装。安装完成后，在手机桌面可看到 Word 程序的应用图标。

2. 新建与编辑简单文档

在手机中安装 Word 程序后，即可使用 Word 新建和编辑文档，使用方法与在计算机上进行相同操作类似。下面在手机中通过 Word 程序创建一个通知文档，具体操作步骤如下。

STEP 1　执行新建操作

❶在手机桌面点击 Word 程序图标，启动 Word 程序，在其工作界面中单击"新建"按钮；❷在打开的窗口中选择新建文档类型，这里选择"空白文档"选项，新建 Word 空白文档。

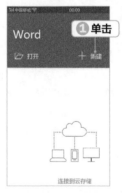

STEP 2　输入标题文本

❶单击 Word 空白文档的编辑区，进入编辑状态；❷输入文档标题"会议通知"；❸单击下方面板格式栏中的展开按钮。

号"；④单击"加粗"按钮，设置字体加粗。

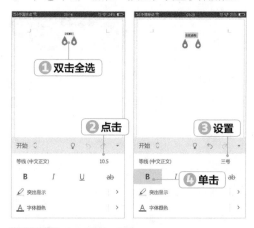

STEP 3 设置居中对齐

①在打开的"开始"面板中点击"居中"按钮，设置标题居中对齐；②单击"开始"选项卡，在展开的面板中选择对应选项，可进入相应的功能面板。

STEP 5 设置首行缩进

①单击面板格式栏中的展开按钮，返回文档编辑状态，单击"换行"按键换行；②在"开始"面板中选择"段落格式"选项；③选择"首行"选项，设置首行缩进。

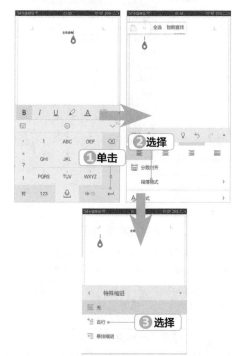

操作解谜

手机版程序的操作方法

　　Office手机版中的设置按钮与计算机版软件的按钮对应，用户操作时，通过滑动屏幕来寻找相关的设置按钮，使用方法与手机中其他App应用程序相同。

STEP 4 设置字体格式

①在文本内容上双击选择所有文本内容；②然后在"开始"面板中点击字号设置区；③在打开的列表中选择"16"，字号将对应设置为"三

STEP 6 继续输入内容

①继续输入正文内容；②单击手机的返回键，

退出编辑状态，查看输入后的效果。

STEP 7　保存文档

❶在展开的面板中选择"另存为"选项；❷打开"另存为"界面，输入文档标题；❸单击"保存"按钮保存文档。

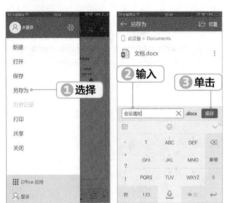

操作解谜

文档的自动保存

在手机中编辑文档，默认状态下将自动保存文档，文档的默认保存位置为手机中的"Documents"文件夹，用户也可新建一个文件夹专门用于保存文档。

STEP 8　打开"所有文件"窗口

❶在桌面点击"文件管理"图标，打开"文件管理"窗口；❷单击"所有文件"选项。

STEP 9　打开文件保存位置查看文档

在打开的"所有文件"窗口中单击"Documents"文件夹选项，打开"Documents"文件夹，可查看保存的文档。

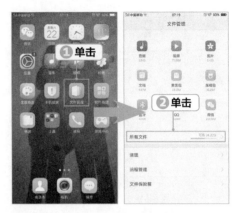

3. 查看他人发送的文件并批注

如果用户不在办公室，但在手机端接收到文件时可快速在手机中用Word程序查看文档，并进行修改或添加批注等操作，这是手机端突出的作用，也是应用最为频繁的操作。下面在手机中查看他人通过 QQ 发送的文件并批注，具体操作步骤如下。

STEP 1　执行"用其他应用打开"命令

❶在手机 QQ 会话框中单击接收的文件；❷在打开界面的操作面板上单击"用其他应用打开"按钮。

STEP 2　选择使用 Word 程序打开

❶ 打开"选择其他应用打开"对话框，在其中选择"Microsoft Word"选项；❷ 单击"总是"按钮；❸ 使用 Word 程序打开文档后，单击"开始"选项卡，在打开的列表框中选择"审阅"选项。

操作解谜

"选择其他应用打开"对话框中其他选项的作用

打开"选择其他应用打开"对话框后，选择"Office查看器"选项，可使用Office查看器查看Office文件；选择"WPS Office"选项，可使用WPS Office应用程序打开文件；选择"发送给好友"选项，可将文件发送给QQ好友；单击下方的"仅此一次"按钮，表示只是本次使用所选程序打开文件。

STEP 3　添加批注

❶ 在文字内容上双击选择文本；❷ 在"审阅"面板中单击"新建批注"选项；❸ 在打开的窗口中输入批注内容；❹ 单击"完成"按钮，然后保存或另存文档即可。

11.3.2　手机与计算机文件互传

实际工作中，大多数工作者都会使用手机登录 QQ，随时随地利用 QQ 与客户或同事进行交流沟通、文件传输，或将手机作为 U 盘使用，那么怎样将手机中的文件上传到计算机中呢？通常可选择通过数据线连接手机和计算机来传送文件，或通过 QQ 手机端将 QQ 接收的文件上传到计算机中进行保存和编辑。

微课：手机与计算机文件互传

1. 通过数据线连接实现文件互传

手机可作为 U 盘使用，具有 U 盘即插即用的特性，使用数据线连接计算机，可实现文件

互传操作。下面将通过手机中的 Word 程序创建的通知文档传送到计算机中，具体操作步骤如下。

STEP 1 打开手机存储设备窗口

❶连接数据线后，在系统桌面双击"此电脑"图标，打开"此电脑"窗口，在"设备驱动器"栏中双击手机名称选项；❷在打开的窗口中双击"内部存储设备"选项。

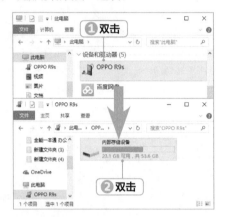

STEP 2 复制文件

❶在打开的手机设备窗口中双击"documents"文件夹选项；❷在打开的"documents"文件夹中选择"会议通知.docx"文档，按【Ctrl+C】组合键复制文档。

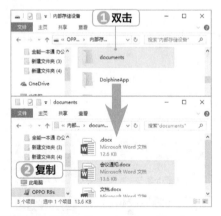

STEP 3 粘贴文件

在计算机系统中打开保存文件的文件夹窗口，按【Ctrl+V】组合键粘贴文档。同样，可复制计算机中保存的文件，然后粘贴到手机的文件夹中保存。

2. 将 QQ 手机端接收的文件传向计算机

　　QQ 手机端接收的文件可以快速传向计算机，这是一个容易被忽略的操作技巧。下面将QQ手机端接收的 Word 文档快速传向计算机，具体操作步骤如下。

STEP 1 选择发送到计算机

❶在 QQ 手机端打开对话框，长按接收到的文件，在弹出的工具栏中点击"转发"按钮；❷打开"发送到"窗口，选择"我的电脑"选项。

 操作解谜

其他方式传送

　　在工具栏中单击"多选"按钮，在下方打开的面板上单击"发送到电脑"图标，也可将文件传向计算机。

STEP 2　发送文件

在打开的对话框中单击"发送"按钮。

STEP 3　成功传送

当在计算机上登录 QQ 后，将打开提示对话框，自动接收文件并默认保存在路径为"C:\Users\Administrator\Documents\Tencent Files\

QQ 号码 \ FileRecv \ MobileFile"的文件夹中。单击"打开"超链接可直接打开文件，单击"复制"超链接，随后则可将文件粘贴到其他位置保存。

新手加油站——网络办公应用技巧

1.　快速共享文件

如果在计算机中已经设置了共享文件夹，可将其他要进行共享的文件直接存放到该文件夹中，快速实现文件的共享。

2.　快速连接网络打印机

在系统桌面双击"网络"图标，打开"网络"窗口，双击安装了打印机的计算机图标，打开该计算机的网络共享窗口，在设置共享的打印机选项上单击鼠标右键，在弹出的快捷菜单中执行"连接"命令，可快速连接网络打印机，并自动安装打印机的驱动程序。

3.　屏蔽远程协助功能

远程协助虽然给操作带来便利，但同时存在安全隐患，因此当不需要进行远程协助操作时，应当屏蔽远程协助功能。操作方法为：在桌面的"此电脑"图标上单击鼠标右键，在弹出的快捷菜单中选择"属性"选项；打开"系统"窗口，在左侧窗格中单击"远程设置"超链接，打开"系统属性"对话框的"远程"选项卡，撤销选中"允许远程协助连接这台电脑"复选框，然后单击"确定"按钮。

4.　设置浏览器主页

对于经常访问的网站，如果每次启动浏览器，都通过输入网站地址打开网页，会相当麻烦。此时，可打开 Microsoft Edge 浏览器，选择【更多】/【设置】选项，在打开的"设置"

窗格中"Microsoft Edge 打开方式"栏的下拉列表框中选择"特定页"选项，再在下方的文本框中输入网页地址，将该网页设置为浏览器主页，以后启动浏览器，将直接打开该网站页面。

 高手竞技场 ——网络办公应用练习

1. 配置无线网络

用户练习使用自己的计算机配置无线网络，要求如下。

- 连接路由器，打开路由器登录页面设置登录密码。
- 进入路由器管理页面，开启无线功能。
- 然后在用户的手机中打开无线功能，输入密码连接无线网络。如果有多台计算机，可进行共享设置。
- 进行复制网络文字和图片，以及下载文件的操作。

2. 上传和分享文件

登录百度网盘，使用网盘上传和分享文件，要求如下。

- 使用 QQ 账号登录百度网盘。
- 将计算机中的视频文件上传到网盘中。
- 分享视频文件，将链接和密码通过 QQ 发送给好友。

3. 使用移动设备和 QQ

使用移动设备创建文档并通过 QQ 发送，要求如下。

- 在手机中安装 Word 程序，新建文档。
- 在计算机中登录 QQ，创建一个讨论组。
- 将手机创建的文档传输到计算机中，然后将文档发送到讨论组中。

第3部分

第12章

数据恢复与安全防护

/ 本章导读

　　工作中，存储在计算机中的数据一旦丢失，用户需要重新录入数据，会造成很大麻烦。无论是由于工作失误，还是系统安全漏洞导致数据和计算机系统遭到破坏，都应寻找相应方法来避免出现这些情况，防患于未然。本章针对数据恢复与安全防护，详细介绍数据恢复、数据备份与还原、设置系统安全防护的方法。

12.1 数据恢复与备份

　　工作中操作不当，有可能造成系统崩溃或运行速度变慢，或误删除需要的文件等情况，这些情况在实际办公中难免遇到。因此，用户为了减少损失、减少重复操作的工作量，有必要掌握数据备份和恢复的操作，包括文件数据和系统数据的恢复和备份。

12.1.1 使用 FinalData 恢复磁盘数据

　　FinalData 是一款功能非常强大的磁盘数据恢复软件，具有恢复删除或丢失的文件、恢复已删除 E-mail 和 Office 文件修复等功能，可帮助用户恢复由于误操作删除，或者因格式化造成丢失的数据，并且可修复损坏的 Word、Excel 或 PowerPoint 文件。

微课：使用 FinalData
恢复磁盘数据

1. 恢复删除或丢失的文件

　　当数据文件丢失或被误删除之后，若在回收站里也找不到，便可以使用 FinalData 软件对其进行恢复，具体操作步骤如下。

STEP 1　选择恢复类型

❶启动 FinalData，在左侧单击"恢复删除 / 丢失文件"按钮；❷在打开的界面选择恢复类型，这里单击"恢复已删除文件"按钮，执行恢复已删除文件的操作。

STEP 2　选择扫描分区

❶在打开界面的左侧列表框中选择扫描的磁盘区；❷单击"扫描"按钮，软件开始扫描文件。

操作解谜

恢复丢失数据或驱动器

　　单击"恢复丢失数据"按钮，用于恢复磁盘中所有丢失的文件；单击"恢复丢失驱动器"按钮，用于恢复丢失的磁盘分区。操作与"恢复已删除文件"相同，前者花费的时间较长，需要耐心等待。

STEP 3　筛选文件

❶软件开始对所选分区进行扫描，扫描结束后，列表框中将显示该分区中被删除的文件，单击

第 3 部分

"资源管理器视图选择"按钮;❷打开"搜索 / 过滤器"对话框,单击选中"显示特定文件"单选项;❸然后单击选中"多媒体"复选框;❹单击"确定"按钮,筛选多媒体文件格式。

STEP 4　选择要恢复的文件

❶列表框中将显示该分区中被删除的多媒体文件,选择要恢复的文件选项;❷然后单击"恢复"按钮。

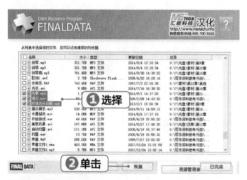

STEP 5　设置恢复文件的保存位置

❶在打开"浏览文件夹"的对话框中选择文件恢复后的保存位置;❷单击"确定"按钮。

STEP 6　成功恢复删除的文件

软件开始恢复文件,恢复完成后,在设置的保存位置即可看到恢复的文件。

2. 修复 Office 文件

FinalData 除了用于恢复删除或丢失的文件外,还可专门用于修复损坏的 Word、Excel 或 PowerPoint 文件,具体操作步骤如下。

STEP 1　选择要修复的文件类型

启动 FinalData,在左侧单击"Office 文件修复"按钮,在打开的界面选择待修复的 Office 文件类型,这里单击"MS Word"按钮。

STEP 2　选择要修复的文件

❶在打开界面的左侧列表框中选择磁盘分区;❷在右侧列表框中依次双击保存修复文件的文件夹选项;❸选择要修复的 Word 文件;❹然后单击"修复"按钮。

STEP 4 **完成修复**

软件开始修复 Word 文件，修复完成后，单击"确定"按钮。FinalData 修复损坏的 Word、Excel 或 PowerPoint 文件，文件的文字内容将以 TXT 文件格式保存，图片以 JPG 文件格式保存。

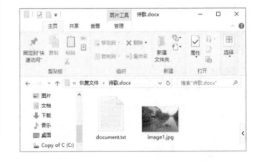

STEP 3 **设置修复文件的保存位置**

❶在打开对话框的"浏览文件夹"中选择文件修复后的保存位置；❷单击"确定"按钮。

第3部分

12.1.2 | 系统备份和还原

养成经常备份系统的习惯，可以减少很多不必要的麻烦。备份和还原系统的方式有很多，根据计算机的具体情况可选择不同的方式。由于操作不当，造成系统损坏或运行变慢，必将对工作的开展带来阻碍，掌握系统备份和还原，会为工作带来便利。

微课：系统备份和还原

1. 设置系统还原点

Windows 10 操作系统自带的还原功能可使用还原点将系统文件和设置及时返回到以前正常运行的状态且不影响个人文件。要实现系统备份与还原功能，必须确保系统盘上的系统保护功能（即创建还原点的功能）处于开启状态，如果关闭了系统保护，所有的还原点将从该磁盘中删除。因此，下面首先开启系统保护功能，然后设置一个还原点，具体操作步骤如下。

STEP 1 **单击"系统保护"超链接**

在系统桌面的"此电脑"图标上单击鼠标右键，在弹出的快捷菜单中选择"属性"选项，打开"系统"窗口，然后在左侧窗格中单击"系统保护"超链接。

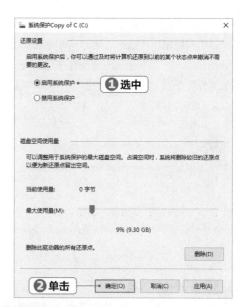

STEP 2　选择系统盘

❶"系统属性"对话框中"系统保护"选项卡的"保护设置"列表框中列出了计算机中所有磁盘驱动器的保护状态，选择系统盘选项；❷单击"配置"按钮。

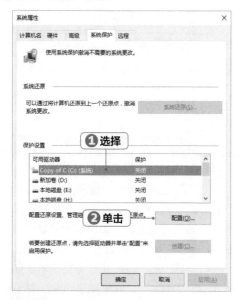

STEP 3　开启保护

❶此时将打开"系统保护"对话框，单击选中"还原设置"栏的"启用系统保护"单选项，拖动"最大使用量"后的滑块可设置系统保护的最大磁盘空间，这里保持默认即可；❷单击"确定"按钮完成设置。

STEP 4　创建还原点

❶在"系统属性"对话框中单击"创建"按钮，打开"创建还原点"对话框，在文本框中输入还原点名称；❷单击"创建"按钮。

STEP 5　完成创建

系统开始创建还原点，并显示创建进度，创建完毕后，打开成功创建对话框，单击"关闭"按钮关闭对话框，完成还原点的创建。

STEP 6 **准备还原系统**

当计算机系统出现严重的故障时,在"系统属性"对话框中单击"系统还原"按钮,打开"还原系统文件和设置"对话框,单击"下一步"按钮。

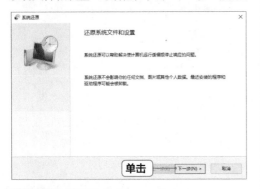

STEP 7 **选择还原点**

❶打开"将计算机还原到所选事件之前的状态"对话框,在下方的列表框中显示了所有的还原点,这里选择创建的"手动还原点"选项;❷单击"下一步"按钮。

操作解谜

系统自动创建还原点

开启系统保护后,系统在安装应用程序或设备驱动程序等显著的系统事件发生之前会自动创建还原点。

STEP 8 **还原系统**

❶在"确认还原点"对话框中单击"完成"按钮;❷打开提示对话框,单击"是"按钮开始还原。

自动还原后,将重新启动计算机,系统被还原到指定的还原点。

操作解谜

还原过程中不执行任何操作

系统开始还原后,用户不能执行任何操作,也不能中断系统还原,系统将自动完成整个还原工作并重启计算机。

2. 使用 Ghost 备份与还原操作系统

除了 Windows 自带的系统还原功能外,还可以借助专门的备份和还原工具进行系统的备份与还原。目前使用比较广泛的工具为 Ghost,与还原点相比,使用 Ghost 备份与还原系统,不进入系统即可进行。使用 Ghost 备份系统,需要安装 MaxDOS 软件(本例使用 MaxDOS 9 版本),它集成了 Ghost 备份还原工具。下面将介绍使用 Ghost 备份与还原操作系统的方法,具体操作步骤如下。

STEP 1 **选择要启动的程序**

安装 MaxDOS 后,重新启动计算机,将出现下图所示的启动菜单。按键盘上的【↓】方向键可以选择要启动的程序。这里选择第 2 个选项"MaxDOS 备份·还原·维护系统",然后按【Enter】键。

第3部分

STEP 2　选择"纯 DOS 模式"选项

❶在打开的启动界面中默认选择第一个选项"0
启动",然后按【Enter】键;❷打开"MaxDOS
9.3主菜单"界面,显示了7个可供选择的选项;
这里使用键盘中的方向键【↓】选择最后一个
选项,也可以直接按【G】键选择最后一个选项。

STEP 3　进入 Ghost 主程序

进入纯 DOS 模式后输入"ghost"命令,此时
将进入 Ghost 主界面,按【Enter】键后即可
开始使用 Ghost。

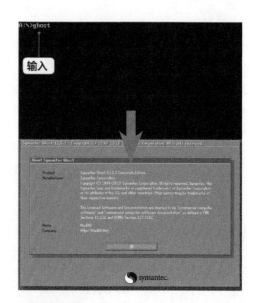

技巧秒杀

通过其他启动项进入

在MaxDOS 9启动界面选择第三个选
项即"2 启动",按【Enter】键,进入
"MaxDOS 一键备份/恢复菜单"界面,
然后选择"Ghost 手动操作"选项,按
【Enter】键,也可进入Ghost主程序界面。

STEP 4　选择"To Image"命令

在 Ghost 主界面中通过键盘上的方向键【↑】、
【↓】、【←】和【→】,选择【Local】/【Partition】/
【To Image】命令,然后按【Enter】键。

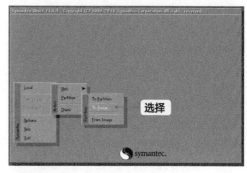

STEP 5　选择需备份的分区

❶此时 Ghost 要求用户选择需要备份的硬盘,

一般计算机只安装一个硬盘，因此无需选择，直接按【Enter】键即可。进入选择备份磁盘分区的界面，使用键盘上的方向键选择系统盘分区选项，按【Enter】键；❷按【Tab】键选中界面中的"OK"按钮，当其呈高亮状态时按【Enter】键。

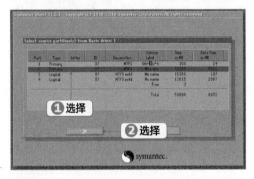

STEP 6 设置保存路径和名称

❶打开"File name to copy image to"对话框，按【Tab】键切换到文件位置下拉列表框中，然后按【Enter】键，在打开的下拉列表框中选择除系统盘外的其他磁盘分区选项；❷按【Tab】键切换到文件名所在的文本框中，并输入备份文件的名称"beifen"（使用英文字母命名）；❸完成后按【Tab】键选中单击"Save"按钮，然后按【Enter】键执行保存操作。

STEP 7 创建映像文件

打开一个提示对话框，询问是否压缩镜像文件，默认为不压缩，此时直接按【Enter】键即可。在打开的对话框中，询问是否继续创建分区

映像，默认为不创建。此时，按【Tab】键选择"Yes"按钮，然后再按【Enter】键。

STEP 8 显示备份进度

此时，Ghost 开始备份所选分区，并在打开的界面中显示备份进度。

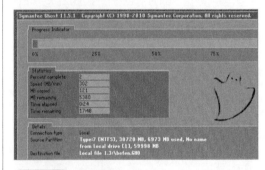

STEP 9 完成备份

完成备份后将打开提示对话框，按【Enter】键即可返回 Ghost 主界面。如果出现磁盘数据丢失或操作系统崩溃的现象，不能进入计算机操作系统，可利用 Ghost 恢复以前备份的数据。

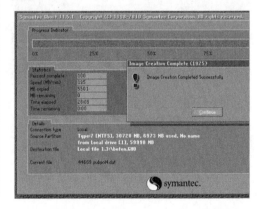

第3部分

操作解谜

Ghost 备份的实质

　　Ghost数据备份实际上就是将整个磁盘中的数据复制到另外一个磁盘上，也可以将磁盘数据复制为一个磁盘的镜像文件。

STEP 10 准备还原系统

通过 MaxDOS 9 进入 DOS 操作系统，进入 Ghost 主界面，并在其中选择【Local】/【Partition】/【From Image】菜单命令，然后按【Enter】键。

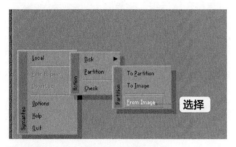

STEP 11 选择要还原的镜像文件

❶打开"Image file name to restore from"对话框，选择之前已经备份好的镜像文件所在的位置，并在中间列表框中选择要恢复的镜像文件；❷然后按【Enter】键或单击"Open"确认。

STEP 12 选择还原系统盘

在打开的对话框中将显示所选镜像文件的相关信息，按【Enter】键确认。在打开的对话框中

提示选择要恢复的硬盘，直接按【Enter】键进入下一步。打开下图所示的界面，提示选择要还原到的磁盘分区，这里需要还原的是系统盘，然后按【Enter】键。

STEP 13 确认还原

此时，将打开一个提示对话框，提示覆盖所选分区。按【Tab】键选择对话框中的"Yes"按钮确认还原，然后按【Enter】键。

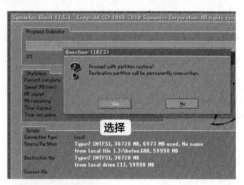

STEP 14 完成还原

系统开始执行还原操作，并在打开的界面中显示还原进度。稍作等待，完成还原后，将保持默认设置，按【Enter】键重启计算机即可还原操作系统。

操作解谜

Ghost 备份的系统选择

　　使用Ghost进行还原操作前，需在干净的系统（没病毒的系统）进行备份。

12.2 系统清理与安全防护

系统清理与安全防护是维护计算机的重要措施，营造一个良好的系统环境，可以保障系统运行速度和安全，使办公顺利进行。系统清理与安全防护主要可通过磁盘清理维护和使用软件进行安全防护两方面实现，以达到清理系统垃圾、隔离网络病毒、加速系统运行的目的，从而保障计算机良好且高效地运行，使数据免遭破坏。

12.2.1 磁盘清理维护

微课：磁盘清理维护

系统运行过程中，计算机机箱上的指示灯在不停闪烁，这是由于操作系统在运行程序的同时不停地对硬盘进行读、写操作。读、写操作时，硬盘的损耗很大，为此需要定期对硬盘进行整理和维护，以保证计算机系统正常运行。磁盘清理维护主要包括 3 个方面。

1. 清理磁盘

只要使用计算机就会产生很多临时文件，这些临时文件不能及时被系统删除，不但毫无用处，而且会影响系统的运行，占用磁盘的存储空间。使用"磁盘清理"程序可将这些多余的临时文件快速删除，具体操作步骤如下。

STEP 1　打开"管理工具"窗口

在桌面上双击"控制面板"图标，打开"控制面板"窗口，单击"管理工具"超链接。

STEP 2　双击"磁盘清理"选项

打开"管理工具"窗口，双击"磁盘清理"选项。

STEP 3　选择清理磁盘分区

❶打开"选择要清理的驱动器"对话框，在"驱动器"下拉列表框中选择要清理的磁盘，这里选择系统盘选项；❷单击"确定"按钮。

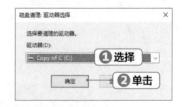

STEP 4　选择清理的文件

❶在打开的对话框中开始扫描系统盘，并计算清理后能释放的磁盘空间。计算完成后，打开"Copy of C (C:) 的磁盘清理"对话框，在"要

第3部分

删除的文件"列表框中单击选中需删除文件类型的复选框；❷单击"确定"按钮。

STEP 5　清理文件

在打开的提示对话框中确认是否要永久删除这些文件，单击"删除文件"按钮，系统将自动开始删除临时文件。

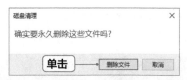

2. 磁盘碎片整理

对文件进行复制、移动和删除等操作时，往往会出现一个文件的信息存储在不同的存储单元中的情况，这些被分割开的文件就形成了磁盘碎片，磁盘碎片整理程序的功能就是将这些碎片重新整理、排列组合，提高操作系统的运行速度。磁盘碎片整理的具体操作步骤如下。

STEP 1　执行碎片整理

❶在"管理工具"窗口中，双击"碎片整理和优化驱动器"选项。在打开对话框的"状态"列表框中选择磁盘分区选项；❷单击"分析"按钮。

STEP 2　整理磁盘碎片

程序将开始分析 F 盘中的文件碎片程度并自动整理。单击"优化"按钮，可继续对磁盘分区中的文件碎片进行优化整理。

3. 磁盘检查

计算机出现频繁死机、蓝屏或者系统运行速度变慢时，可能是由于磁盘上出现了逻辑错误。这时可使用 Windows 操作系统自带的磁盘检查程序检查系统中是否存在逻辑错误，并自动进行修复，具体操作步骤如下。

STEP 1　执行检查命令

❶在"此电脑"窗口中选择需要进行检查的磁盘分区，如在 F 盘图标上单击鼠标右键，在弹出的快捷菜单中选择"属性"选项。打开磁盘属性对话框，单击"工具"选项卡；❷再单击"查

错"栏中的"检查"按钮。

在打开的对话框中选择"扫描驱动器"选项，程序开始自动检查磁盘逻辑错误。扫描结束后，系统将提示扫描完毕，单击"关闭"按钮。如果扫描结果提示发现错误，此时在打开的对话框中根据提示信息进行操作，系统将自动完成修复。

12.2.2 | 系统安全与优化

微课：系统安全与优化

网络为日常办公带来便利的同时，也带来了计算机安全问题。计算机接入网络后，网络病毒和木马成为影响计算机安全的重要因素。因此，公司的员工工作前都会安装一款安全防护软件，保障办公中计算机的安全使用。本例将介绍使用 360 安全卫士防护软件的方法，360 安全卫士是一款功能强大且当前较流行的免费安全维护软件，拥有查杀木马、计算机清理、优化加速等功能，下面介绍其使用方法。

1. 系统全面体检与修复

利用 360 安全卫士对计算机进行体检，实际上是对其进行全面扫描，让用户了解计算机的当前使用状况，并提供安全维护方面的建议，具体操作步骤如下。

STEP 1 启动 360 安全卫士

单击"开始"按钮，在打开面板的"最近添加"栏中单击"360 安全卫士"按钮，启动 360 安全卫士。

 操作解谜

自动启动 360 安全卫士

安装360 安全卫士后，将默认开启自动启动360 安全卫士，并且在通知栏中双击程序图标即可启动360 安全卫士。

STEP 2 开始体检

❶单击 360 安全卫士的"电脑体检"选项卡，

在窗口中间位置将提示当前计算机的体检状态，单击"立即体检"按钮；❷系统自动对计算机进行扫描体检，同时在窗口中显示体检进度并动态显示检测结果，扫描完成后，单击"一键修复"按钮。

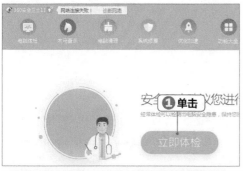

STEP 3　需要用户决定是否解决的问题

❶系统自动解决计算机存在的问题，若有些问题需要用户决定是否解决，360 安全卫士会弹出相应的提示对话框，单击选中"全选"复选框可选中所有选项，单击"忽略"超链接可撤销选中该选项；❷然后单击"确认优化"按钮继续优化。

STEP 4　完成修复

修复完成后，将显示修复信息，并提示软件根据计算机系统安全程度判断的分数。此时可单击右下角的"立即重启"超链接，重启计算机使所有的修复生效，也可在完成其他操作后手动重启。

操作解谜
自动修复的内容

通常情况下，对计算机进行体检的目的在于检查计算机是否有漏洞、是否需要安装补丁或是否存在系统垃圾。若体检分数不到100分，一键修复后分数仍不足100分，可浏览窗口中罗列的"系统强化"和"安全项目"等内容，根据提示信息手动进行修复。当然，若只是提示软件更新和IE主页未锁定等信息，则不需要特别在意，这类问题对计算机运行并无影响。

2. 系统垃圾清理

计算机中残留的无用文件和浏览网页时产生的垃圾文件，以及填写的网页搜索内容和注册表单等信息会给系统增加负担。使用 360 安全卫士可清理系统垃圾与痕迹，具体操作步骤如下。

STEP 1　扫描清理内容

❶启动 360 安全卫士，单击"电脑清理"选项

卡；❷单击"一键扫描"按钮。

STEP 2 查看详情

系统开始扫描计算机中存在的系统垃圾、不需要的插件、网络痕迹和注册表中的多余项目，并将扫描结果显示在项目中。扫描完成后，系统自动选择删除后对系统或文件没有影响的项目，此时可单击未选中项目下方的"详情"按钮，自行清理，这里单击"可选清理插件"项目下方的"详情"按钮。

技巧秒杀

一键清理

扫描后，可在扫描结果页保持默认选中清理项目，直接单击"一键清理"按钮清理垃圾。

STEP 3 自定义清理

在打开的对话框中提示"清理可能导致部分软件不可用或功能异常"，这里需要用户自行判断，这里选中对话框的第一个复选框选项，然后单击"清理"按钮，清理浏览器中 IE 工具栏的插件。

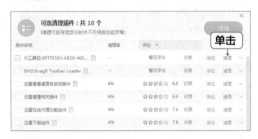

STEP 4 完成清理

关闭对话框，返回"电脑清理"操作界面，单击"一键清理"按钮清理垃圾，完成后显示清理完成信息。

3. 查杀木马

360 安全卫士提供了木马查杀功能，使用该功能可对计算机进行扫描，查杀木马文件，实时保护计算机，具体操作步骤如下。

STEP 1 选择扫描方式

❶启动360安全卫士，单击"木马查杀"选项卡；❷单击"快速扫描"按钮。

STEP 2 扫描并处理安全威胁

系统以"快速扫描"方式扫描计算机,窗口中显示扫描进度条,并在进度条下显示扫描项目,完成后在窗口中显示扫描结果,并将可能存在风险的项目罗列出来,单击"一键处理"按钮,处理安全威胁。

STEP 3 扫描完成重启计算机

❶在打开的提示对话框中单击"确定"按钮,重启桌面和IE浏览器,然后处理木马和危险项;❷成功处理后,将打开提示对话框,提示处理成功,并建议立即重启计算机,单击"好的,立刻重启"按钮,重新启动计算机,并再次打开360安全卫士对计算机进行木马查杀,确保计算机的安全。

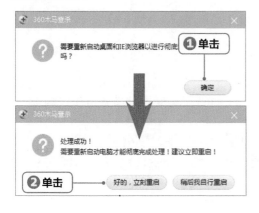

4. 系统优化加速

360安全卫士主要从"开机加速""系统加速""网络加速""硬盘加速"等方面进行加速优化,具体操作步骤如下。

STEP 1 扫描加速项

❶启动360安全卫士,单击"优化加速"选项卡,在窗口中单击选中需要优化的项目前对应的复选框,默认全部选中;❷然后单击"立即扫描"按钮。

STEP 2 加速优化

❶系统开始扫描计算机中可进行加速的项目,并显示具体加速内容,单击"立即优化"按钮;❷打开提示对话框,根据需要确认是否优化,这里单击选中"全选"复选框,选择所有选项;❸然后单击"确认优化"按钮继续优化。

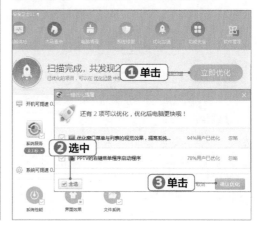

新手加油站——数据恢复与安全防护技巧

1. 使用系统自带功能优化视觉效果

Windows 10 默认的视觉效果如透明按钮、显示缩略图和显示阴影等都会耗费大量系统资源。此时可使用系统自带功能优化视觉效果，具体操作步骤如下。

❶ 右键单击桌面上的"此电脑"图标，在弹出的快捷菜单中选择"属性"选项，打开"系统"窗口，在该窗口左侧的导航窗格中单击"高级系统设置"超链接。

❷ 单击"系统属性"对话框的"高级"选项卡，单击"性能"栏下的"设置"按钮。

❸ 打开"性能选项"对话框，单击"视觉效果"选项卡，单击选中"调整为最佳性能"单选项，单击"确定"按钮完成设置。如果单击选中"自定义"单选项，则可自定义视觉效果。

2. 使用系统自带功能优化开机速度

Windows 开机加载程序的数量直接影响 Windows 的开机速度。通过系统自带工具可禁止软件自启动，具体操作步骤如下。

❶ 在系统地址栏中单击鼠标右键，在弹出的快捷菜单中选择"任务管理器"选项。

❷ 单击"任务管理器"对话框的"启动"选项卡，在自启动选项上单击鼠标右键，在弹出的快捷菜单中选择"禁用"命令。

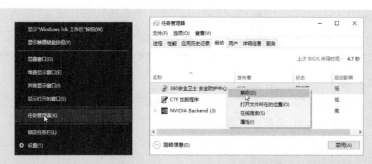

3. 使用 360 安全卫士卸载软件

使用 360 安全卫士卸载软件，在卸载软件的同时能够删除软件残留信息。启动 360 安全卫士，单击"软件管家"选项卡，即可打开"360 软件管家"窗口，单击"卸载"选项卡，在软件选项右侧单击"卸载"按钮即可进行软件卸载操作。

4. 使用 360 安全卫士粉碎文件

计算机中的某些文件可能无法彻底删除，会占用磁盘空间或留下安全隐患，此时可利用 360 安全卫士的文件粉碎机功能将文件彻底删除，具体操作步骤如下。

❶ 启动 360 安全卫士，单击"功能大全"选项卡，在窗口中选择"文件粉碎机"选项。

❷ 启用文件粉碎机并打开"文件粉碎机"对话框，单击"添加文件"超链接。打开"选择要粉碎的文件"对话框，选择目标文件后，单击"确定"按钮。

❸ 添加要粉碎的文件后，可在下方单击选中"防止恢复"复选框防止文件恢复，然后单击"粉碎文件"按钮粉碎文件。

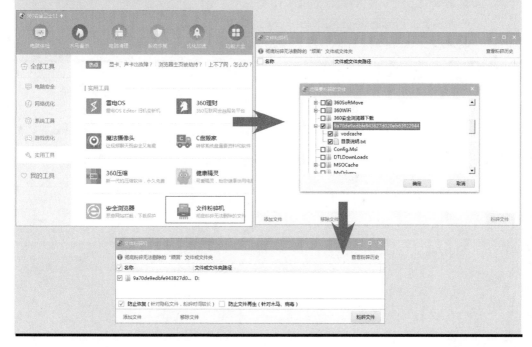

高手竞技场 ——数据恢复与安全防护练习

1. 恢复 F 盘中被删除的文件

使用 FinalData 恢复 F 盘中被删除的文件，要求如下。

- 启动 FinalData，进入"恢复已删除文件"界面。
- 在打开界面选择 F 盘选项进行扫描，扫描结束后，根据需要筛选文件格式，然后在筛选结果中选择要恢复的文件选项。
- 设置恢复文件的保存位置，然后恢复文件。

2. 优化系统

使用 360 安全卫士查杀木马、清理垃圾和优化加速，然后创建还原点，要求如下。

- 启动 360 安全卫士，单击"木马查杀"选项卡，使用"自定义扫描"方式查杀木马。
- 单击"木马查杀"选项卡，一键清理系统垃圾。
- 单击"优化加速"选项卡，一键优化。
- 启用系统保护功能，创建一个还原点。

3. 备份与还原计算机系统

使用 U 盘存放用户制作的 Word 文档、Excel 表格、PowerPoint 演示文稿的效果文件，要求如下。

- 安装 MaxDOS 9 工具箱，并在纯 DOS 模式下进入 Ghost。
- 选择【Local】/【Partition】/【To Image】命令。
- 为镜像文件选择保存位置和命名，然后开始备份。
- 选择【Local】/【Partition】/【From Image】命令进行还原操作。

第 3 部分